Andreas Vieth

Einführung in die Angewandte Ethik

Einführungen Philosophie

Die Reihe Einführungen Philosophie soll vor allem den Studienanfängern Orientierung bieten. Auf dem neuesten Stand der Forschung werden die wesentlichen Theorien und Probleme aller Hauptgebiete der Philosophie dargestellt. Dabei geht es nicht um Philosophiegeschichte, sondern um das Philosophieren selbst. Nicht Namen und Epochen stehen im Vordergrund, sondern Argumente. Jeder Band steht für sich und ermöglicht einen systematischen Überblick über das jeweilige Gebiet. Die didaktische Aufbereitung (Zusammenfassungen, Übungsaufgaben, Literaturhinweise ...), eine übersichtliche Gliederung und die gute Lesbarkeit machen die Bände zu einem hervorragenden Hilfsmittel für Studierende.

Andreas Vieth

Einführung in die Angewandte Ethik

Die Deutsche Bibliothek verzeichnet diese Publikation
in der Deutschen Nationalbibliografie;
detaillierte bibliografische Daten sind im Internet über
http://www.dnb.ddb.de abrufbar.

Die Herausgabe dieses Werkes wurde durch
die Vereinsmitglieder der WBG ermöglicht.
Satz: Lichtsatz Michael Glaese GmbH, Hemsbach
Umschlaggestaltung: schreiberVIS, Seeheim
Gedruckt auf säurefreiem und alterungsbeständigem Papier
Printed in Germany

Besuchen Sie uns im Internet: www.wbg-darmstadt.de

ISBN-13: 978-3-534-15465-4
ISBN-10: 3-534-15465-7

Inhalt

Einleitung

Die Aufgabe der folgenden Einleitung ist, zum einen das Konzept der Angewandten Ethik in Bezug zu setzen zur allgemeinen Ethik, zum anderen die Ziele dieses Buches zu umreißen. Angewandte Ethik bewegt sich im Übergangsbereich zwischen allgemeiner Ethik und spezifischen Problemlösungen. Insofern sie beides umfassen muss, ist eine Einführung in sie ein Zwitterprojekt. Ausgangspunkt der Darstellung bildet die provokante These, dass Ethik nur eine ‚Fahrradbremse am Interkontinentalflugzeug' sei. Es wird dann eine Reihe wichtiger allgemein-ethischer Unterscheidungen eingeführt. Abschließend wird die Struktur des Buches erläutert.

(Un)gewissheit

Die größte Feindin der Ethik ist die Gewissheit – die Gewissheit, es immer schon richtig gemacht zu haben oder dass es so, wie es ist, gut ist. Im Bereich der Ethik und der Moral führt Gewissheit zur *Abstumpfung*. Gewissheit kann dabei zwei Formen annehmen. Zum einen ist sie das Bewusstsein davon, dass man verstanden hat, was richtig und gut ist, und somit über einen abgeschlossenen Fundus an *Rezepten* verfügt. Zum anderen ist sie *Selbstgewissheit* im Sinne der Auffassung, dass Ethik bzw. Moral eine Sache der privaten Lebensführung sei. Beide Gewissheiten werden von Diskussionen in der Angewandten Ethik erschüttert und Lügen gestraft: Man diskutiert vehement und streitet teilweise erbittert. Das erspart man sich bei Geschmacksfragen, weil es lächerlich wäre. Es geht allerdings in den Diskussionen der Angewandten Ethik auch nicht nur um Ethik zur Konfliktvermeidung, sondern um normative Grundlagen eines gemeinschaftlichen Lebens, in dem unterschiedliche Lebensentwürfe konstruktiv miteinander in Einklang stehen. Man ist stets gezwungen, Veränderungen der Welt und Erweiterungen von Handlungsspielräumen als neue ethische Herausforderungen zu begreifen. Hätte man Rezepte zur Hand – einfache, ein absolutes ethisches Fundament darstellende Prinzipien, wie z. B. den Nutzen oder das Sittengesetz –, würde man sich nicht immer wieder vor radikale und bedrohlich erscheinende Schwierigkeiten ethischer Orientierung gestellt sehen.

Angewandte Ethik als Zwitterprojekt

Eine Einführung in die Angewandte Ethik ist ein Zwitterprojekt. Es hat zum Ziel, sowohl ein Ethikbuch zu sein als auch eine Anwendung der Ethik auf konkrete Fragen. Als Ethik ist eine Angewandte Ethik unzureichend, weil die konkreten Fragen zuviel Raum für die Darstellung erfordern. Als Behandlung konkreter Fragen muss eine Angewandte Ethik nicht nur unzureichend bleiben, wenn sie eine Einführung ist; vielmehr ist die Auswahl der zu behandelnden Probleme und Themengebiete immer ein wenig willkürlich, zudem immer viel zu knapp, und beim Erscheinen lässt eine Angewandte Ethik oftmals schon Aktualität vermissen, weil die öffentliche Debatte sich anderen Themenfeldern zugewandt hat. Für die vorliegende Einführung in die Angewandte Ethik hat dieser Befund zwei Konsequenzen:

(1) Weder ist sie selbst ein Ethikbuch noch werden in einem einleitenden Kapitel kursorisch die in der Tradition der Philosophie abrufbaren Ethikansätze skizziert.
(2) Die Diskussion konkreter Fragen zielt nicht auf ihre umfassende Diskussion, Beantwortung und schon gar nicht auf eine begründete Stellungnahme zu ihnen.

Hieraus ergibt sich für die vorliegende Einführung in die Angewandte Ethik die Zielvorstellung, dass in der exemplarischen Diskussion verschiedener Fragestellungen ethische Aspekte herausgearbeitet werden. Es ist ein Merkmal konkreter moralischer Fragen, dass sie als Probleme eines gemeinsam haben: Es geht um Vorkommnisse der Irritation der evaluativen Erfahrung von einzelnen Personen, Gruppen von Personen, Gemeinschaften und in gewissem Sinne auch von institutionalisierten Strukturen. Irritationen der *evaluativen Erfahrung* zeigen sich daran, dass man bestimmte Dinge als ethisch bzw. moralisch problematisch ansieht. Man spricht von „evaluativer Erfahrung" (von lateinisch *evalui* = ich habe zur Geltung gebracht), weil sich in der Weise, wie Personen sich mit Situationen konfrontiert sehen, Wertgesichtspunkte zur Geltung bringen. Sie sind der Ausgangspunkt nicht nur der Angewandten Ethik, sondern auch einiger philosophischer Ethikansätze. Insofern sie jedoch Ausgangspunkte sind, können sie im Gang der Überlegung auch revidiert werden.

> Die Lösung ethischer Probleme besteht in der Angewandten Ethik nicht nur darin, philosophisch befriedigende Argumente und Konzepte durchzusetzen, sondern der evaluativen Erfahrung von beteiligten Personen in einem als problematisch erlebten Kontext gerecht zu werden. Philosophische Argumente und Konzepte können und müssen die evaluative Erfahrung von Personen zwar korrigieren, dürfen dies aber lediglich behutsam tun.

Damit ist einerseits die Grundausrichtung der Angewandten Ethik beschrieben: Es geht um Problemlösung in konkreten Situationen und das heißt ganz wesentlich, dass Angewandte Ethik beteiligten Personen in praktischer Hinsicht Orientierung vermittelt. Natürlich geht es manchmal auch um die Lösung von grundsätzlichen Fragen, insofern der ethische Nahbereich oft auch gesellschaftlichen Konsens voraussetzt. Andererseits zeigt sich, dass das in dieser Einleitung zugrunde gelegte Konzept der Angewandten Ethik in doppeltem Sinne normativ ist. Zum einen wird im Folgenden vorausgesetzt, dass Ethik als Theorie des Richtigen und Guten mit dem Wert des Pluralismus vereinbar sein muss. Wir leben in einer Gesellschaft, in der man nicht einfach durch Hinweis auf das Sittengesetz, den Nutzen oder andere Formen ethischen Wissens, die den Anspruch erheben letztbegründend zu sein, ethische Probleme lösen kann. Zum anderen muss man der individuellen praktischen Erfahrung von Personen gerecht werden, auch wenn man mit ihnen nicht übereinstimmt.

Es gibt gute Gründe, dies theoretisch ebenso wie praktisch unbefriedigend zu finden. Man kann der Auffassung sein, dass Ethik ein einheitliches Normengerüst bereitzustellen hat, das für jeden und eventuell (zumindest in seinen Grundzügen) für alle Zeiten zu gelten hat. Man kann auch der Auffassung sein, dass miteinander konfligierende Auffassungen über das Richtige und Gute den Untergang der Ethik bedeuten. In der Angewandten Ethik erweisen sich derartige Intuitionen als hinderlich. Sie sollen im Folgenden als fundamentistisch gekennzeichnet werden. Es ist die Aufgabe des ersten Kapitels zu erläutern, was man unter Angewandter Ethik im Gegensatz zu einer fundamentistischen Ethik verstehen kann.

Ethik eine Fahrradbremse?

Der Soziologe Ulrich Beck hat 1988 die Ethik als „Fahrradbremse an einem Interkontinentalflugzeug“ bezeichnet (vgl. [171], 194f., [170]). Einerseits erweise sie sich als notwendig, weil man ohne sie den „moralischen Horizont“ nicht kritisieren könne. Andererseits bleibe die Kritik wirkungslos, weil der bunte Reigen der kritisierenden Standpunkte die Kritik zu einem Grabgesang auf *ethische Verbindlichkeit schlechthin* mache. Wenn es keine allgemeine theoretische Basis gäbe – worauf klarerweise die vielen philosophischen Schulen in der Ethik hindeuteten –, dann gäbe es auch keine einheitlichen Schlussfolgerungen, die ohnehin zu spät kämen, weil Philosophen immer erst einmal über ebenso Grundsätzliches wie Abstraktes nachdenken müssten. Um so mehr enttäusche ihre Stimme dann, weil ihre Einsichten harmlos seien oder sie sich in Dinge einmischten, von denen sie keine Ahnung hätten. Als harmlos kann die philosophische Ethik gelten, wenn man – um *ein* Beispiel zu nennen – das wohlbegründete *kategorische* und *universale* Lügenverbot Immanuel Kants betrachtet (vgl. [175]): Es interessiert keinen, weil jeder weiß, dass man, wenn man lügt, verantwortungsvoll lügen muss. Als anmaßend würden Aussagen von Philosophen oder philosophische Antworten zu medizinischen, rechtlichen, technischen, biologischen und anderen Fragen gelten, wo sie allenfalls laienhafte Kompetenz besitzen. In jedem Fall – um das Bild Becks zu benutzen – ignoriert das Flugzeug die Bremse: Technik, Ökonomie, Gesellschaft und jeder Einzelne verändern sich unabhängig von den Geboten der Ethik. – Diese Kritik ist in zwei Hinsichten falsch:

(1) Faktische Pluralität der philosophischen Standpunkte ist kein Grabgesang auf ethische Verbindlichkeit. Pluralismus ist selbst ein ethischer Wert, der gerade durch die Bedeutung der Autonomie in der Angewandten Ethik in demokratischen Gesellschaften relevant wird. In der Angewandten Ethik geht es nicht um die Entdeckung eines universalen Sets von Verbindlichkeiten.

(2) In der Ethik – zumindest in der Angewandten Ethik – geht es nicht primär um ethische (universale) Verbindlichkeit, sondern vielmehr um *praktische Orientierung*. Irritationen der evaluativen Erfahrung von Personen in Situationen müssen ausgeräumt werden. Antworten werden diesbezüglich nicht von der Ethik gegeben, sondern von den betreffenden Personen in Auseinandersetzung mit Situationen erarbeitet.

Gegenüber anderen Behandlungen der Angewandten Ethik verfolgt das vorliegende Buch also einen eingeschränkten Ansatz: Es werden oft Verteilungs- und Gerechtigkeitsfragen in der Gesellschaft in das Zentrum der ethischen Betrachtung gerückt. Insofern es dann eher um Fragen der *sozialen Orientierung* geht, werden diese Fragen in der vorliegenden Einführung allenfalls beiläufig erwähnt.

Ulrich Becks Kritik wäre berechtigt, wenn Pluralität und Verbindlichkeit einander tatsächlich ausschließen würden und wenn die Ethik klare Antworten in moralischen Fragen zu liefern hätte. Die Rolle der Kassandra ist für die Angewandte Ethik jedoch unangemessen. Weder verfügt sie über ein ethisches Wissen, das *immer wahr* ist, aber zumeist nicht gehört wird. Noch geht es in der Angewandten Ethik darum, von einem externen Standpunkt *über* das in Situationen zu Tuende zu entscheiden. Das Konzept der Verbindlichkeit, das Becks Kritik zugrunde liegt, ist an rechtlichen Normen und an der Funktion des Richters orientiert sowie an Verbindlichkeit im Sinne eines universal (d. h. überall, für jeden und immer) geltenden Gesetzes – eine Vorstellung, die schon Aristoteles für die Ethik abgelehnt hat (vgl. [17], Buch 6, Kap. 8). In der Angewandten Ethik erweist sich eine solche Auffassung von Verbindlichkeit oft als hinderlich. Sie ist selbst ein Unwert. Sie erscheint als zu sehr am Vorbild universaler Naturgesetze oder an der Konzeption rechtlicher Normen und an juristischen Entscheidungsprozessen orientiert. Im folgenden ersten Kapitel wird diese Thematik ausführlich behandelt.

Deskriptive versus normative Ethik

Das Bild von der Ethik als ‚Fahrradbremse an einem Interkontinentalflugzeug' legt ein Verständnis ethischer Fragestellungen nahe, das man als deskriptive Ethik beschreiben kann (von lateinisch *describere* = beschreiben). Diesem Verständnis nach ist die Ethik in normativer Hinsicht gegenstandslos oder reine Privatsache bzw. Geschmacksfrage. Wenn es darum geht, Lebensweisen vorzuschreiben, müssen Geltungsansprüche erhoben werden, die Verbindlichkeit beanspruchen können. Dies wird oft als Widerspruch zum Pluralismus gesehen, weil Verbindlichkeit als überholtes Konzept betrachtet wird. Wenn es eine derartige Verbindlichkeit nicht gibt, dann kann man nur noch beschreiben, nach welchen Prinzipien die Einzelnen ihr Leben gestalten. Man betrachtet eine Gesellschaft aus der Sicht eines Soziologen oder Ethnologen, der sorgfältig *beschreibt*. In einer Gesellschaft gilt dann bspw. die Norm des Folterverbotes, wenn die Strafverfolgungsbehörden nicht foltern. Und es gilt die Norm des Rechtsfahrgebotes für Autos, wenn die allermeisten Autofahrer die rechte Spur einer Straße benutzen. Eine deskriptive Ethik fragt nicht nach ethischen Gründen für die geltenden Ge- oder Verbote und kritisiert nicht die individuelle Lebensgestaltung.

Unterscheidung: deskriptive, normative Ethik:

- Ein deskriptives Ethikverständnis anerkennt keine normativen Gründe, sondern nur faktische Ursachen für die Geltung von bestimmten Normen. Die Frage, was die richtige Moral ist, gilt ihr als sinnlos.
- Ein normatives Ethikverständnis setzt voraus, dass es möglich ist, für die Geltung von Normen ethische Gründe (Wertgesichtspunkte) anzuführen. Die Frage, was die richtige Moral ist, gilt ihr als sinnvoll.

Eine deskriptive Ethik unterscheidet nicht zwischen moralischen und anderen Normen. Auf den ersten Blick wird man die beiden Beispiele (Folterverbot, Rechtsfahrgebot) unterschiedlich bewerten. Für das Folterverbot wird man moralische Gründe anführen, die man aus unserem heutigen Verständnis der allgemeinen Menschenrechte herleitet. Das Rechtsfahrgebot ist eine Konvention. Wir sind empört, wenn wir erfahren, dass in anderen Ländern gefoltert wird und wenn bei uns selbst Ansätze hierzu festgestellt werden können. Wenn man anderswo auf der linken Straßenseite fährt, halten wir das vielleicht für unpraktisch, aber wir sind nicht moralisch empört. Dass Konventionen uns als willkürlich erscheinen, heißt nicht, dass man keine Gründe für sie angeben kann. Für das Rechts- oder Linksfahrgebot kann man vielleicht psychologische Gründe anführen oder auch nur die Tradition, aber die Gründe sind nicht ethisch bzw. normativ (von lateinisch *norma* = Regel, Richtschnur).

Es ist sinnvoll, zwischen normativen und deskriptiven Aspekten von Begründungen zu unterscheiden. Da es Normen bzw. Ge- oder Verbote nicht nur im ethischen Kontext gibt, sondern auch im technisch-ökonomischen (z. B. DIN- oder ISO-Normen) oder rechtlichen Bereich (Gesetze, Verordnungen usw.), berühren nicht alle Fragen hinsichtlich der Begründung von Normen die Ethik. Das heißt jedoch nicht, dass alle Fragen in Technik, Ökonomie und Recht *ethisch neutral* sind. Nicht immer verweisen jedoch Normen auf moralische Gründe und Probleme. Zwei Gegensatzpaare sind für Diskussionen in der Angewandten Ethik wichtig: moralisch/nicht-moralisch und moralisch/unmoralisch.

Unterscheidung: moralisch, nichtmoralisch, unmoralisch:

- Moralisch versus nichtmoralisch: Es gibt moralische bzw. ethische und moralisch neutrale Probleme. Zu letzteren zählen nicht nur Geschmacksurteile, sondern auch viele empirische Fragen. Ein Beispiel für naturwissenschaftliche Aussagen wäre etwa die Frage, ob etwas in der Welt ein menschlicher Embryo ist. Antworten auf diese Frage werden nicht von der Ethik, sondern von Biologie bzw. Medizin gegeben. Sie werden als nicht, oft aber auch als amoralisch bezeichnet.
- Moralisch versus unmoralisch: Wenn etwas als ethisch relevant vorausgesetzt ist, dann kann man sich fragen, ob es moralisch gut oder moralisch schlecht bzw. richtig oder falsch ist. Wenn bspw. der Umgang mit Embryonen im Gegensatz zu dem mit Steinen bestimmte ethisch-moralische Fragen aufwirft *und* etwas im nichtmoralischen Sinne ein Embryo ist, dann sind manche Handlungen, die Embryonen zum Gegenstand haben, moralisch und manche unmoralisch.

Ein deskriptives Ethikverständnis ist im Grunde sinnlos, insofern es unterstellt, dass alle Fragen der normativen Orientierung nicht-moralisch sind. Sinnlos ist es, weil Ethik bereits die Sinnhaftigkeit dieser Fragen voraussetzt. Von normativer Ethik zu sprechen ist daher redundant, da jede Ethik normativ ist (vgl. [5], 17). Der Grund hierfür liegt darin, dass Personen nicht umhin können, sich vor Geltungsfragen gestellt zu sehen. Es mag daher vielleicht auf rein philosophischer Ebene überzeugend sein, wenn die Sinnlosigkeit von Geltungsfragen in bestimmten Ethikansätzen bewiesen wird, aber schon für die Beschreibung von Problemen praktischer Orientierung greifen derartige Ansätze zu kurz. Die Ablehnung des Konzeptes einer deskriptiven Ethik darf aber nicht so gedeutet werden, dass Deskription in der Ethik keinen Platz hätte; im Gegenteil können die meisten moralischen und ethischen Entscheidungen nicht ohne empirische Annahmen gefällt oder gerechtfertigt werden. In der Medizinethik muss man bei ethischen Entscheidungen auf medizinisches Wissen zurückgreifen, in der Umweltethik auf die Biologie. Empirische Annahmen, die zur Rechtfertigung herangezogen werden, können aber auch Gebräuche und Sitten sein, die man in einer (vielleicht sogar unserer eigenen) Population beobachten kann.

Ethik versus Moral

Zwischen Ethik und Moral muss unterschieden werden. Auch wenn man diese Differenzierung in der Regel nicht konsequent durchhalten kann, ist sie dennoch sinnvoll. Moral gibt Antworten darauf, was mit guten Gründen ethische Geltung beanspruchen kann. Ethik erklärt, was moralische Geltungsansprüche sind und wie man sie rechtfertigen kann. Man kann bspw. der Auffassung sein, dass Tiere leidensfähige Entitäten in der Welt sind, denen man nicht ohne gute Gründe Schaden in Form von Schmerzen oder eines qualvollen Lebens zufügen darf. Dies ist eine materiale Wertvorstellung, die als Werturteil und als Handlung Geltungsansprüche erhebt. Man urteilt und handelt in einer Situation aufgrund der materialen Vorstellungen, die man für angemessen hält. Insofern vermittelt Moral den Handelnden in Situationen Orientierung. Wenn die im Urteilen und Handeln erhobenen Geltungsansprüche ihrerseits angemessen sind, dann trifft eine Person in der Situation das Richtige und Gute. Was es heißt, im Urteilen und Handeln Geltungsansprüche zu erheben und wie man sie als angemessen verstehen kann, ist Aufgabe einer ethischen Betrachtung.

Definition: Moral, Ethik:

- Unter Moral kann man die gesamte Menge der materialen Norm und Wertvorstellungen verstehen, die durch gesellschaftliche Institutionen, durch Werturteile von Personen und durch Handlungen zur Geltung gebracht werden.
- Unter Ethik kann man Theorien und Konzepte verstehen, die in Form von Ethiken zur Erklärung und zur Rechtfertigung materialer Vorstellungen über das Richtige und Gute herangezogen werden. Hierzu gehört auch die Fähigkeit, Implikationen aus materialen Vorstellungen über das Richtige und Gute im Handeln zu erkennen und zu bewerten.

Ethik und Moral dürfen jedoch nicht strikt voneinander getrennt werden. Denn man kann nicht berechtigte moralische Geltungsansprüche erheben, ohne in gewissem Sinne auch eine Vorstellung davon zu haben, wie man sie rechtfertigen kann und wie die Begriffe, Theorien und Konzepte funktionieren, mit denen man sie rechtfertigen würde. Ethik und Moral durchdringen einander im Leben von Personen. Moralisches Handeln ist immer auch (potenziell) reflexiv: Die Vorstellung von einer verantwortlich handelnden Person umfasst nicht nur, dass sie richtig oder gut handelt, sondern auch, dass sie weiß, warum sie gut oder richtig handelt. Bis zu einem gewissen Grad kann jede vernünftige Person dies auch explizieren und zur Diskussion stellen. Dieses notwendige reflexive Moment autonomen Handelns ist der Grund dafür, dass Personen nicht einfach Ge- und Verbote, die ihnen von überzeugenden Autoritäten als geltend empfohlen werden, nachahmen können. Verantwortliches Handeln setzt die Fähigkeit zu selbstständiger ethischer Reflexion voraus. Dies ist eine Grundlange der Autonomie von Personen.

Ethik versus Metaethik

Man sollte sich zudem einen weiteren Unterschied verdeutlichen: Ethik im Gegensatz zur Metaethik. Metaethische Aussagen sind in materialer als auch in theoretischer Hinsicht *prima facie* neutral. Sie sind Aussagen über die Ethik und ihr Verhältnis zur Moral.

Die Metaethik fragt nach:

(1) der Bedeutung der grundlegenden Begriffe von Ethiken (z.B.: Was ist ein moralisches Urteil im Gegensatz zu anderen Urteilsarten? Wie verhalten sich die Begriffe des Richtigen und des Guten zueinander?),
(2) den Methoden und theoretischen Voraussetzungen ethischer Rechtfertigung (z.B.: Verlangen Geltungsfragen universale oder partikulare Antworten?),
(3) dem Verhältnis verschiedener ethischer Theorien untereinander (z.B.: Wie verhalten sich deontologische und utilitaristische Ethiken zueinander?),
(4) dem Verhältnis zwischen Ethik und Moral.

So kann z.B. die metaethische Frage gestellt werden: Sind Werturteile wahrheitsfähige Erkenntnisse oder drücken sie Emotionen aus? Die materiale Wertaussage, dass Tiere als leidensfähige Wesen zu respektieren sind, kann Ausdruck einer Emotion sein, die unserer emotionalen Missbilligung von bzw. Abneigung gegenüber tierlichem Leid entspricht. Man bezeichnet eine Ethik dann als non-kognitivistisch (von lateinische *cognoscere* = erkennen), wenn sie Antworten auf Geltungsfragen bloß als Ausdruck von subjektiven Emotionen deutet und damit als sinnlos erachtet, weil sie nicht sinnvollerweise Gegenstand von Diskussionen sind. Die genannte Wertaussage kann aber auch Ausdruck der Tatsache sein, dass es moralisch falsch ist, Tieren Leid zuzufügen, und dass wir auf diese Tatsache mit einem Werturteil reagieren, das intersubjektiv begründet werden kann. Man bezeichnet eine Ethik dann als kognitivistisch. Eine andere metaethische Frage ist die nach dem wechselseitigen Verhältnis von Pflicht und dem Guten. Pflichten sagen, dass etwas getan werden soll; als gut werden Handlungen oder auch Personen bezeichnet. Worin liegt der Unterschied zwischen guten Handlungen und guten Menschen? Worin liegt der Unterschied zwischen dem, was Handlungen gut macht, und dem, was sie geboten macht? Weiterhin ist es Aufgabe der Metaethik, Erkenntnisse darüber zu gewinnen, wie ethische Argumentationen funktionieren. So gibt es eine Vielfalt von Fragen, die weder der Moral noch der Ethik zugeordnet werden können, sondern in den Bereich der höherstufigen Metaethik gehören.

Auch Ethik und Metaethik darf man nicht als zwei strikt voneinander zu trennende Wissensgebiete betrachten, weil metaethische Einschätzungen Einfluss darauf haben, welche Ethik man für akzeptabel hält. Im ersten Kapitel des vorliegenden Buches wird deutlich gemacht werden, dass bestimmte metaethische Auffassungen über das Wesen ethischer Begründung (z.B. der Fundamentismus) in der Angewandten Ethik dazu führen, dass der Kohärentismus als bloß provisorische Form der Begründung angesehen wird. Der Fundamentismus begreift Antworten auf Geltungsfragen erst dann als gegeben, wenn sie auf einem unerschütterlichen Fundament (z. B. auf der Basis der reinen Vernunft) beruhen. Der Kohärentismus hingegen beruht auf einem pragmatistischen Begründungskonzept. Ob man in der Ethik Fundamentist oder Kohärentist ist, entscheidet sich in der Metaethik, insofern beide Positionen von Auffassungen über das Wesen ethischer Begründung abhängen.

Die Neutralität der Angewandten Ethik gegenüber der philosophischen Ethik

Die bisher eingeführten Unterscheidungen werfen die Frage auf, wo die Angewandte Ethik einzuordnen ist. Diskussionen in der Angewandten Ethik machen deutlich, dass eine der Hauptaufgaben der Ethik und der Moral darin besteht, Personen in praktischer Hinsicht *Orientierung* zu geben. Dies zeigt sich darin, dass trotz ihrer scheinbaren Wirkungslosigkeit ethische Diskussionen in der Medizin, im Kontext des Umganges mit Tieren und in Umweltdebatten nicht abnehmen. Dies zeigt sich auch darin, dass diese Diskussionen emotional geführt werden – manchmal sogar im Übermaß, so dass sie wenig konstruktiv sind. Es ist schon gesagt worden, dass eine Pluralität von Lebensentwürfen in einer sich als liberal verstehenden Demokratie nur bestimmte Konzeptionen von Verbindlichkeit, nicht jedoch diese selbst ausschließt. Man kann nicht von der Hand weisen, dass die philosophische Ethik der Neuzeit als wesentliche Merkmale der moralischen Perspektive Universalität und Unparteilichkeit entwickelt hat. Als Zielvorstellung der Beratung über ethische und moralische Probleme ist in der Angewandten Ethik bisweilen beides problematisch.

> So aufgefasst ist die Angewandte Ethik ein *Gegenmodell* zu bestimmten Traditionslinien der modernen philosophischen Ethik.

Oft ergibt sich der Eindruck der Wirkungslosigkeit aber auch daraus, dass sich nach ethischen Debatten in einer demokratischen Gesellschaft Lösungen in Form von Kompromissen ergeben. Solche Kompromisse erscheinen dann aufgrund der Pluralität der Lebensauffassungen und der daraus resultierenden unterschiedlichen Vorstellungen über das Zusammenleben in einer Gesellschaft als faule Kompromisse. Oft sind sie es wohl auch; manches Schlichtungsergebnis wird vielleicht sogar unmoralisch oder irrational sein. Derartige Kompromisse verweisen aber darauf, dass im Bereich des Handelns nicht nur ethische Aspekte relevant sind, sondern auch andere: rechtliche Bedingungen, ökonomische Auswirkungen von Entscheidungen, aber vor allem auch gesellschaftliche und kulturelle Traditionen. Man kann daher zwei Schlussfolgerungen ziehen:

> (1) Aufgrund der Pluralität von Vorstellungen über das Richtige und Gute im Leben kommt man im Bereich der Ethik kaum zu einem eindeutigen Ergebnis in dem Sinne, dass eine bestimmte Menge materialer moralischer Wertvorstellungen als universal verbindlich anerkannt wird. *Angewandte Ethik muss dem Pluralismus als einem Grundwert unserer Gesellschaft gerecht werden.*
> (2) Aufgrund der Vielschichtigkeit der Probleme individueller und kol-

lektiver praktischer Orientierung kann es sein, dass ethische Argumente, die bestimmte materiale Wertvorstellungen als wohlbegründet erweisen, nicht immer ausschlaggebend sind. *Angewandte Ethik muss der Komplexität des individuellen und kollektiven Strebens nach praktischer Orientierung gerecht werden.*

Man kann diese beiden Schlussfolgerungen in zwei Hinsichten auffassen. (1) Zum einen kann man der Auffassung sein, dass die philosophische Ethik andere Schwerpunkte setzt und somit an einer spezifischen Form der Verbindlichkeit und den dieser entsprechenden Argumentationsformen interessiert ist. Man muss dann das ethische Verständnis von Verbindlichkeiten in konkreten Situationen spezifizieren. Dann wird man Angewandte Ethik als nachgeordnetes Provisorium betrachten und anerkennen, dass es in Situationen eines besonderen (die Ethik konkretisierenden) Anwendungsschrittes bedarf. (2) Zum anderen kann man der Auffassung sein, dass die beiden Schlussfolgerungen Prüfsteine für Ansätze der philosophischen Ethik sind. In Bezug auf die zuvor eingeführten Unterscheidungen würde man aus der Angewandten Ethik somit metaethische Kriterien für die Angemessenheit von ethischen Theorien gewinnen. Die Diskussion darüber, welche der beiden Auffassungen angemessen ist, kann in einer *Einführung* in die Angewandte Ethik nicht geführt werden.

Somit ergibt sich ein Modell der Angewandten Ethik, in dem sie nicht als Gegenmodell zur philosophischen Ethik betrachtet wird, sondern vielmehr als ihr gegenüber neutral (Neutralitätsmodell).

Das erste Kapitel wird beide Modelle – das Gegenmodell und das Neutralitätsmodell – verdeutlichen. Dabei schwankt der Begriff der Angewandten Ethik oft zwischen beiden Modellen hin und her. Dies liegt in der Natur der Debatten der Angewandten Ethik.

Die Ziele dieses Buches

Nach diesen einleitenden Bemerkungen können nun die Ziele dieses Buches schärfer umrissen werden. Als Einführung in die Angewandte Ethik ist die folgende Darstellung insofern eine Ethik, als es nicht um die Begründung materialer Wertvorstellungen geht. Vielmehr soll an konkreten Problembereichen, in denen sich Irritationen der praktischen Orientierung von Personen und somit ethische Probleme für ihr Handeln zeigen, ethische Aspekte exemplarisch herausgearbeitet werden. Dabei ist die Auswahl der hier dargestellten Problembereiche teilweise willkürlich. Indem aber zunächst Angewandte Ethik als Tätigkeit betrachtet wird (Kap. 1), um dann Behandlungen der Medizinethik (Kap. 2), der Tierethik (Kap. 3) und der Umweltethik anzuschließen (Kap. 4), liegt dem Buch folgender Plan zugrunde. Im ersten Kapitel geht es um methodische und konzeptionelle Aspekte der Angewandten Ethik. Als Ansatzpunkt für die Darstellung wird Angewandte Ethik als *Tätigkeit* der Ethikberatung gewählt. Eine spezifische institutionalisierte Ethikberatung ist am weitesten im medizinischen Bereich verbreitet und konzeptionell ausgearbeitet. Daher steht sie im Zentrum der Betrachtung, obwohl ihre Methoden auch für die Tierethik und die Umweltethik bedeutsam sind.

Ein Grund hierfür ist, dass sich in der Medizin Probleme praktischer Orientierung aus der individuellen Perspektive von Handelnden (Ärzten, Patienten, Angehörigen, Klinikpersonal, Klinikverwaltung) in direkter Konfrontation ergeben. In der Tierethik und der Umweltethik sind derartige Konfrontationen oft vermittelter: Dem Konsumenten entgehen an der Fleischtheke bestimmte Probleme seiner eigenen praktischen Orientierung, weil er (oder sie) nicht sieht, wie Sonderangebote an Wurst und Fleisch produziert werden. Probleme praktischer Orientierung bleiben hier insofern verborgen, als ein Konsument – direkt gefragt – sich wahrscheinlich im Sinne eines respektvollen menschlichen Umganges mit Tieren äußern würde und diesen in seinem Nahbereich (z. B. bei einem Haustier) auch praktiziert. Sein Handeln und seine Reflexion sind inkohärent. Denn eine direkte Konfrontation mit den Produktionsbedingungen des Fleisches wird oft das qualvolle Dasein der Tiere offenbaren, das man den Auslagen beim Metzger nicht mehr ansieht. Im Gegensatz zu den meisten Problemen der Medizinethik können derartige Inkohärenzen in anderen Themengebieten der Angewandten Ethik *verborgen* bleiben oder *verdrängt* werden, weil zum einen die direkte Konfrontation materialer Wertvorstellungen in der Regel ausbleibt, und weil zum anderen Tiere und unbelebte Dinge ihre ethische Relevanz nicht selbst wirksam zur Geltung bringen können.

Die Reihenfolge der Kapitel 2 bis 4 ergibt sich aus folgenden Überlegungen. Die Bereiche Medizinethik, Tierethik und Umweltethik kann man als in ethischer Hinsicht voneinander abgrenzbare *Bereiche* ansehen. Die Medizinethik hat es im weitesten Sinne mit Personen und sozialen Institutionen zu tun, die Tierethik mit leidensfähigen Wesen, die Umweltethik mit Dingen, die im engen (biologischen Sinne des Wortes) unbelebt sind. Im ersten Kapitel wird in Abschnitt 1.5 das Konzept der Bereichsethik erörtert. Die in den Kapiteln 2 bis 4 erörterten Problem*bereiche* hängen mit der weit verbreiteten Vorstellung zusammen, dass in ihnen jeweils bestimmte Dinge von ethischer bzw. moralischer Relevanz vorkommen. Personen sind andere Entitäten als Tiere, und Landschaften; Biotope, ökologische Einheiten usw. sind andere Entitäten als die Gesamtheit der empfindenden Wesen. Es entspricht der Alltagserfahrung, dass diese Dinge jeweils aufgrund bestimmter Eigenschaften ethisch und moralisch relevant sind. So sind reflexive Wesen durch Vernunft und Sprachfähigkeit gekennzeichnet und als Personen von anderen empfindenden Wesen unterschieden. Personen und andere empfindungsfähige Wesen grenzt man intuitiv von nicht-empfindungsfähigen Dingen ab. In der Angewandten Ethik geht es oft um Probleme der Einschränkung bzw. der Ausweitung des Bereiches moralisch relevanter Dinge. Ein Extrem stellen hier Ethiken dar, die nur aktual rationale Personen als relevant erachten, ein anderes Ethiken, die den Kosmos als moralisch relevant konzipieren. Die Anordnung der folgenden Darstellung: Medizinethik, Tierethik und der Umweltethik, orientiert sich an diesem Spektrum von Positionen.

Selbstverständlich könnte man auch andere Handlungskontexte diskutieren. Beispiele, die der Illustration dienen können, sind: Gen-Ethik, Forschungs- und Wissenschaftsethik, Sozial-Ethik, Wirtschaftsethik, Medienethik, Technikethik usw. Die Fülle der denkbaren Themen würde den Rahmen dieses Buches bei Weitem sprengen. Die Beschränkung auf die

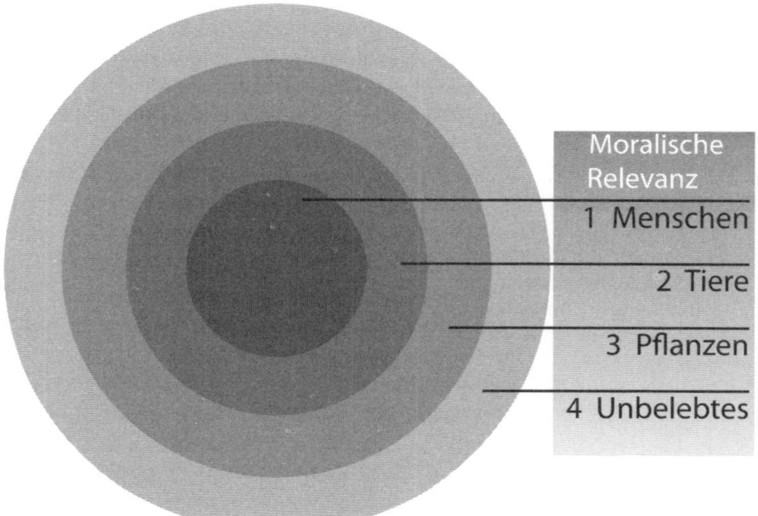

Abbildung 1: Bereiche des moralisch Relevanten

angeführten Themenkreise ist aus ethischer Sicht zentral. Denn es ist eines der großen Probleme verschiedenster philosophischer Ethikansätze der Neuzeit, Konzepte ethischer Verbindlichkeit für den nicht-menschlichen Bereich – sei er belebt oder unbelebt – anzubieten, die den lebensweltlichen Intuitionen von Nicht-Philosophen gerecht werden. Die philosophische Ethik war in der Neuzeit zu sehr auf den Menschen zum Ausgangs- und Endpunkt ihrer Theorien und Konzepte konzentriert. In diesem Sinne war sie *anthropozentrisch,* d.h. auf den Menschen konzentriert (von griechisch *anthropos* = Mensch). Von Seiten der Angewandten Ethik führen die Diskussionen aber oft vor Augen, dass andere, den Eigenwert der Natur hervorhebende Konzepte nötig sind. Man spricht auch von *physiozentrischen* Ethiken, d.h. solchen, die auf die Natur insgesamt konzentriert sind, von der der Mensch ein Teil ist (von griechisch *physis* = Natur).

Zusammenfassung

Als Projekt einer Einführung in die Angewandte Ethik geht das vorliegende Buch davon aus, dass moralische Gewissheiten aus verschiedenen Gründen immer wieder erschüttert werden – z.B. aufgrund technischen Fortschrittes oder kultureller Veränderungen. Die Aufgabe der Angewandten Ethik besteht dann darin, für Personen Wege aufzuweisen, auf denen sie praktische Orientierung wiedergewinnen können. Gegenüber dieser Auffassung tritt die Vorstellung, dass es in der Ethik vornehmlich um soziale bzw. gesellschaftliche Orientierung geht, zurück. Auch ist gelingende praktische Orientierung von Handelnden durchaus vereinbar mit einer Pluralität sich wechselseitig ausschließender moralischer Vorstellungen. Verschiedene Unterscheidungen sind für die folgende Darstellung relevant: (1) Der Unterschied zwischen deskriptiver und normativer Ethik, wobei das Konzept einer deskriptiven Ethik eigentlich sinnlos ist, weil Ethik nicht nur einen beschreibenden, sondern immer auch einen normativen Standpunkt voraussetzt. Man kann aber (2) sinnvoll von moralischen, nicht-moralischen und unmoralischen Eigenschaften von Handlungen bzw.

Problemen sprechen. Ferner muss man (3) zwischen Moral (Norm- und Wertvorstellungen), Ethik (Konzepte und Methoden der Begründung der Moral) und Metaethik (Wonach fragt die Ethik und welche Modelle kann sie für ethische und moralische Antworten anbieten?) unterscheiden. Angewandte Ethik kann sowohl als ein Gegenmodell zur traditionellen Ethik verstanden wie auch ihr gegenüber als neutral betrachtet werden.

Lektürehinweise

- Für Einführungen in die allgemeine philosophische Ethik vgl. [5] und [16].
- Die genannten Unterscheidungen bzgl. der Ethik und der Moral findet man in allen einschlägigen Übersichtswerken, vgl. z. B. [190].
- Es gibt mittlerweile eine Vielzahl von Büchern zur Angewandten Ethik. Für eine Auswahl vgl. [7]–[15], [23].
- Für Ausweitungsstrategien in der Ethik vgl. [14], [11], die Texte in [157] und für eine ausführliche theoretische Fundierung dieser Strategien [23].

Fragen und Übungen

- Erläutern Sie den Gegensatz zwischen deskriptiver und normativer Ethik.
- Erläutern Sie an einem beliebigen konkreten ethischen Problem den Unterschied zwischen un- und amoralischen Problemen.
- Warum ist das Konzept einer deskriptiven Ethik problematisch?
- Erläutern Sie, was man jeweils unter Moral, Ethik und Metaethik versteht.
- Ist die Ethik eine ‚Fahrradbremse am Interkontinentalflugzeug'? Begründen Sie sowohl die bejahende wie auch die verneinende Antwort.
- Es wurde oben gesagt, dass Tiere keine *moralischen* Wesen sind. Begründen Sie diese These, indem Sie auf das Wechselverhältnis von Ethik und Moral hinweisen.
- Formulieren Sie vor dem Hintergrund dieser einleitenden Bemerkungen Erwartungshaltungen zu den folgenden Kapiteln (1. Angewandte Ethik als Disziplin und Konzept, 2. Medizinethik, 3. Tierethik, 4. Umweltethik).

1 Angewandte Ethik als Disziplin und Konzept

Die Aufgabe des folgenden Kapitels ist es, in den Gegenstand und die Methoden der Angewandten Ethik einzuführen. Dies soll nicht primär aus der Perspektive der philosophischen Ethik erfolgen, sondern aus dem Verständnis angewandter Ethikberatung heraus. Hieraus ergeben sich systematische Konsequenzen für die philosophische Ethik und für die Angewandte Ethik als „eigenständige" Disziplinen. Es wird erkennbar, an welche Optionen in der philosophischen Ethik die angewandte anknüpft, aber auch inwieweit sie auf sie zurückwirkt.

1.1 Einleitung

Angewandte Ethik – ein ungeschützter Begriff

Zwar gibt es in der Philosophie nur wenige geschützte Begriffe, aber derjenige der Angewandten Ethik wird, obwohl er in aller Munde ist, so unterschiedlich verwendet, dass er sich einer eindeutigen Bestimmung weitgehend entzieht. Schwierig ist eine Klärung des Begriffes besonders deshalb, weil die Vorstellung des Anwendens von Ethik von unterschiedlichen Metaphern geprägt ist. Hinzu kommt, dass der Begriff der Angewandten Ethik eigentlich unsinnig ist. Denn wenn man unter ‚Ethik' praktische Philosophie versteht und wenn man ‚angewandt' ebenso als ‚praktisch' deutet (im Gegensatz zu ‚theoretisch'), dann heißt Angewandte Ethik ‚praktische praktische Philosophie'. Was soll das sein? In gewissem Sinne kann man sich natürlich mit ‚praktischer Philosophie' theoretisch beschäftigen, indem man beispielsweise als Philosoph Metaethik studiert. Ebenso kann man die Lösung ethischer Probleme in einem praxisfernen Sinne anstreben, indem man beispielsweise nach allgemeinen Rechtsnormen sucht, die einer weiteren Spezifizierung bedürfen, um für einzelne Personen praxisrelevant zu werden. Dennoch weist der Ausdruck ‚praktische praktische Philosophie' als Synonym für ‚Angewandte Ethik' darauf hin, dass der Begriff fragwürdig ist.

Ansatzpunkt: Ethikberatung

Es gibt eine unübersehbare Fülle von Bereichsethiken und Ansätzen der Angewandten Ethik. Sie darstellen oder auch nur einen repräsentativen Überblick geben zu wollen, würde den Rahmen dieser Einführung sprengen. Die folgende Darstellung wird daher keinen Überblick über vorhandene Ansätze geben. Die hier gewählte Herangehensweise ist systematischer Natur und die Methode der Darstellung beruht auf der Prämisse, dass sich das, was Angewandte Ethik ist, am Besten dort erkennen lässt, wo sie praktiziert wird: in der Ethikberatung. Die vermeinte Notwendigkeit einer praktischen praktischen Philosophie als Ergänzung zur philosophischen Ethik – also der praktischen Philosophie – ergibt sich *hauptsächlich* vor dem Hintergrund bestimmter Traditionen der neuzeitlichen philosophischen Ethik. Stellvertretend für diese Tradition stehen der Utilitarismus als eine ausschließlich die Folgen von Handlungen abwägende Ethik und die sich an Immanuel Kant anlehnenden Pflichtenethiken, die vornehmlich die ethische Bewertung der Absichten von vernünftigen Personen zum Ausgangspunkt der Ethik nehmen. Es sei betont, dass in der folgenden Darstellung diese Ethikansätze bzw. Traditionen von Ethikansätzen, die als spezifisch neuzeitlich aufzufassen sind, nur oberflächlich skizziert werden können (ergänzend sei daher auf [5] verwiesen). Dass bei bestimmten Fragen der Ethik offensichtlich ein Bedarf an ‚praktischer praktischer Philosophie' besteht, kann an dieser Stelle als gegeben angenommen werden.

Verstehen kann man diesen Bedarf, der sich *offensichtlich* gegen eine als (zu) theoretisch erscheinende praktische Philosophie richtet, wenn man folgende Konstellation betrachtet. Als *eine* theoretische Option der Angewandten Ethik kann man die sogenannte *Kasuistik* bezeichnen (von lateinisch *casus* = Fall). Die sogenannte Wiederbelebung der aus der Antike und dem Mittelalter stammenden kasuistischen Ethiken wurde von Albert R. Jonsen und Stephen Toulmin angeregt. Die Kasuistik konzipiert den Kern ethischer Reflexion und Theoriebildung in Analogie zur Wahrnehmung. Personen lernen in ihrer biografischen Entwicklung, Situationen als ethisch bedeutungsvoll wahrzunehmen. Was ethisch richtig oder falsch ist, stellt sich letztlich nur in der sorgfältigen und überlegten Betrachtung von Situationen heraus. Schon hieran erkennt man, dass Wahrnehmung nicht einfach Sinneswahrnehmung im Sinne der Aktivierung von Neuronenmustern ist, sondern etwas, in das individuelle, aber auch kulturelle Erfahrungen konstitutiv mit eingehen. Wahrnehmung als Erkenntnisquelle verbindet sich mit der Vorstellung der Konkretheit von ethischen Fragen und Antworten – also dem Situationsbezug. Letztlich stellt sich aber in den Augen der Kasuistik das, was in einer Situation richtig, gut oder angemessen ist, nur in der Situation heraus. Ethische Normen oder Werte haben somit losgelöst von Situationen allenfalls eine heuristische Bedeutung. Ethische Geltungsfragen können nur – so die These – partikularistisch beantwortet werden: Was gut, richtig und angemessen ist, stellt sich nur im konkreten Fall heraus. Kurz gesagt konzipiert die Kasuistik moralische Erkenntnis analog zur Wahrnehmung und vertritt in Begründungsfragen einen Partikularismus.

Es gibt nun zwei systematische Optionen, mit denen die Angewandte Ethik auf die Kasuistik reagieren kann. Entweder sie hält an der Bedeutung der Situationswahrnehmung fest und gibt die Universalität moralischer Geltung auf, oder sie hält an der Universalität der Geltung moralischer Gebote und Verbote fest und ordnet der Wahrnehmung von Situationen eine untergeordnete Rolle in der ethischen und moralischen Reflexion zu. Den einen Weg schlägt die sogenannte *Prinzipienethik* von Tom L. Beauchamp und James F. Childress ein. Diese Ethik hält in Bezug auf das Erkenntnismodell an der Wahrnehmung fest, betont aber, dass Begründungsfragen auch Aspekte aufweisen, die über spezifische Situationen hinausreichen. Die Prinzipienethik kann daher in begründungstheoretischer Hinsicht einen abgemilderten Partikularismus zulassen – d. h. man kann sich über Rechtfertigungsfragen streiten, ohne nur auf eine letztlich unendlich komplexe Situation zu zeigen. Den anderen Weg schlägt der sogenannte *Deduktivismus* von Bernard Gert, Charles M. Culver und K. Danner Clouser ein. Dieser Ansatz hält daran fest, dass ethische Normen und Werte nur dann Werte und Normen sind, wenn sie universal gelten. Da Wahrnehmung als Erkenntnismodell den Zugang zu einer kontingenten Welt eröffnet – d. h. einer Welt, in der immer alles auch anders sein könnte –, muss ein solcher

Ethikansatz auf abstrakte und nicht an der Wahrnehmung orientierte Formen ethischer Erkenntnis zurückgreifen. In solchen Ethikansätzen werden daher die Vernunft oder bestimmte Modelle der Rationalität zentral. Der Deduktivismus geht also von universal geltenden Normen oder Idealen aus. Er anerkennt aber, dass derartige Normen insofern in Situationen ‚angewendet' werden müssen, als jeder Handelnde vor der Aufgabe steht zu bestimmen, ob in einer konkreten Situation Ausnahmen z. B. vom universal geltenden Lügenverbot gerechtfertigt sind.

Die hier nur kurz skizzierten Diskussionslinien sollen im Folgenden vertieft werden. Es zeigt sich aber bereits an dieser Stelle, dass das Verhältnis von Wahrnehmung und Rechtfertigung zentral ist. Es hat zwei Aspekte, die man voneinander unterscheiden muss: (1.) Von welcher Art ist ethische Erkenntnis? (2.) Wenn man ethische Erkenntnis besitzt, bleibt die Frage: In welchem Sinne können Normen, Werte, moralische Urteile usw. Geltung beanspruchen? In der aktuellen Diskussion über die theoretischen Grundlagen der Angewandten Ethik bilden diese Fragen den nicht immer klar herausgearbeiteten Kern der Überlegungen.

Den Ausgangspunkt der anschließenden Betrachtung bildet eine wichtige Anwendungsform der Angewandten Ethik: Die Arbeit in Ethikkommissionen (1.1). Aus den Arbeitsweisen, den Zielen und der Konstruktion von Ethikkommissionen ergeben sich verschiedene systematisch interessante Schlussfolgerungen für die Angewandte Ethik. Diese Herangehensweise geht davon aus, dass sich in der *konkreten* Behandlung von *spezifischen* Problemen nicht nur zeigt, was viele als ein Problem ethischer oder moralische Natur erachten. Den Ausgangspunkt bilden daher nicht ethische Theorien, wie man sie in der Philosophietradition vorfindet, sondern das Problembewusstsein von Personen und ihre Lösungskompetenz. Das Bekenntnis zu einer Theorie der philosophischen Ethik ist in der Angewandten Ethik relativ unbedeutend. Hieraus ergibt sich die Frage nach dem Verhältnis von Laien und Experten in der Ethik (1.2). Auch hier soll zunächst die Arbeit in Ethikkommissionen als Ausgangspunkt dienen, um dann in zwei Schritten konzeptionelle Erkenntnis für die Angewandte Ethik als philosophische Theorie zu gewinnen. Zum einen geht es um das Verhältnis von ethischer Theorie und moralischer Erfahrung (1.3); zum anderen nach einem für die Angewandte Ethik praktikablen Konzept ethischer Begründung (1.4). Neben diesen systematisch interessanten Aspekten der Angewandten Ethik verweist die gebräuchliche Bezeichnung ‚Bereichsethik' oder ‚Bindestrich-Ethik' auf eine besondere zusätzliche Dimension der Angewandten Ethik (1.5).

1.2 Ethik in Ethikkommissionen

Als Ausgangspunkt für die Frage, was man unter Angewandter Ethik zu verstehen hat, soll die Arbeit von Ethikkommissionen bzw. Ethikkomitees dienen. Ethikgremien dieser Art sind darum bemüht, konkrete ethische Probleme zu behandeln. Ihr Ziel ist es nicht, eine bestimmte Ethik zu entwickeln. Bevor die in systematischer Hinsicht interessanten Gesichtspunkte von Ethikgremien herausgearbeitet werden, sollen zunächst ihre historische Entwicklung, ihre Arbeitsweisen und Ziele skizziert werden. Im Anschluss daran wird ihre Bedeutung für das Konzept Angewandter Ethik herausgearbeitet werden.

Typen von Ethikgremien

Man kann nationale bzw. internationale und lokale Ethikberatungsgremien unterscheiden. Während letztere bestimmte Institutionen beraten, dienen nationale oder internationale Ethikberatungsgremien im Wesentlichen der Politikberatung bzw. der gesellschaftlichen Orientierung in ethischen Fragen (vgl. [44]).

Überregionale Gremien

Letztere sollen im Folgenden unbeachtet bleiben, da es in der Ethik zuvorderst um praktische Orientierung im *Handeln* geht. Nationale und internationale beratende Gremien sind dagegen an der Entwicklung von *Gesetzen* und *Richtlinien* orientiert. Als Beispiele kann man die Richtlinien und Empfehlungen der *Bundesärztekammer* [194] zu bestimmten Themengebieten anführen, die *Zentrale Ethikkommission zur Wahrung ethischer Grundsätze in der Medizin und ihren Grenzgebieten bei der Bundesärztekammer* [195], die Stellungnahmen des *Nationalen Ethikrates* in Deutschland (seit 2001, [193]) oder den *Dänischen Ethikrat* [196]. Beratungsergebnisse überregionaler Ethikgremien können lokalen als Richtschnur dienen, indem sie für bestimmte Problemkontexte Ergebnisse öffentlicher Diskussionsprozesse mit normativer Autorität vorstellen (vgl. [39]). Wenn ihre Beratungsergebnisse in Gesetze eingehen, erhalten sie auch unmittelbar bindende Kraft (man vgl. die Richtlinien der Bundesärztekammer). Man könnte einwenden, dass auch Richtlinien und Gesetze die Handelnden in dem Sinne orientieren, dass sie Maßstäbe für das Handeln darstellen. Aber die Fragen, vor die Handelnde sich *konkret* gestellt sehen, sind zumeist sehr viel *spezifischer*, als dass *allgemein* oder gar *universell* geltende Normen primäre Orientierungspunkte darstellen könnten. Der Respekt beispielsweise vor der Würde oder der Autonomie von Personen bedarf in der Regel einer schwierigen *Spezifizierung*, die nicht einfach so verstanden werden kann, dass aus der Bedeutung dieser Begriffe konkrete Handlungsoptionen abgeleitet werden können. In diesem Sinne geben allgemeine oder universelle Normen den Handelnden zwar in gewissem Sinne Orientierung, sind aber keineswegs hinreichend und in vielen Fällen nicht einmal notwendig.

Lokale Gremien

Beratung in lokalen Gremien dient dagegen der ethischen bzw. moralischen Orientierung in Hinsicht auf das Handeln in der eigenen Institution. Hier können nach der Art der zu beratenden Institution zwei Typen unterschieden werden:

(1) Ethikkommissionen vornehmlich an Forschungseinrichtungen (in der Regel an Universitätskliniken, aber auch an Max-Planck-Instituten, am Deutschen Krebsforschungszentrum in Heidelberg, möglicherweise auch an Kliniken und Krankenhäusern). Sie beschäftigen sich mit der Lösung *spezifischer ethischer Probleme*. Hier geht es um Hilfestellung bei konkreten Behandlungsentscheidungen, die zunächst nur auf einen bestimmten Patienten oder Fall bezogen sind, oder bei Entscheidungen über einen Antrag für ein konkretes Forschungsprojekt.
(2) Klinische Ethikkomitees (KEK) an Kliniken und Krankenhäusern (aber durchaus auch an Universitätskliniken). Teilweise wird die Aufgabe der KEKs auch von Ethikbeauftragten übernommen. Ihre

Funktion ist die Weiterbildung in medizinischer Ethik mit dem Ziel, die moralische Integrität der Institution zu stärken. Dies kann sowohl durch die Entwicklung von Leitlinien als auch durch Beratung und Schulung von Mitarbeitern der Institutionen geschehen. Hier geht es nicht primär um die Lösung spezifischer Problemstellungen, sondern um die Ausbildung einer individuellen und institutionellen *Sensitivität für ethische Probleme.*

Beide Typen der Ethikberatungsgremien können aber nicht strikt voneinander unterschieden werden. Denn Ethikkomitees sensibilisieren eine Institution und ihre Belegschaft durch Betrachtung von exemplarischen Einzelfällen, und Ethikkommissionen können über die Summe ihrer Beratungsergebnisse zu spezifischen Fragestellungen ein ähnliches Ziel erreichen (vgl. insgesamt [43], [41], [46]).

Forschung

Dennoch sind ihre Aufgaben grundsätzlich verschieden: Ethikkommissionen an Forschungseinrichtungen beschäftigen sich mit der ethischen Dimension von Forschungsprojekten. Ethische Probleme der Forschung resultieren aus der Berechtigung und Notwendigkeit des Strebens nach Erkenntnisfortschritt einerseits sowie aus der Unsicherheit des Handelns und den Gefahren für die jeweiligen Forschungsobjekte (Probanden, Patienten, aber auch Tiere) andererseits. Die beratende Arbeit einer Ethikkommission entlastet die Forschenden, insofern sie ihnen eine gewisse Sicherheit in ethischer, aber auch in rechtlicher Hinsicht gibt. Seit 1995 sind Ethikkommissionen an den medizinischen Fakultäten der Universitäten und in Landesärztekammern zur Bewertung von Forschungsprojekten gesetzlich vorgeschrieben. Ihre Geschichte reicht in Deutschland bis in die frühen 80er Jahre zurück. Ethikkommissionen haben die Aufgabe der Verkehrssicherungspflicht: Ethik ist in diesem Zusammenhang auch ein Aspekt der Qualitätssicherung von Forschungsprojekten.

Kommissionen schützen Probanden und Patienten als Gegenstände medizinischer Forschung, indem sie unberechtigte Hoffnungen, überhöhte Versprechungen und unangemessene Risiken von *Experimenten* offen legen. Die Ethikberatung eröffnet beiden Parteien – den Forschern und ihren Objekten – ethisch relevante Aspekte ihrer jeweiligen Perspektive und ermöglicht so ein wechselseitiges Verständnis. Ein Ergebnis dieses wechselseitigen Verständnisses kann die ein- oder beiderseitige Ablehnung bestimmter Forschungen, aber natürlich auch die Zustimmung sein [41].

Beispiel: Doppelblindversuche

Anschaulich werden ethisch relevante Zielkonflikte in der medizinischen Forschung an einem Grundparadigma der Forschung: Objektivität. – Diese wird u.a. durch randomisierte Doppelblind-Versuche gewährleistet. Dabei wird eine Anzahl von Patienten (Probanden) zufällig (d.h. randomisiert) in eine Gruppe eingeteilt, an der eine neu entwickelte und Erfolg versprechende Therapieform erprobt wird, und eine entsprechende Kontrollgruppe, die bloß eine Placebo-Therapie (mit einer wirkungslosen Substanz) bekommt. Ein Doppelblindversuch besteht dann darin, dass weder die Patienten (Probanden) noch die behandelnden Ärzte wissen, wer zur Kontroll- und wer zur Therapiegruppe gehört. Forschung soll eine Therapie als wirkungsvoll erweisen. Es ist aber mit den Zielsetzungen der Medizin unvereinbar, einem Patienten eine Therapie – durch Placebos – vorzuenthalten, die wirksam ist. Es gibt hier einen ethisch bedeutsamen Zielkonflikt zwischen Forschung (Wissenschaft) und Medizin (Gesundheit oder Leidensminderung). Da es sich um medizinische Forschung handelt, ist dieser Zielkonflikt von der Medizin als solcher nicht zu trennen. Man muss in jedem Einzelfall abwägen, welches Ziel den Vorrang genießen soll (vgl. [44]).

Krankenhäuser und Kliniken

Natürlich treten spezifische ethische Probleme nicht nur im Bereich der Forschung auf. Auch im Krankenhausalltag kommen problematische Fälle vor, die einer Lösung zugeführt werden müssen. Soll eine Behandlung bei einem Patienten aufgenommen werden, von dem man weiß, dass er längere Zeit einen Atemstillstand hatte? Soll eine Behandlung auch gegen den Wunsch einer Patientin fortgeführt werden? Wann müssen medizinisch denkbare Maßnahmen als bloß noch leidensverlängernd angesehen werden? Ethikkommissionen (oder -komitees) an Krankenhäusern oder Kliniken beschäftigen sich jedoch vornehmlich mit der ethischen Dimension der alltäglichen Arbeit – dem Zusammenspiel von Patienten, Angehörigen, Ärzten, Pflegepersonal und Verwaltung. In den Vereinigten Staaten von Amerika sind sie seit 1991 für die Akkreditierung von Krankenhäusern vorgeschrieben. In Deutschland setzten sie sich erst langsam und auf freiwilliger Basis durch (vgl. [46] und [10]).

In der Interaktion der verschiedenen Parteien können ethische oder moralische Differenzen auftreten. Ein Grund hierfür liegt darin, dass zumindest Arzt-Sein, Pfleger-Sein und Angehöriger-Sein ethische Beziehungen darstellen. Der Patient ist durch seine Krankheit hilfsbedürftig. Das verpflichtet Ärzte aufgrund ihrer spezifischen Kompetenz zur Hilfeleistung in Hinsicht auf die Krankheit. Hierbei werden sie durch Pfleger unterstützt (Assistenz). Pflege bedeutet jedoch zusätzlich, zwischen dem medizinisch Machbaren und der Würde des Patienten zu vermitteln. Während der Arzt in Diagnose, Prognose und Therapie auf die Krankheit konzentriert ist – forciert wird dies durch eine stetig zunehmende Spezialisierung und Fragmentarisierung der Medizin –, besteht die Aufgabe des Pflegers darin, die Person des Patienten als ganze und auch seine Beziehung zu seinen Angehörigen im Blick zu haben. Auch den Angehörigen kommen bestimmte Pflichten, Rechte und Aufgaben zu. Sie müssen Entscheidungen mit dem Patienten zusammen oder gegebenenfalls stellvertretend im Sinne des Patienten treffen, unterstützen ihn emotional und können gegebenenfalls das Recht beanspruchen, Informationen über den Patienten zu bekommen.

Natürlich hat diese vielschichtige Interaktion auch ökonomische Aspekte. Medizinisches Handeln ist von knappen Ressourcen geprägt: Die Anzahl spezieller Therapieplätze, Herzlungenmaschinen, Dialyseplätze, Organe für Transplantationen, aber auch (Fach)Ärzte, Pflegepersonal usw. – die Liste ließe sich fast unendlich fortsetzen – ist begrenzt. Nicht zuletzt kann fehlende finanzielle Leistungskraft von Patienten ihre Gesundung behindern. In solidarisch oder öffentlich finanzierten Gesundheitssystemen muss der finanzielle Gesamtrahmen der für das Gut Gesundheit zur Verfügung stehenden Ressourcen zudem in Konkurrenz zu anderen Gütern (z.B. Sicherheit, Ausbildung, Mobilität, Umweltschutz usw.) ausgehandelt werden.

Aber nicht nur die am Krankenhausalltag beteiligten Rollen und die finanziellen Aspekte des Strebens nach Gesundheit stellen mögliche Ursprünge ethischen Dissenses dar. Krankenhäuser stehen in einem kulturellen, historischen und rechtlichen Kontext. Der medizinische Fortschritt verändert die Arbeit stetig. Interaktion, Ressourcen und Rahmenbedingungen stellen immer wieder Quellen für ethische bzw. moralische Probleme dar. Ursprünglich wurden Ärzte als die zentrale ethische Instanz im Krankenhaus betrachtet. Die Medizin blickt auf eine uralte Tradition zurück, und man verweist auf das althergebrachte Arztethos (vgl. den Hippokratischen Eid). Diese zentrale Rolle wird heute von zwei Seiten relativiert: vom Pflegepersonal und vom Selbstbestimmungsrecht und -willen der Patienten. Natürlich kommt es in dieser Konstellation nicht nur zu ethischen bzw. moralischen Problemen. Dennoch wird die Ethikberatung im Krankenhausalltag immer wichtiger. Ihre Bedeutung findet ihren Widerhall in der Institutionalisierung von Ethikgremien, die in den USA mittlerweile vorgeschrieben ist. Ein Beispiel soll die Wirkungen dieser Ethikberatung verdeutlichen.

Beispiel: Der Fall Quinlan

Der Fall der Karen Ann Quinlan war in vielen Hinsichten wegweisend. Am 15. April 1975 war Karen Quinlan nach Alkohol- und Drogenkonsum bewusstlos geworden und wurde in der Notaufnahme behandelt (d.h. ihr Kreislauf wurde stabilisiert). Zuvor erlitt sie mindestens zwei Atemstillstände von jeweils etwa 15 Minuten. Die Ärzte diagnostizierten schließlich ein zum damaligen Zeitpunkt noch nicht eindeutig irreversibles ‚permanentes Koma' (auch ‚appallisches Syndrom' oder ‚vegetativer Zustand' genannt, [179]). In diesem Zustand gibt es keinerlei Hinweise auf bewusste Wahrnehmung der eigenen Person oder auch der Umwelt. Allerdings gibt es einen physiologischen Schlaf-Wach-Rhythmus (die Patienten schließen die Augen, wenn sie schlafen) und es finden reflexartige Reaktionen auf bestimmte Reize statt. Durch künstliche Beatmung und Ernährung kann ein permanentes Koma dadurch erzeugt werden, dass man die vegetativen Funktionen stabilisiert, nachdem sie durch eine Verletzung gestört waren. Vor der Entwicklung der High-Tech-Medizin wären solche Patienten gestorben. Heute ist sie ein Segen für viele glückliche Überlebende, aber auch der Ursprung problematischer Einzelfälle.

So auch im Fall Quinlan. Denn Karen Quinlan wachte nicht wieder auf, und ihr Zustand wurde schließlich nach dem Stande des medizinischen Wissens und Könnens irreversibel. Die Eltern der Patientin wollten später von den Ärzten einen Behandlungsabbruch erwirken, den diese mit der Begründung verweigerten, dass die Patientin noch nicht tot sei. Denn für die Ärzte lebte die Patientin noch (die Hirnströme zeigten nicht die für den Tod erforderliche Nulllinie), weshalb sie zur Weiterbehandlung verpflichtet waren. Daher sahen sich die Eltern gezwungen, den Fall 1976 vor Gericht zu bringen; und sie hatten in zweiter Instanz Erfolg. Sie konnten glaubhaft machen, dass ihre Tochter Karen vor ihrer Verletzung Aussagen über ihre Vorstellungen von erwünschten und unerwünschten medizinischen Behandlungen gemacht hatte. Dem Vater wurde daher unter gewissen Bedingungen die letztendliche Entscheidung über die Fortsetzung der Behandlung zugestanden.

Die künstliche Beatmung wurde daraufhin allmählich beendet. Wider Erwarten atmete Karen Quinlan selbstständig weiter. Obwohl der Oberste Gerichtshof von New Jersey in seinem Urteil die Beendigung aller das Leben erhaltenden Maßnahmen erlaubt hatte, wollte der Vater die Fortsetzung der künstlichen Ernährung. Die Entscheidung des Gerichts beruhte auf der Akzeptanz zum einen gegenüber dem (mutmaßlichen) Patientenwillen, zum anderen auf der Unterscheidung zwischen normalen und außerordentlichen medizinischen Maßnahmen. Dabei gelten solche medizinischen Maßnahmen als ‚normal', bei denen ein konkreter Heilungs- oder Therapieerfolg erkennbar ist. Die Patientin starb erst 1985, ohne zuvor das Bewusstsein wiedererlangt zu haben. Der Fall kann hier lediglich skizziert werden. Interessant für die gegenwärtige Erörterung ist die Schlussbemerkung des Obersten Gerichtshofes von New Jersey:

„Um unseren Aussagen Klarheit und Nachdruck zu verleihen, wiederholen wir: Unter der Voraussetzung, dass Vormund [d. h. der im Urteil des Gerichts als Vormund eingesetzte Vater – A. V.] und Familie von Karen sich einig sind, sollten sie – sollten die behandelnden Ärzte zu der Schlussfolgerung kommen, dass es keine nachvollziehbare Möglichkeit gibt, dass sich Karen von ihrem gegenwärtigen komatösen Zustand hin zu einem kognitiven und bewussten Zustand entwickelt, und dass die ihr gewährte Unterstützung durch lebenserhaltende Apparate beendet werden sollte – sich mit dem Ethik-Komitee des Krankenhauses oder einer ähnlichen Institution des Krankenhauses, in dem Karen liegt, beraten. Wenn dieses Beratungsgremium ebenfalls zu der Auffassung kommt, dass es keine nachvollziehbare Möglichkeit gibt, dass sich Karen jemals von ihrem gegenwärtigen komatösen Zustand wieder hin zu einem kognitiven und bewussten Zustand entwickeln wird, dann darf das gegenwärtige (technische) Lebenserhaltungssystem entfernt werden, und diese Handlung soll ohne zivil- oder strafrechtliche Haftung dafür sein für irgendeinen Beteiligten – seien es der Vormund, Arzt, das Krankenhaus oder andere" (vgl. [185]).

Der Oberste Gerichtshof hat die erstinstanzliche Entscheidung aufgehoben, indem er dem Vater von Karen in rechtlicher Hinsicht die Vormundschaft zuspricht. Die erste Instanz hatte die Entscheidung noch den Ärzten zugebilligt, die sich an medizinischen Standards zu orientieren haben. Nach der Auffassung der zweiten Instanz muss sich zunächst die Familie über ihre Ziele klar werden, um dann, wenn die Ärzte ihre Auffassung geäußert haben, mit dem Ethikkomitee des Krankenhauses den Fall zu erörtern. Rechtlich entscheidet also der Vater, medizinisch entscheiden die Ärzte, persönlich und ethisch entscheidet die Familie. Der Gerichtshof betont explizit, dass die Art von Entscheidung, die im Falle von Karen Quinlan nötig ist, nicht von öffentlichen Instanzen (Gerichten) getroffen werden sollte. Sie muss ‚intern' bleiben – d. h. die direkt mit Karen betrauten Personen müssen aus ihrer jeweiligen Perspektive eine Lösung finden (in Fällen von entscheidungsfähigen Patienten natürlich in erster Linie sie selbst). Da die verschiedenen Perspektiven der beteiligten Personen in Widerspruch zueinander geraten können und jede die Angelegenheit zunächst nur aus ihrer Perspektive betrachtet, muss es zu einem Ausgleich kommen. Der erste Schritt besteht in einem Austausch über die jeweils relevanten Gesichtspunkte.

Natürlich ergibt sich aus der rechtlichen Geltung eines Gerichtsurteils noch nicht dessen ethische Legitimität. Aber der Fall Quinlan wurde in der

Folge zu einem bedeutsamen Modellfall, gerade weil die Richter in besonders angemessener Weise auf die durch den medizinischen Fortschritt veränderten ethischen Gegebenheiten der klinischen Praxis reagierten. Wichtig an diesem Urteil ist, dass das Gericht der Auffassung war, dass weder die Entscheidungsgewalt an eine externe dritte Partei delegiert, noch einer einzigen Partei die alleinige Entscheidungskompetenz zugestanden werden dürfe. Alle Beteiligten müssen mit sich selbst und miteinander zu Rate gehen. Somit verbleiben Behandlungsentscheidungen im Rahmen des Krankenhauses, aber die Entscheidungsfindung wird auf mehrere Parteien verteilt, die ihre Perspektiven in einem Beratungsprozess offen legen. Krankenhäuser und ähnliche Institutionen müssen darauf reagieren, indem sie Beratungsgremien schaffen, die diesen Aufgaben entsprechen. Hierdurch werden alle beteiligten Parteien rechtlich und ethisch abgesichert. Der hohe Wert der individuellen Selbstbestimmung (Autonomie) führt dazu, dass für einen möglichen Konfliktfall die letzte Entscheidung dem Patienten – bzw. im Fall von Karen Quinlan einem Vormund – zugestanden wird. Der Fortschritt in der Medizin hat also dazu geführt, dass in letzter Konsequenz Entscheidungen über medizinische Behandlungen nicht mehr nur von Ärzten – also nach (rein) medizinischen Gesichtspunkten – getroffen werden.

Zwischenresümee

Man kann an dieser Stelle festhalten, dass Ethikberatung in zwei Hinsichten für praktische Orientierung im Handeln Sorge trägt. Zum einen müssen konkrete und spezifische Probleme gelöst werden. Soll eine bestimmte medizinisch notwendige Therapie durchgeführt werden, obwohl die Patientin sie nicht wünscht? Hier müssen Patientin, Ärzte, Pflegende und Angehörige über diese Frage zu Rate gehen. Zum anderen haben derartige spezifische Fragen eine über sie hinausreichende Bedeutung. In der Erörterung spezifischer Fragen verändert sich einerseits die Sensitivität der beteiligten Personen andererseits die *corporate identity* der Institutionen. Die Aufgabe der Ethik, Handelnde in praktischen Dingen sowohl spezifisch als auch generell zu orientieren, kann am Beispiel der Karen Quinlan verdeutlicht werden.

Fragen der individuellen Verantwortung und die Suche nach dem Angemessenen im Handeln können weder an Entscheidungsinstanzen (z.B. an Gerichte oder im Bereich der Medizin an Ärzte) deligiert noch in dem Sinne gelöst werden, dass willkürlich die komplexe Entscheidungssituation vereinfacht wird. Ein moralischer Konflikt kann – wie der Fall Quinlan zeigt – daraus resultieren, dass Personen unterschiedliche Gesichtspunkte in einer Situation als ethisch und moralisch relevant ansehen. Sofern es sich nicht um irrationale Personen handelt, ist es ein Gebot der Rationalität, dass man diesen Gesichtspunkten einen gewissen Respekt zollt, auch wenn man sie als irrelevant ansieht oder aus ihnen andere Schlussfolgerungen zieht. Ethikberatungsgremien können Konflikte allein dadurch entschärfen, dass Beteiligte durch den Austausch von möglicherweise widerstreitenden Sichtweisen entweder zu einer Revision ihrer Vorstellungen über das in dieser Situation Angemessene bewegt werden oder zumindest zu Respekt gegenüber anderen Auffassungen, wenn sie sie in einer Diskussion als intern stimmig kennen gelernt haben.

Wer arbeitet in Ethikgremien?

Kennzeichnend für die Arbeit in Ethikkommissionen ist *Interdisziplinarität.* Da Gremien dieser Art bisher vornehmlich im Bereich der Medizin eingerichtet worden sind, können hier zunächst Mediziner als Mitglieder von

Ethikkommissionen genannt werden. In Krankenhausgremien kommt das Pflegepersonal hinzu. Weiterhin treten aber sowohl nicht-medizinische Fachleute als auch Laien hinzu. Zu den nicht-medizinischen Fachleuten zählen Juristen, Psychologen, Theologen, Philosophen – und sofern nötig auch noch andere. Im engeren Sinne *medizinisches* Handeln hat Dimensionen – rechtliche, psychologische, theologische, philosophische –, die über die Medizin hinausweisen. Für diese Dimensionen gibt es Fachleute, die ihre Expertise in Ethikkommissionen einbringen. In Ethikkommissionen werden Fachleute aufgrund der Interdisziplinarität des Gremiums immer auch zu Laien. Denn der Philosoph ist ebenso wie der Theologe oder der Jurist medizinischer Laie. Mediziner – Ärzte und Pfleger – sind auf dem Gebiet der anderen Laien. Mit der Interdisziplinarität eines solchen Gremiums ist also zweierlei verbunden:

(1) Es werden in die Beratungstätigkeit unterschiedliche Perspektiven einbezogen. Hierdurch werden Einseitigkeiten und Betriebsblindheit vermieden. Jeder muss in der Lage sein, seine Expertise für Laien verständlich und ihrer Relevanz nachvollziehbar darzustellen.
(2) Obwohl es sich um Ethikkommissionen handelt, stellen ethische Gesichtspunkte nur einen zu beratenden Aspekt dar. Es gibt natürlich andere normative (theologische bzw. juristische), aber nicht notwendig ethische Aspekte der Beratungsarbeit. Und es gibt rein sachliche bzw. deskriptive Aspekte der Beratungsarbeit.

Die Interdisziplinarität von Ethikberatungsgremien reagiert also darauf, dass Entscheidungen über Handlungsverläufe im Bereich der Medizin vielschichtig und komplex sind. Dies gilt nicht nur aus der Sicht des Individuums, sondern auch für Interaktion verschiedener Personen.

Wesentliche Gesichtspunkte der Ethikberatung

Es ergeben sich neben dem sogenannten Arztethos heute drei andere ethisch relevante Gesichtspunkte im Arbeitskontext der Institutionen von Krankenhäusern und Kliniken.

(1) Es gibt heute weltanschauliche Einflüsse auf medizinisches Handeln. Hierunter muss man nicht nur religiöse, sondern auch kulturelle, historische, soziale und rechtliche Aspekte des Handelns in der Medizin verstehen. Die Bewertung von Lebensqualität und das Gesundheitsverständnis können voneinander abweichen je nachdem, ob man nur medizinische oder auch andere Gesichtspunkte mit in die Bewertung einbezieht.
(2) Knappheit an Ressourcen erzwingt Entscheidungen, die zur Folge haben, dass bestimmten Kranken medizinisch Mögliches vorenthalten wird. Dies kann eine verminderte Lebensqualität zur Folge haben (der Mangel an transplantierbaren Nieren führt zur Notwendigkeit der Dialyse), aber auch den Tod (etwa wenn nur eine begrenzte Anzahl von Herz-Lungen-Maschinen zur Verfügung steht). Natürlich waren derartige Verteilungsprobleme immer schon Grundmomente ärztlichen Handelns, aber die moderne Hochleistungsmedizin führt ihre Bedeutung verschärft vor Augen.

(3) Der in liberalen Demokratien grundlegende Wert der individuellen Autonomie kann mit den Zielen ärztlichen Handelns in Konflikt geraten. Medizinisch Machbares kann in Gegensatz zu Patientenwünschen treten (vgl. Karen Quinlan). Insbesondere der Patientenwunsch nach der Beendigung einer Behandlung oder sogar nach aktiver Sterbehilfe spielen hierbei eine Rolle. Generell ist heute die explizite Zustimmung des Patienten (nach angemessener Aufklärung durch den Arzt) Voraussetzung für jede medizinische Maßnahme.

Das oberste Gebot des traditionellen Arztethos lautet: *salus aegroti suprema lex* (Das Wohl des Kranken ist das höchste Gesetz). Ärzte galten von jeher als moralisch autonom: Im Arzt-Patient-Verhältnis waren sie es, die wissen, was gut und richtig für den Patienten ist. Und somit geschah in der konkreten medizinischen Praxis weitestgehend das, was sie für angemessen hielten. Der wichtigste Grund hierfür lag in der relativen Beschränktheit der medizinischen Optionen. Wenn man überhaupt etwas tun konnte, stellte sich zumeist die Frage nicht, ob man es auch tun sollte. Durch den medizinischen Fortschritt wurde der medizinische Entscheidungs- und Handlungsrahmen so erweitert, dass die zuvor genannten Gesichtspunkte immer wichtiger wurden. Natürlich trägt neben der Veränderung der Medizin selbst auch die Durchsetzung liberaler – d.h. am Wert der individuellen Autonomie orientierter – Demokratien zu einem veränderten Patientenbewusstsein bei.

Arbeitsweisen der Ethikberatung

Das Wesen der Ethikberatung in Kommissionen besteht darin, über einen Fall zu beraten und dabei die verschiedenen heute relevanten Gesichtspunkte zu sammeln. Die Beratung besteht in der *Betrachtung* möglichst vieler relevanter Aspekte. Interdisziplinarität der Mitglieder eines Beratungsgremiums ist dabei ein Garant dafür, dass die Beratung nicht einseitig ist. Zudem muss jeder Experte anerkennen, dass er hinsichtlich bestimmter Aspekte Laie ist. Der Jurist ist kein Theologe oder Philosoph; kein Kommissionsmitglied ist Betroffener (Patient oder Angehöriger). Jeder hat daher als Experte zugleich die Aufgabe, den anderen seine Sicht des Falles in überzeugender Weise nahe zu bringen. Hierin besteht ein wesentlicher Teil der Beratungsarbeit: *Man betrachtet die Sache*. Das heißt, dass die sich beratenden Personen das, was ihnen als relevanter Gesichtpunkt erscheint, in die Diskussion einbringen und es in seiner jeweils vermeinten Relevanz zumindest ansatzweise explizieren und rechtfertigen können. Im Fall Quinlan könnte man Folgendes anführen:

(1) Die Ärzte haben betont, dass die Patientin noch nicht tot sei. Daher käme ihnen die Aufgabe zu, medizinische Maßnahmen – soweit sie zur Verfügung stehen – durchzuführen. Dazu seien Ärzte einerseits aufgrund ihres Arztethos, andererseits aufgrund rechtlicher Bestimmungen verpflichtet.

(2) Die Eltern von Karen Quinlan haben dagegen gesetzt, dass Karen nicht jede Art von Behandlung gewollt habe. Vielmehr habe sie lebensverlängernde Maßnahmen ohne Aussicht auf Heilung abgelehnt.

Man könnte natürlich noch eine größere Anzahl relevanter Gesichtspunkte anführen. Wichtig ist, dass sich bereits aus den beiden genannten zweierlei ergibt: Zum einen wird für die jeweils andere Seite sichtbar, warum es zum Dissens gekommen ist. Das Nachvollziehen des jeweils anderen Standpunktes ermöglicht es, die Gegenposition intern zu verstehen, auch wenn man sie selbst nicht billigt. Zum anderen kann man durch die in die Diskussion gebrachten Gesichtspunkte Kriterien für die Begründung explizit machen und gegebenenfalls Strategien der Lösung des Konfliktes entwickeln. Im Fall Quinlan hieß das konkret, dass man eine Unterscheidung zwischen regulären und über das reguläre Maß hinausgehenden medizinischen Maßnahmen vornahm. Wenn man Ärzte nun in rechtlicher Hinsicht und aus Sicht des Arztethos nur auf die regulären Maßnahmen verpflichtet und dem Patienten in Bezug auf die außerordentlichen Maßnahmen eine autonome Entscheidungsgewalt zuerkennt, dann zeichnet sich eine Lösung ab. Mediziner müssen sich überlegen, ob ihnen als Medizinern die Unterscheidung von regulären und außerordentlichen Maßnahmen plausibel erscheint und welche medizinischen Kriterien zur Untermauerung festgelegt werden können. Juristen müssen darüber nachdenken, ob die rechtlichen Bestimmungen diese Unterscheidung in dem Sinne zulassen, dass Ärzte sich bei der Unterlassung außerordentlicher medizinischer Maßnahmen nicht strafbar machen. Und Patienten bzw. Angehörige schließlich müssen sich darüber klar werden, ob sie die Einschränkungen ihrer Entscheidungsgewalt auf außerordentliche medizinische Maßnahmen (wie etwa die künstliche Beatmung) nachvollziehen können.

Hieran wird deutlich, dass rationale Begründung der primäre Standard der Lösung ethischer oder moralischer Konflikte ist, der in der Ethikberatung jedoch ergänzt werden muss durch den vielleicht vom Standpunkt bestimmter Ansätze der philosophischen Ethik unspezifisch erscheinenden Standard des ‚Sich-Anfreunden-Könnens'. Der Respekt vor dem Selbstbestimmungsrecht rationaler Personen bedeutet dabei keinesfalls, dass man nicht jedem die Bereitschaft und die Fähigkeit zur kritischen Überprüfung der eigenen Überzeugungen abverlangen dürfte. Es ist jedoch wichtig zu sehen, dass man in der Angewandten Ethik regelmäßig dann nicht weiterkommt, wenn man erwartet, dass eine Problemlösung Harmonie in allen weltanschaulichen Fragen und individuelle Orientierung an universalen Standards herstellen könne. Aus ethischer Sicht kann man nur verantwortlich handeln, wenn man so handelt, wie es in der Situation angemessen, richtig oder gut ist. Das festzustellen ist unter sich ständig verändernden Bedingungen die Aufgabe der Ethikberatung. Und selbstverständlich verändert sich das, was angemessen, richtig oder gut ist, ständig.

Aufgaben der Ethikberatung

Ethikberatung in einzelnen Institutionen des Medizinwesens hat zwei Anlässe: Zum einen sollen diejenigen, die entsprechende Gremien um Rat fragen, beraten werden. Zum anderen kann man die Arbeit von Gremien dieser Art als ein ‚mit sich zu Rate Gehen' der jeweiligen Institution verstehen. So kann der Arzt beispielsweise die Frage nach einer Therapieentscheidung mit dem entsprechenden Gremium seiner Institution diskutieren: Rechtfertigt der vorliegende Fall den Einsatz einer noch nicht ausreichend getesteten Therapie? Ebenso kann der Patient beispielsweise seinen Wunsch nach einem Behandlungsabbruch vor dem beratenden Gremium zum Ausdruck bringen, wenn die behandelnden Ärzte es ablehnen, ihn zu respektieren. Aber auch das Pflegepersonal kann eine ärztliche Therapieentscheidung in einem solchen Gremium zu Diskussion stellen, wenn die Pflegenden, die in der Regel einen intensiveren Kontakt mit dem Patienten und seinen Angehörigen haben, eine Differenz zwischen dem Patienten- bzw. Angehörigenwillen und den durchgeführten medizinischen Maßnahmen feststellen. Denn bisweilen wehren sich Patienten nicht in hinreichendem Maße, oder sie werden von Medizinern zu Behandlungmaßnahmen überredet, die dem, was sie eigentlich wollen, entgegen stehen. Um ein letztes Beispiel zu nennen: Die Krankenhausverwaltung kann für den medizinischen Betrieb aus ökonomischen Gründen Regeln festsetzen, die von Ärzten oder Pflegern als ethisch problematisch erlebt werden, weil sie der Auffassung sind, dass sie im Alltag dem individuellen Patienteninteressen aufgrund von Fallpauschalen und anderen Bedingungen des Gesundheitssystems nicht mehr gerecht werden können. Es gibt eine unübersehbare Vielzahl von denkbaren Konstellationen, in denen spezifische Probleme des eigenen Handelns gelöst werden müssen oder man sich gemeinschaftlich über grundlegende Aspekte der Praxis klar werden muss. Ethikkommissionen dienen eher der Entscheidung von Einzelfällen, Ethikkomitees hingegen eher der Entwicklung von Leitbildern und der Schulung von Sensitivität. Doch können beide Typen von Ethikberatungsgremien nicht klar voneinander unterschieden werden, weil die Beratung über ethische Fragen immer zwei Aspekte hat: (1.) Konkrete moralische Orientierung der Beteiligten in Situationen und (2.) die Entwicklung einer ethisch akzeptablen Praxis.

Die Anlässe für Ethikberatung sind vielfältig und können kaum systematisiert, kodifiziert oder reglementiert werden. Ebenso können die Funktionen von Beratungsgremien nicht eindeutig voneinander abgegrenzt werden. Alle Formen institutionalisierter Ethikberatung haben jedoch etwas gemeinsam. Beratung über ethische oder moralische Fragen münden in den seltensten Fällen in eine allgemeinverbindliche Entscheidung. Ethikberatungsgremien sind keine Tribunale. Hierfür gibt es zwei Gründe: (1.) Ethische Fragen, insofern sie Fragen nach der praktischen Orientierung von Personen im Handeln darstellen, müssen von den Personen, um deren Orientierung es geht, letztlich selbst beantwortet werden. Ethisch richtiges Handeln kann man nicht befehlen; es muss aus eigenen Antrieb und Erkennen zustande kommen. (2.) Ethische Fragen sind meist zu komplex, als dass es sinnvoll wäre, nach einfachen und eindeutigen Antworten zu suchen, die für alle Beteiligten in der selben Weise praktisch orientierend sind.

Fünf Ziele der Ethikberatung

Wenn Ethikberatung in einem Gremium nicht das Ziel hat, bei bestimmten Problemen über das Richtige und Gute zu *entscheiden*, dann stellt sich die Frage, welchen Sinn ihre Arbeit hat. Die Beratung eines Falles (z.B. eines Behandlungsabbruches) oder von Problemkonstellationen (z.B. des Datenschutzes im Klinikalltag) in Ethikberatungsgremien kann man durch fünf zielgebende Vorstellungen charakterisieren:

(1) Sensibilisierung der beteiligten Mediziner und Angehörigen der Pflegeberufe für die ethisch relevanten Aspekte ihrer professionellen Tätigkeit. Diese Sensibilisierung betrifft natürlich auch die Laien in der beratenden Kommission und auch eine weitere Öffentlichkeit.
(2) Eine Fallberatung muss letztendlich zu Empfehlungen führen. Aus

ethischer Sicht kann man *nicht* voraussetzen, dass Empfehlungen eindeutig im Sinne von klaren Handlungsanweisungen („Tue dies und lass jenes!") sind. Eine Empfehlung kann aber auch darin bestehen, Strategien dafür zu entwickeln, mit neuen Situationen oder Handlungsfeldern klar zu kommen. Obwohl Voten als Ziel der Ethikberatung wichtig sind, haben sie dennoch nur empfehlende Funktion.

(3) Ethisch sensibles Krankenhauspersonal und die Gewissheit des Patienten, dass gegebenenfalls der eigene Fall sorgfältig betrachtet wird, sind ein Qualitätsmerkmal eines Krankenhauses. Denn beides stärkt das Vertrauen der Öffentlichkeit oder der Patienten in dieses Krankenhaus und fördert damit dessen Autorität.

(4) In der Beratung eines konkreten Falles kann das Beratungsgremium auch die praktische Relevanz von rechtlichen Rahmenbedingungen, standesethischen Richtlinien und internationalen Konventionen nach innen hin vermitteln. Ethikkomitees bilden also auch eine Schnittstelle zwischen der Gesellschaft und der Institution des Krankenhauses.

(5) Die Beratung dient der Problemlösung in ethischer Hinsicht. Dies kann oft auf einen Kompromiss hinauslaufen, bei dem eine oder mehrere Parteien Positionen aufgeben oder revidieren müssen. Aber auch dann, wenn im Ergebnis Konsens erreicht wird, muss dies nicht notwendig gleichbedeutend sein mit ‚Einmütigkeit'. Denn ein Konsens kann schon dann erreicht werden, wenn alle Seiten die jeweils anderen Perspektiven (intern) verstehen und als (intern) berechtigt und (intern) konsequent ansehen.

Resümee

Die Betrachtung der Arbeit in Ethikkommissionen stellt ein wichtiges Gebiet der Angewandten Ethik dar. Die Notwendigkeit der Suche nach ethischer und moralischer Orientierung ergibt sich – nicht nur in der Medizin – aus zwei Ursachen: (1.) Zum einen werden Handlungsspielräume aufgrund des teilweise rasanten technischen, therapeutischen und diagnostischen Fortschrittes enorm erweitert und verändert. (2.) Zum anderen spielt durch den wachsenden Einfluss liberaler Gesellschaftsordnungen die Autonomie des Patienten im medizinischen Alltag eine wichtige Rolle. Ethikberatung dient aber in diesem Kontext nicht nur der Vermittlung zwischen verschiedenen Interessen und Ansprüchen, sondern auch der Rechtfertigung und Begründung dieser Interessen. Die wichtigste Methode der Angewandten Ethik ist die der reflektierenden Fallbetrachtung und Situationswahrnehmung. Das übergeordnete Ziel der Beratung ist konsensuelles Handeln, wobei dies nicht notwendig gleichbedeutend ist mit überzeugter Eintracht. Untersucht man Angewandte Ethik als beratende reflexive Tätigkeit, dann ergeben sich aus den zuvor beschriebenen Anwendungsformen wichtige Rückschlüsse auf das Verhältnis zur philosophischen Ethik.

1.3 Laien und Experten in der Ethik

Obwohl es sich um *Ethik*beratungsgremien handelt, sind nur wenige Mitglieder von Ethikkommissionen Philosophen. Dennoch kann man sagen, dass jedes Mitglied eines entsprechenden Gremiums in gewissem Sinne ein Ethiker ist. Man muss ganz grundsätzlich die Frage nach dem Expertentum in ethischen Problemkontexten stellen: Was können Philosophen zur Beratungsarbeit beitragen, wenn doch alle Ethikexperten sind? Was können sie nicht beitragen? Und: Inwiefern sind Laien in der Philosophie dennoch Ethikexperten? Den Ausgangspunkt für die Beantwortung dieser Fragen soll Immanuel Kant bilden.

Immanuel Kant und der gesunde Menschenverstand

Man kann zwei Grundhaltungen der philosophischen Ethik unterscheiden: Eine interne und eine externe Perspektive (vgl. [5], 19f.). In der Ethik nimmt man immer dann eine externe Perspektive ein, wenn praktisch orientierende Maßstäbe nicht aus der Ethik im Sinne einer lebensweltlichen Perspektive gewonnen werden. Dies liegt beispielsweise dann vor, wenn man sich in der ethischen Entscheidungsfindung auf die Natur im Sinne der Naturwissenschaften beruft, weil der Naturbegriff ethisch neutral ist. Aber man nimmt auch dann eine externe Perspektive ein, wenn man ethische Argumentationen als ‚entfremdet' bezeichnet, indem man behauptet, dass die Ethik nur der Verschleierung ökonomischer Interessen diene. Es gibt auch eine Variante einer solchen ‚externen Perspektive', die sich in der philosophischen Tradition der Ethik entwickelt hat: den ethischen Fundamentismus.

Immanuel Kant soll als Beispiel für die Unterscheidung dieser Perspektiven herangezogen werden, auch wenn man ihn an manchen Stellen nicht klar der einen oder der anderen Position zuordnen kann. Er unterscheidet zwischen der Weisheit des gesunden Menschenverstandes und der philosophisch belehrten Wissenschaft. Weisheit ist dem Laien zugänglich, Wissenschaft nur dem Experten. Ethische Expertise besteht demnach im Wesentlichen in der Kenntnis einer (durch Argumente als wahr ausgewiesenen) philosophischen Ethik. Und diese ist gegenüber der Weisheit extern.

> Der gesunde Menschenverstand kann sich „eben so gut Hoffnung machen, es recht zu treffen, als es sich immer ein Philosoph versprechen mag, ja ist beinahe noch sicherer hierin, als selbst der letztere, weil dieser doch kein anderes Princip als jener haben, sein Urtheil aber durch eine Menge fremder, nicht zur Sache gehöriger Erwägungen leicht verwirren und von der geraden Richtung abweichend machen kann. [...] Es ist eine herrliche Sache um die Unschuld, nur es ist auch wiederum sehr schlimm, daß sie sich nicht wohl bewahren lässt und leicht verführt wird. Deswegen bedarf selbst die Weisheit – die sonst wohl mehr im Thun und Lassen, als im Wissen besteht – doch auch der Wissenschaft, nicht um von ihr zu lernen, sondern ihrer Vorschrift Eingang und Dauerhaftigkeit zu verschaffen" ([20], 404f.).

Kant spricht im ersten Teil des Zitates ein für die Ethik wichtiges Prinzip an: Der Laie – d.h. eine Person, die nicht explizit philosophisch gebildet ist –

vermag zuverlässiger als der Philosoph, das Richtige im Handeln zu treffen. Der Laie besitzt Weisheit, d.h. seine Lebenserfahrung als Person ist eine Form von ‚Wissen', das jedoch weitgehend *implizit* ist. ‚Weisheit' entspricht der internen Perspektive. Diese Weisheit kann expliziert werden, indem man sich beispielsweise Gedanken macht, warum man als Person so reagiert, wie man reagiert. Explizierte Weisheit ist Wissen. Für Kant bedeutet dies vor allem, dass man seine Reaktionsweisen daraufhin überprüfen muss, inwieweit sie vernünftig sind. Insofern die Weisheit auch nicht-vernünftige Aspekte hat, entspricht der Standpunkt der Vernünftigkeit in der Ethik der Einnahme einer Perspektive, die extern gegenüber der lebensweltlichen Perspektive ist.

(1) *Weisheit* ist alltägliche praktische Lebenserfahrung und als solche ‚uneigentliches Wissen'. Sie ist insofern ‚uneigentlich', als sie das in einer Lebensweise implizite bzw. ‚interne' Wissen nicht thematisiert. Man kann dann beispielsweise von hermeneutischen Reflexionen sprechen, wenn man sagt, dass man in der Ethik die interne Perspektive beibehalten möchte.

Voraussetzung für ‚eigentliches Wissen' ist demgegenüber das explizite Überprüfen der vernunftfähigen Aspekte der Weisheit am Maßstab der Vernunft.

(2) *Wissen* ist Weisheit, die sich darüber explizit im Klaren ist, dass (oder: inwieweit) sie vernünftig ist. Insofern die Weisheit *auch* nicht-vernünftig ist (z.B. emotional und triebhaft), fordert die Norm einer philosophischen Ethik, sich allein an der Vernunft als praktischem Maßstab zu orientieren, zur Einnahme eines externen Standpunktes auf.

Für Kant ist dieser Unterschied nicht rein deskriptiv. Er ist ethisch relevant: Ethische Begründung muss nach *Wissen* streben. Diese seinen Ansatz kennzeichnende Norm ist charakteristisch für viele neuzeitliche Ansätze, selbst wenn andere Ethiken sich inhaltlich unterscheiden: Die Einnahme eines externen Standpunktes wird in vielen Ethiktheorien gefordert. Es gibt Gründe für und gegen eine solche Position.

Beispiel 1: Praxis behindert Theorie

Im zweiten Teil des Kantzitates wird die „Unschuld" des gemeinen Verstandes relativiert. Ein von Theorien unverstellter – d.h. natürlicher und klarer – Blick könne nicht leicht bewahrt werden und lasse sich leicht verführen. Einer der wichtigsten Gründe hierfür dürfte aber sein, dass Personen dazu neigen, eine Situation aus ihrer Perspektive, d.h. mit ihren Vorlieben zu sehen und ihre eigenen Interessen in den Vordergrund zu stellen. Für Kant und andere Ethiker ist dies auf das Wirken der Begierde als einer der Vernunft zuwider wirkenden Kraft in der menschlichen Natur zurück zu führen. Vernunft und Leidenschaft werden seit Platon in der philosophischen Ethik oft als Gegensätze angesehen. Dies ist nicht ganz von der Hand zu weisen.

Aber auch unabhängig von dieser These kann man deutlich machen, dass manchmal die Praxis die Theorie behindert. Im Fall Quinlan kann man ein vergleichbares Problem daran deutlich machen, dass die Tradition der Medizin an einem Arzt-Patient-Verhältnis orientiert war, in dem die autonome Entscheidung der Patienten (oder der Angehörigen) von untergeordneter Bedeutung war. Der Fortschritt in der Medizin und allgemeine gesellschaftliche Entwicklungen erfordern hier ein Umdenken und eine Neuorientierung des traditionellen Arztethos. Auch für die Angehörigen von Patienten im irreversiblen Koma besteht die Notwendigkeit eines solchen Umdenkens. Denn oftmals kommt es im Kontext der Intensivmedizin vor, dass der Tod des Patienten bereits eingetreten ist, obwohl dies für die Angehörigen, die hierin veralteten Kriterien der Beurteilung folgen, nicht der Fall zu sein scheint. So fällt es ihnen schwer zu akzeptieren, dass der Patient tot ist, obgleich z. B. sein Herz noch schlägt, er noch rosig aussieht und Reflexe hat. Hieraus rührt die Notwendigkeit einer gravierenden Neuorientierung der Alltagserfahrung bzw. der alltäglichen Weisheit. Damit sie gelingt, ist die Einnahme eines externen Standpunktes, von dem aus man die eigene Praxis betrachtet, unter Umständen nützlich.

Beispiel 2: Theorie behindert Praxis

Für die Einnahme eines externen Standpunktes gibt es also immer wieder gute Gründe. Andererseits wird ein externer Standpunkt dann zum Problem, wenn die Theorie, auf der er beruht, verabsolutiert wird. Dann behindert die Theorie die Praxis. Als ein Beispiel hierfür kann man die Kantische Ethik anführen.

Mit sicherlich guten theoretischen Gründen macht Kant in der Ethik die *Pflicht* zu dem zentralen Kriterium für das richtige und gute Handeln. Einen solchen Ethikansatz bezeichnet man als *deontologisch* (von griechisch *tò déon* = das Gesollte). Für Kant also ist die Pflicht der einzige Gesichtspunkt, der in der Entscheidung moralischer Probleme relevant ist. Was Pflicht ist, kann man als vernünftiges Wesen erkennen, indem man prüft, ob eine Absicht, wenn man sie verfolgt, universalisiert werden kann – d. h. ob man sie als eine von allen vernünftigen Wesen verfolgte Absicht denken kann. Im Falle des Lügens bspw. ist das nicht möglich, weil eine universale Praxis des Lügens dem Wesen der Kommunikation widerspräche. Die philosophische Theorie führt nun dazu, dass andere Gesichtspunkte, die der gesunde Menschenverstand sieht, ausgeblendet werden. Deutlicher gesagt: Auch wenn es im Rahmen der Kantischen Ethik hierfür gute Gründe gibt, bleibt es dennoch der Fall, dass diese Ethik dazu auffordert, andere dem gesunden Menschenverstand relevant erscheinende Gesichtspunkte *auszublenden*. Andere Ethiken formulieren im Gegensatz dazu eine Perspektive, innerhalb derer die Vorstellung eines unbedingt Gesollten aufzugeben und allein die Folgen von Handlungen zu betrachten sind (z. B. der Utilitarismus, vgl. [19]).

Nach Kant muss man unter allen Umständen als vernünftige Person vermeiden zu lügen (vgl. [175]). Dies gilt auch dann, wenn eine Lüge großen Nutzen hätte: So muss man auch demjenigen gegenüber die Wahrheit sagen, der (in der Absicht jemanden zu töten, der sich in meiner Wohnung befindet,) mich fragt, ob sich die betreffende Person bei mir befindet. Die Pflicht, die Wahrheit zu sagen, überwiegt – nach Kant – die für mich absehbaren fatalen Folgen (den Tod desjenigen, der sich in meiner Wohnung befindet). Der Utilitarismus als eine an den Konsequenzen orientierte Ethik käme in dem beschriebenen Falle zu einem anderen Ergebnis. Ihm gelten nur die ethischen Qualitäten der absehbaren Konsequenzen als Kriterium:

Im beschriebenen Fall führt die Tatsache, dass man dem Fragenden die Wahrheit sagt, dazu, dass (wahrscheinlich) die Person, die sich bei mir befindet (vielleicht sogar Zuflucht gesucht hat), zu Unrecht getötet wird. Was wiegt die (kleine) Lüge ‚aus Menschenliebe' gegen dieses Resultat? (Vgl. [175].) Eine utilitaristisch denkende Person vermeint daher ein Recht zu haben, lügen zu dürfen. Aus ihrer Ethik ergibt sich im Prinzip die Erlaubnis und bisweilen vielleicht gar die Pflicht zu lügen.

Auch wenn viele Ethikansätze gute Gründe haben, den einen oder den anderen Gesichtspunkt zu favorisieren, führt die Verabsolutierung zu einer Theorieblindheit. Denn der gesunde Menschenverstand neigt dazu, viele verschiedene Gesichtspunkte, die teilweise widersprüchlich sind, gemäß ihrer Relevanz für konkrete Situationen zu bestimmen. Wann darf man nicht lügen, weil die Pflicht zur Wahrheit die erwünschten Folgen einer Lüge überwiegt? Wann muss man lügen, weil die Folgen der Wahrheit die Pflicht zur Wahrheit überwiegen? Während viele Ethikansätze diese Frage eindeutig und endgültig beantworten, ist der gesunde Menschenverstand oder die Weisheit unentschieden: Was richtig ist, zeigt sich in Situationen, wobei es durchaus möglich ist, dass man erst im Nachhinein sicher ist, was richtig oder falsch war. Es gibt aus einer internen Perspektive keine Gewähr dafür, dass man immer richtig liegt. Eine externe Perspektive mag eine solche Sicherheit versprechen. Gerade die Erfahrungen in der Angewandten Ethik zeigen aber, dass es sich bloß im eine *scheinbare* Sicherheit handelt, weil der Wissensbegriff für die Ethik unangemessen ist.

Weisheit versus Wissen (zwei Aspekte)

Der Gegensatz zwischen Wissenschaft und Weisheit, Theorie und Praxis in der philosophischen Ethik hat zwei für die Angewandte Ethik zentrale Aspekte. Zum einen (1.) bestärkt der Gegensatz zwischen Wissen und Weisheit die Vorstellung, dass das Wissen dasjenige ist, was man in moralischen Fragen eigentlich zu erstreben hat. Der nicht-provisorische Charakter der moralischen Haltungen kommt – so seine Prämisse – nicht aus der Weisheit, sondern aus dem Wissen. Zum anderen (2.) ist mit der Weisheit von Personen die Vorstellung einer intuitiven Herangehensweise an praktische Probleme verbunden.

Aspekt 1: Provisorische Moral

Die Vorstellung einer provisorischen Moral soll am Beispiel René Descartes' erläutert werden. Sie unterstellt, dass die laienhafte Erfahrung von Personen einer (re-)konstruktiven Reorganisation durch eine vor der Erfahrung von Laien – also der Weisheit – ausgezeichnete Theorie bedarf. Wenige haben dieses Programm so konsequent formuliert wie Descartes im *Discours de la méthode:*

> „Endlich genügt es nicht, das Haus, in dem man wohnt, nur abzureißen, bevor man mit dem Wiederaufbau beginnt ... Um also in meinem Tun nicht unentschlossen zu bleiben, solange mich die Vernunft nötigte, es in meinen Urteilen zu sein, und um so glücklich wie möglich weiterleben zu können, entwickelte ich mir eine Moral auf Zeit ..." ([172], 37 ff.).

Descartes deutet hier in einer metaphorischen Bemerkung zu Beginn des dritten Discours eine Konstellation an, die für viele Ethikansätze kennzeichnend ist. Das Gebäude der alten Moral müsse durch ein neues ersetzt werden, das sich auf Vernunft gründe. Der Grund hierfür sei, dass vernünftige Erkenntnis stabiler ist als praktische Weisheit. In der Umbauphase müsse man sich des vernünftigen Urteils enthalten, weil der Geltungsanspruch, der sich mit einem moralischen Urteil verbinde, nur auf der Basis der Vernunft erhoben werden könne. Da man in dieser Zeit aber nicht auf das Handeln verzichten kann, benötigt man eine *provisorische Moral*.

Eine solche provisorische Moral wird auch als Klugheitsmoral bezeichnet. Ihr Gegenstand ist praktische Klugheit, die sich in dem manifestiert, was Kant Weisheit nennt (vgl. [40]). Das Misstrauen gegenüber dieser Weisheit ist in der Neuzeit grundlegend. Spätestens seit Thomas Hobbes gilt Klugheit als „Werk eines heftigen Geistes" und als „plötzliche Aufwallung" (vgl. die Widmung Hobbes' zu *De Cive*/Vom Bürger [174]). Die Diskreditierung der praktischen Klugheit und Weisheit beruht im Wesentlichen auf der Vorstellung, dass die Leidenschaften reine Vernunfturteile verunreinigen. Daher stehen Vernunftwesen unter dem Anspruch, ihre Urteile mit einer besonderen Methode von Aspekten der Leidenschaftlichkeit zu reinigen. Während des Reinigungsprozesses bedarf es einer Übergangsmoral. Sieht man als die wesentliche Aufgabe der Ethik die Rechtfertigung von Geltungsansprüchen an, die man mit *Urteilen* erhebt, so steht Klugheit jedem zu, Wissenschaft aber nur denen, die echtes Wissen in moralischen Fragen erlangt haben. Hieraus ergibt sich eine klare Trennung zwischen Experten und Laien in der Ethik.

Provisorische Moralen haben laienhaften Charakter, weil sie aus einem Vorrat an Regeln bestehen, der sich einer einheitlichen Systematisierung entzieht. Systematizität ist ein Merkmal der Wissenschaft und nicht der Klugheit bzw. der Weisheit. Aristoteles lehnte für die Ethik einen solchen Begriff von Wissen ab. Für ihn war jede moralische Wahrheit bloß provisorisch in dem Sinne, dass der Bereich des Handelns sich einem gesetzesförmigen und am Ideal der exakten Mathematik orientierten Wissensbegriff entzieht. Praktische Klugheit (griechisch *phrónesis*, lateinisch *prudentia*) ist nach Aristoteles eine Tugend. Wer sie besitzt, ist in der Lage, das Richtige oder Gute in einer Situation zu bestimmen. In der neuzeitlichen Ethik verliert sie nicht nur an Bedeutung, sie wird darüber hinaus auch grundsätzlich in Frage gestellt. Bei Kant schließlich hat die Klugheit den Bereich des Moralischen verlassen und ist nur noch eine funktionale „Geschicklichkeit im Gebrauch der Mittel zu allerlei beliebigen Zwecken" (vgl. [20], 415). Zu den „beliebigen Zwecken" zählen auch unmoralische. Während Thomas von Aquin Klugheit als ‚Erzeugerin der Tugenden' bezeichnet, haftet ihr in der Neuzeit zunehmend der Makel des Un- oder Amoralischen an.

Aspekt 2: Intuitionen

Versteht man praktische Klugheit als eine Sensitivität von Personen, die durch biografische Erfahrung gewonnen wurde, dann ergibt sich der Vorwurf, dass sie nicht mehr darstelle als (bloß subjektive) Intuitionen von Personen. Man müsse daher dem bloß subjektiven Geltungsanspruch von Intuitionen den objektiven Geltungsanspruch ethischen Wissens entgegensetzen. Richard Mervyn Hare hat in diesem Sinne darauf verwiesen, dass die intuitive Ebene des moralischen Denkens ein angemessener Ausgangspunkt ethischer Erwägungen ist. Da Intuitionen aber miteinander in Konflikt geraten können, muss man – Hare zufolge – zur Lösung der Konflikte auf eine *andere Ebene* ausweichen. Intuitionen sind Produkte unserer Erziehung und früherer Erfahrungen in Entscheidungssituationen. Konflikte zwischen Intuitionen werden entschieden, indem man sie hinter sich lässt und sich – nach Hare – ganz in „kritischem Denken" übt:

> „Auf der kritischen Ebene inhaltliche moralische Intuitionen einzuführen hieße, kritischem Denken gerade die Schwäche einzuverleiben, die zu beheben es eigens entworfen wurde. Ein Philosoph, der wünscht, dass seine Arbeit von Dauer sei, wird sich mit dem intuitiven Sand, auf den die meisten Moralphilosophen bauen, nicht zufrieden geben" ([18], 87).

Kritisches Denken ist – nach Hare – ein von Schwäche *bereinigtes* Alltagsdenken. Während ‚Intuitionen' etwas sind, was Personen in ihrer biografischen Entwicklung ausbilden und das es ihnen ermöglicht, Situationen in den verschiedensten (auch moralischen) Aspekten wahrnehmend zu erfassen, stellt kritisches Denken eine Form der diskursiven und schließenden Vernunft dar. Der von Hare allein zu Gunsten des kritischen Denkvermögens aufgelöste Gegensatz zwischen Wahrnehmung und Reflexion wird in der Angewandten Ethik oft konstruktiv gewendet: Wahrnehmung und rechtfertigende Reflexion gehen Hand in Hand. Hares Bemerkungen setzen philosophisches Expertentum voraus: Personen müssen zunächst lernen, sich von ihren Intuitionen zu befreien. Die Philosophie stellt hierfür Theorien und Methoden bereit, durch die dann Weisheit durch Wissen belehrt zu werden vermag. Hare spricht hierbei mit dem Misstrauen gegen moralische Intuitionen die wichtigste philosophische Intuition in der modernen Ethik an: die der Suche nach einer basalen Ebene der Begründung bzw. einem festen und stabilen Maßstab. In der Angewandten Ethik dagegen – soweit sie an konkreten Problemlösungen orientiert ist – spielt die Wahrnehmung eine zentrale Rolle (vgl. [49]).

Zwischenresümee

Für viele Ansätze in der neuzeitlichen Philosophie ist die Unterscheidung zwischen praktischer Weisheit und praktischem Wissen wichtig. Sie gehen zumeist davon aus, dass die praktische Weisheit durch Wissen bereinigt werden muss. In der Angewandten Ethik zeigt sich dagegen, dass vernünftige Reflexion und moralische Praxis in einem komplexen Wechselverhältnis zueinander stehen. Spezifisch für viele philosophische Ethikansätze ist eine zweifache Konsequenz, die oft gezogen wird: zum einen wird ein Konzept ethischen Wissens etabliert, das die praktische Erfahrung von Personen als Provisorium oder bloßen Ausgangspunkt charakterisiert; zum anderen wird die für die praktische Erfahrung von Personen zentrale Wahrnehmung von Situationen diskreditiert. Beide Konsequenzen werden in den folgenden Abschnitten weiterverfolgt (vgl. auch [36]). Ethisches Wissen ist diesem weit verbreiteten Ethikverständnis zufolge nicht-provisorisch und rational. Dadurch wird ein besonderes Verhältnis von ethischen Laien (und ihrer Weisheit) und ethischen Experten (und ihrem Wissen) begründet. Wie in anderen Wissenschaften resultiert aus einem solchen Verständnis die Forderung an den Laien, sich entweder von Experten beraten zu lassen oder zunächst aus sich selbst einen Experten zu machen, bevor er sein Handeln auf ethischem Wissen begründen kann. Erfahrungen in der Angewandten Ethik zeigen, dass beides wenig zweckmäßig ist.

Was vermag der Philosoph?

Jeder lobt und tadelt Personen und Handlungen, schämt sich für ein Verhalten oder ist im Gegenteil stolz darauf. Jeder hat das Gefühl, dass einiges getan werden darf, anderes nicht und ist entsprechend empört, wenn er Zuwiderhandlungen beobachtet. Jeder erachtet gewisse Zustände als gut und andere als schlecht. In diesem Sinne ist jede Person eine Ethikexpertin, die in der Lage ist, sich ein Bild von Situationen, Personen und Handlungen zu machen. Ihren Urteilen, die in der Regel einer Überprüfung stand halten, kommen Autorität und Geltung zu. Dies liegt zum einen darin, dass Personen in der Lage sind, im Verlaufe ihrer Biografie in dem Maße ‚Weisheit' zu entwickeln, wie sie sich als Individuen in einem sozialen Kontext und in Auseinandersetzung mit der Welt bewähren und sie durch ihr Handeln mitgestalten. Zum anderen führt die Verankerung der Urteile in der ‚Weisheit' einer Person dazu, dass ihre Autorität und Geltung nicht nur auf nachvollziehbaren Argumentationen und rationaler Begründung beruht, sondern ebenso davon abhängig ist, was die betreffende Person als Mensch darstellt. Eine solche moralische Autorität greift über die ethische Qualität einer bestimmten Handlung hinaus.

In der Diskussion zwischen Personen kann man in ihren Handlungen und Reaktionen *Ausgangspunkte* sehen. Sie bedürfen jedoch – zumindest manchmal – der Präzision: Zum einen sind die Reaktionen des gesunden Menschenverstandes nicht immer sehr präzise oder unterbestimmt in Hinsicht auf ihre genaue Bedeutung. Natürlich kann es auch vorkommen, dass Personen in ihrer Situationsbewertung nicht immer sehr kohärent sind: So würden viele gegen in der Landwirtschaft übliche Formen der Tierhaltung votieren, entscheiden sich aber dennoch an der Fleischtheke im Supermarkt für Sonderangebote, die man nur bei entsprechender Tierhaltung anbieten kann. Besonders bedürfen konfligierende Reaktionen auf Personen, Handlungen und Situationen einer sorgfältigen Betrachtung. Ferner besitzen Personen aufgrund ihrer Kompetenz in normativen Fragen die Fähigkeit, nicht nur Geltungsansprüche zu hinterfragen und gegeneinander abzuwägen, sondern auch relevante Werte zu identifizieren und ihren Wandel zu erkennen. Als Beispiel hierfür lässt sich erneut der Quinlan-Fall heranziehen: Hier führten die ethische Beratung und die Diskussionen der Beteiligten dazu, als einen der Gründe für den Dissens den Umstand zu erkennen, dass einige der Beteiligten bestimmte medizinische Maßnahmen als ‚außerordentlich' und unter gewissen Umständen entbehrlich auffassten. Andere mögen vielleicht mit dieser Auffassung nicht übereinstimmen und jede medizinisch mögliche Maßnahme für notwendig erachten. Aber es stellt durchaus einen Gewinn an praktischer Orientierung dar, wenn dieser konzeptionelle Aspekt des Dissenses geklärt ist.

(1) Die erste Leistung des philosophischen Experten ist die Klärung und Analyse von Konzepten – im Bereich ethischer Fragestellungen insbesondere von Wertbegriffen. In der Beratung über ethische Probleme ist er insofern Experte, als er aufgrund seiner professionellen Tätigkeit die Fähigkeit besitzt, viele implizite Aspekte der moralischen Erfahrung von Personen explizit zu machen und zu systematisieren.

Es gibt aber auch professionelle Regeln dafür, was es heißt, ein richtiges Urteil zu fällen, das Geltung beanspruchen kann. Moralische Urteile von Personen, die in einem Beratungsprozess aufeinander treffen, bilden also zwar einen vertrauenswürdigen Ausgangspunkt für Überlegungen, müssen aber bisweilen präzisiert, revidiert und untereinander kohärent gemacht werden. Insbesondere ihre argumentative Dimension ist nicht immer explizit. Philosophen können hier insofern einen charakteristischen Beitrag liefern, als sie darin erfahren sind, Konzepte zu präzisieren und Argumente zu erkennen, zu unterscheiden und in ihrer Reichweite abzuschätzen. Ein mögliches Beispiel ist der Dissens hinsichtlich der Frage nach der Berechtigung aktiver Sterbehilfe. Die einen halten menschliches Leben für unantastbar (dieser Vorstellung korrespondiert die kategorische Pflicht es zu bewahren), die anderen halten unerträgliches Leid von Kranken für ein gewichtiges Argument (dieser Vorstellung korrespondiert die Abwägung von Leben und Lebensqualität). Der Dissens ist aus philosophischer Sicht wenig konstruktiv, weil in derartigen Diskussionen oft nur deontologische und konsequenzialistische Argumente gegeneinander gestellt werden. Der Philosoph kann hier den Kern des Dissenses deutlich machen und beiden Seiten die mit ihren Argumenten verbundene Begründungslast aufzeigen.

(2) Die zweite Leistung des philosophischen Experten besteht in der Klärung von Argumentationen. Er kann sie beispielsweise bestimmten Theorietypen zuordnen und durch seine Kenntnis anderer Theorietypen andere Gesichtspunkte in die Beratung eines Problems einbringen. Neben der Klärung von Argumenten kann der Philosoph die Diskussion also auch durch einen Fundus von potenziell relevanten Argumenten erweitern und damit neue Perspektiven eröffnen.

Begriffsbildung und Argumentation sind genuine Felder philosophischer Expertise: Sie ermöglichen eine *Hilfestellung* für die Entwicklung einer kritisch überprüften moralischen Perspektive. Gerade in neuartigen Kontexten, in denen der *common sense* durch Irritation an klaren Entscheidungen gehindert wird, besitzt die Fachkompetenz von Experten – auch philosophischen – eine innovative Kraft (vgl. [30], [28]).

(3) Hierin besteht die dritte Leistung des philosophischen Experten. Sie ergibt sich im Erfolgsfall aus den beiden ersten, stellt aber eine eigene Leistung dar. Denn im Beratungsprozess kann der Philosoph nicht Konzepte und Argumente vorgeben, die sich andere aneignen müssen, sondern er stellt in gewisser Hinsicht, nämlich in Bezug auf Begriffsbildung und Argumentieren, ein Vorbild dar, das anderen, wenn es ihnen stimmig erscheint, nachahmenswert erscheint. Somit besteht seine Leistung darin, Hilfestellung bei der eigenen kritischen Überprüfung seiner moralischen Perspektive zu leisten.

Dennoch ist es nicht überzeugend, in einem emphatischen Sinne von ethischer Expertise zu sprechen. Man kann bei einer bestimmten Person zwar wohl von besonderer *Autorität in ethischen Fragen* sprechen. Diese Autorität steht aber in keinem direkten Bezug zur philosophischen Kompetenz, weil jede Person, die wir nicht als psychisch krank oder asozial erachten, in der Lage ist, einen konstruktiven Beitrag zu Fragen ethischer Orientierung zu liefern. Die meisten Menschen können laufen; nicht alle können gut sprinten oder einen Marathon laufen – für letzteres ist ein besonderes Training nötig. Ganz ähnlich verhält es sich mit der Frage nach der ethischen Expertise: Alle beherrschen sie, manche jedoch haben ein vertieftes Verständnis für philosophische Aspekte des Alltages. Manche wiederum, die zur letzten Gruppe gehören, sind professionelle Philosophen.

Was vermag der Philosoph nicht?

Ethikberatung und entsprechende Gremien sind insbesondere dann nötig, wenn es um Handlungsfelder und -kontexte geht, in denen der gesunde Menschenverstand und der *common sense* nur wenig versiert sind. Dies trifft im Bereich der Medizin in ganz verschiedenen Hinsichten zu. Der Patient und seine Angehörigen haben generell nur ein begrenztes Verständnis von medizinischen Problemen, da sie Laien in der medizinischen Praxis sind. Ihr Urteil kann zudem durch ihre eigene Betroffenheit *emotional* (man hängt an seinem Leben und dem seiner Angehörigen und Freunde) und *kognitiv* (man sieht aufgrund von Schmerzen nicht mehr klar) getrübt sein. Auch Mediziner und Pflegende haben als Beteiligte eine bestimmte professionelle Perspektive, aus der heraus sie nur partielle (und in einer konkreten Problemlage vielleicht aktuell gerade die falschen) Aspekte einer Situation wahrnehmen. Aber der Philosoph kann kein Lieferant von Weisheit sein. Er kann keine Lösungen predigen. Er kann aus einiger Distanz Ratschläge geben, Diskussionen strukturieren und über die Struktur von Argumenten aufklären – aber nur aus der (individuellen und kollektiven) Erfahrung im Tun und Lassen ergeben sich echte Problemlösungen.

Resümee

Ausgehend von der Betrachtung in 1.1 ergibt sich für die Angewandte Ethik das Bild eines permanenten individuellen und kollektiven Beratungsprojektes, in dem es allenfalls stabile Übergangskonstellationen gibt. Der ethische Diskurs nimmt in einer pluralistischen Gesellschaft deliberative Züge an (von lateinisch *deliberare* = überlegen). Der Prozess des Überlegens, der sich zu einem Überlegungsgleichgewicht stabilisieren kann, geht nie endgültig zu Ende: Er mündet nicht in (irreversible) gesetzesförmige Erkenntnis und somit nicht in eine Wissenschaft, die im starken Sinne Experten vor Laien auszeichnet. Das schließt nicht aus, dass einige Personen besonders gute Beurteiler in moralischen Fragen sind. Bezogen auf die Ethik – als Theorie, die sich mit den Begriffen, Konzepten, Argumenten, Kriterien usw. beschäftigt, – sind Philosophen Experten.

Die Beschreibung dessen, was Ethikexperten in der Beratung über ethische Fragen vermögen und was nicht, stellt aber – ebenso wie die Beschreibung der Arbeitsweisen in der Angewandten Ethik in Abschnitt 1.1 – noch keine *Konzeption der Angewandten Ethik* dar. Es zeigt sich bisher nur, dass eine Konzeption der Angewandten Ethik problematisch ist, wenn man sich an den in der philosophischen Ethik geläufigen Unterscheidungen zwischen

(1) Weisheit und Wissen,
(2) provisorischer und nicht-provisorischer Ethik und
(3) an der Ablehnung der Wahrnehmung als Methode ethischen Erkennens orientiert.

Das praktizierte Selbstverständnis derjenigen, die sich aktiv mit Angewandter Ethik beschäftigen, ist – wie die bisherige Diskussion zeigt – mit den Methoden einiger philosophischer Ansätze der modernen Ethik kaum vereinbar (vgl. [25] und [33], Kap. 9). Man kann nun vorläufig sagen, dass Angewandte Ethik an einem Begriff provisorischen Wissens orientiert ist und insbesondere ihre Urteile und Argumente aus der Betrachtung und Analyse von Situationen nimmt. Im Folgenden soll daher Angewandte Ethik als ein Gegenmodell zu fundamentistischen Auffassungen von Ethik diskutiert werden. Damit soll nicht ein bestimmtes Ethikverständnis vorgegeben werden. Vielmehr soll deutlich werden, inwiefern Angewandte Ethik eine Herausforderung für die philosophische Ethik ist.

1.4 Das Verhältnis von Theorie und Erfahrung in der Ethik

In diesem und dem folgenden Abschnitt wird der bisher ausgearbeitete Befund nun systematisch vertieft. Es geht zum einen um das Verhältnis von ethischer Theorie und moralischer bzw. ethischer Erfahrung (1.3), zum anderen um die Gegenüberstellung von Modellen ethischer Rechtfertigung und Begründung (1.4). Fragen der Epistemologie zielen auf die Lehre bzw. die Theorie des Wissens (vgl. griechisch *episteme* = Wissen und *logos* = Vernunft). Im Folgenden müssen diese Fragen zunächst auf die *Ethik* beschränkt werden. Es geht nur darum zu fragen, wie begründetes ethisches Wissen sich von Vorurteilen, Befangenheiten und Engherzigkeit unterscheidet. Wie gelangt man zu ethischem Wissen, das sich durch ethische Gründe auszeichnet?

Eine weitere Einschränkung ergibt sich aus dem Gegenstand dieses Buches: Es können nicht die verschiedenen Antworten der *allgemeinen philosophischen Ethik* skizziert werden (vgl. hierfür [5]). Theoretische Fragen, die auf eine konzeptionelle Klärung der Angewandten Ethik zielen, müssen in gewissem Sinne unabhängig von den Optionen der philosophischen Ethik bleiben, weil aktuelle ethische Probleme gelöst werden müssen, bevor philosophische Experten Einigkeit erzielt haben über *die Ethik* als Theorie des Guten und Richtigen im Bereich des Handelns. Eine solche pragmatische Beschränkung der theoretischen Tiefe der Angewandten Ethik macht sie einerseits unabhängig von der philosophischen Ethik, bleibt aber andererseits nicht ohne Rückwirkungen. Noch eine weitere Einschränkung gilt für den nun folgenden Abschnitt: Die dritte – begründungstheoretische – Frage wird im anschließenden Abschnitt behandelt. Es sei daher im Folgenden vorausgesetzt, dass moralische Urteile über Gutes und Angemessenes zu Recht Geltung beanspruchen können.

Fundamentismus oder abstrakte Ethik

Am Ende des vorangehenden Abschnittes wurde eine typologische Unterscheidung zwischen Ethiken vorgenommen: fundamentistische versus nicht-fundamentistische. Letztere sollen im Folgenden als *konkrete Ethiken* bezeichnet werden (vgl. [23] und [42]). Zunächst bedarf es einer begrifflichen Erläuterung: Der Ausdruck ist ein philosophischer Kunstbegriff. Der Ausdruck „Fundamentismus" dient als deutsche Entsprechung des englischen „foundationalism", wobei die naheliegende Übersetzung mit dem üblichen „Fundamentalismus“ vermieden werden soll. Denn der Fundamentismus ist eine epistemologische und begründungstheoretische Position in der Philosophie, die weder mit religiösem noch mit politischem Fundamentalismus verwechselt werden darf. Hierin liegt die Begründung für die Neuprägung des Terminus (vgl. [25], [172], [31], [47]).

Die Unterscheidung zwischen fundamentistischer und konkreter Ethik bedarf der Erläuterung. Der von Immanuel Kant gesehene Gegensatz zwischen Weisheit und Wissen im Bereich des Handelns setzt in epistemologischer Hinsicht voraus, dass man beides voneinander unterscheiden kann. Man muss zeigen, dass es in der Weise, wie Personen von sich selbst in Situationen, aber auch ihrer Umgebung Erfahrungen haben, eine *besondere* Dimension gibt. Fundamentistische Ethikansätze machen diese besondere Dimension zur Grundlage – und damit zum Fundament – ethischen Wissens. Somit können sie der Weisheit als ein besseres Korrektiv das Wissen gegenüber stellen. In der Angewandten Ethik erweisen sich derartige Ansätze als problematisch, weil sie voraussetzen, dass man zunächst Einigkeit über die richtige Methode erzielt, Wissen zu erlangen und moralische Urteile zu begründen. Ein derartiger Konsens ist aber in der Philosophie ebenso fern wie in den Religionen. Konkrete Ethiken bestreiten die übersteigerte Bedeutung der Unterscheidung zwischen Weisheit und Wissen. Es sei jedoch zunächst am Beispiel zweier fundamentistischer Ethiken skizziert, wie diese Unterscheidung zu verstehen ist:

(1) Im Rahmen einer an Kant orientierten Ethik unterscheidet man zwischen Weisheit und Wissen, indem man sich darüber klar wird, welche Absichten (bzw. Maximen) vernünftig sind. Ein wesentlicher Faktor in der menschlichen Natur, der Personen zu moralischen Wesen macht, ist ihre Vernunft. In der alltäglichen praktischen Erfahrung von Personen sind triebhafte und vernünftige Aspekte vermischt. Mit Hilfe ihrer Vernunft können Personen beides unterscheiden und die Leidenschaften als Antriebsfeder neutralisieren oder sie in eine vernünftige Richtung lenken. Sie tun dies, indem sie den kategorischen Imperativ anwenden: „Handle nur nach derjenigen Maxime, durch die du zugleich wollen kannst, daß sie ein allgemeines Gesetz werde“ ([20], 421). Dieser Imperativ wird aus der Vernunft abgeleitet und stellt das oberste praktische Prinzip des Willens dar, insofern er vernünftig ist. Wenn man etwas entsprechend dem kategorischen Imperativ wollen kann, so ist der Inhalt der Maxime *unbedingt* gesollt: Die Handlungsmotivation ist also nicht durch subjektive Zwecke, Neigungen und sonstige empirische Kontingenzen bedingt, sondern besteht allein in der Pflicht. Die Maxime selbst ist ein zunächst subjektiv geltender Vorsatz von einiger Allgemeinheit; ein Beispiel wäre der Grundsatz, eine Person A zu belügen, wenn eine Person B, die dadurch, dass man A die Wahrheit sagt, durch A an Leib und Leben bedroht ist. Ob es sich bei dieser Maxime um einen Handlungstyp handelt, der moralisch gesollt oder verboten ist, hängt nicht davon ab, wer A oder B sind oder dass ich es bin, der hier und jetzt zu lügen beabsichtigt. Der kategorische Maßstab für das Handeln ist vielmehr rein formal und abstrakt, insofern weder die Materie der Handlung noch die Folgen bewertet werden ([20], 416, 436–438). Wenn Kant zu

dem Ergebnis kommt, dass die oben genannte Maxime moralisch verboten ist, dann ist das Verbot des Lügens aus Menschenliebe auch nicht davon abhängig, ob es seinerseits ein moralisch verwerfliches Verbrechen darstellt, wenn A B tötet. Die moralische Qualität eines Handlungstyps – also das, was ge- oder verboten, pflichtgemäß oder widrig ist – hängt in keiner Hinsicht von den moralischen Qualitäten der Handlungsfolgen ab. Dieser insgesamt formale und abstrakte Charakter des ethischen Beurteilungsmaßstabes und ethischer Erkenntnis sichert, dass in die Beurteilung weder die Objekte einer Handlung noch individuelle Zwecke, Interessen oder Gefühle mit eingehen ([20], 408–410, 427f.). Sittliche Erkenntnis – so das Fazit – ist rein *abstrakt*, insofern ethische Urteile bzw. die Erkenntnis der Pflicht ausschließlich aus der Vernunft abgeleitet werden. Das aber bedeutet, dass sie keinen kontingenten Personen oder Situations-Bezug aufweisen ([20], 437f.; vgl. insgesamt [5], 80–85, 130–134, und [182]).

(2) Der Utilitarismus als konsequenzialistische Ethik beruht auf der Vorstellung, dass es das Ziel der Ethik ist, im Handeln Werte zu realisieren. Die ethische Qualität von Handlungen bemisst sich also daran, inwieweit die Handlungen dieses Ziel zum Resultat haben. Daraus ergibt sich ein ausschließliches Interesse des Utilitarismus an den Folgen von Handlungen (vgl. [5], 134–138, und [19]). Die ethische Qualität einer Handlung ist definiert durch die ethische Qualität der Folgen und nicht etwa – wie es der kantische Ansatz postuliert – von Pflichten, deren moralische Bedeutung man unabhängig von der Bezugnahme auf die Folgen von Handlungen begründen kann. Im Utilitarismus ist die ethisch relevante Qualität der Folgen der Nutzen (oder Schaden) einer Handlung. Dies setzt voraus, dass man inhaltlich bestimmt hat, was unter ‚Nutzen' zu verstehen ist. Zwei der vielen diskutierten Varianten sind: Lust bzw. Glück als Hedonismus im weitesten Sinne (von griechisch *hedone* = Lust) und individuelle Präferenzen. Handlungen realisieren demzufolge mehr Wert, wenn sie bei einer größeren Anzahl von Menschen Lustempfindungen und Glücksvorstellungen bewirken oder wenn mehr Menschen ihre Präferenzen verwirklichen können. Nun sind Lustempfindungen für sich genommen alle lustvoll in dem Sinne, dass sie angenehme Empfindungen darstellen. Aber viele Varianten des Hedonismus unterscheiden die Lust eines Süchtigen von derjenigen eines Vernünftigen und Gesunden. Beide sind nicht gleichwertig. Auch die Präferenzen von Personen müssen insofern in gute und schlechte unterteilt werden, als sich jeder für sein Handeln klar zu machen hat, wie er (bzw. man) gewährleistet, dass durch Handlungen möglichst wenige Präferenzen anderer an ihrer Verwirklichung gehindert werden (z.B. wenn eine Person A eine andere B töten will, dann behindert A den Lebenswillen von B und die Verwirklichung von B's Plänen). Manche Präferenzutilitaristen unterscheiden jedoch zwischen den faktischen Präferenzen von Personen und den wahren oder eigentlichen, die erst durch idealisierende Reflexionen erkannt werden (vgl. [35], 55). Auch dies basiert auf dem Modell, dass man Vorstellungen von Personen in Hinsicht auf Kriterien unterscheiden muss, die in den Vorstellungen selbst nicht präsent sind. Personen merken es ebenso wenig ihren Lustempfindungen an, ob diese

krankhaft oder gesund, wie ihren Präferenzen, ob sie nutzenmaximierend oder ihre eigentlichen sind. Diese Unterscheidungsleistung beruht im Utilitarismus nicht auf der Vernunft als einem besonderen Erkenntnisvermögen, sondern auf dem Nutzenkalkül im Sinne einer Methode, die sich verschiedener Formen von Erkenntnis bedienen kann.

Man kann also zwei Varianten eines epistemologischen Fundamentismus in der Ethik unterscheiden: (1.) Ein Erkenntnisvermögen, das in der Lage ist, eine besondere Art der Erfahrungen von Personen zu Bewusstsein zu bringen, die als ethisch basal bezeichnet werden (also die Vernunft, wenn man an Kant denkt); (2.) Eine Methode, die als Filter für die Gesamtheit der ethisch relevanten Erfahrungen dient, aber nicht ein bestimmtes Erkenntnisvermögen voraussetzt (also beispielsweise das Nutzenkalkül). Wichtig ist, dass ethisches Wissen in beiden Varianten insofern *abstrakt* ist, als die alltägliche Erfahrung von Personen eine diesen nicht unmittelbar bewusste ethische Dimension aufweist. Um diese Dimension zu erschließen bedarf es eines Schrittes der philosophischen Reflexion: Entweder muss man die Vorstellungen, die das ethische Erkenntnisvermögen vermittelt, von anderen Einflüssen reinigen (also beispielsweise Vernunfterkenntnisse von leidenschaftlichen Vorstellungen unterschieden lernen), oder man muss lernen, Vorstellungen durch eine bestimmte Methode zu bewerten (beispielsweise indem man ihren Nutzen berechnet und vergleicht). Diese Abstraktheit ethischer Erkenntnis führt auch dazu, dass die Notwendigkeit von Ethikexperten postuliert wird, denn fundamentistische Ethiken setzen die Einsicht in deontologische oder konsequenzialistische Prinzipien, Konzepte und Theorien voraus, die in ihrer theoriebedingten Reinheit der Alltagserfahrung von Personen fremd sind.

Konkrete Ethik: ‚innere' Dimension der Erfahrung

Die Unterscheidung zwischen alltäglicher Weisheit und philosophischem Wissen in ethischen Fragen ist künstlich. Kant, Descartes oder Hare (andere Beispiele in der philosophischen Ethik, aber auch in der Angewandten Ethik ließen sich leicht aufzählen) stehen für eine Tradition der Ethik, die der Alltagserfahrung von Personen misstraut. Die Abstraktheit ethischer Erkenntnis ergibt sich im Kontext dieser Tradition daraus, dass durch ein bestimmtes Erkenntnisvermögen oder eine bestimmte Methode ein Kern ethischer Erfahrung identifiziert werden soll. Dieser Kern zeichnet sich vor der Ausgangserfahrung als Wissen aus, und in begründungstheoretischer Hinsicht stellt er ein Fundament von Urteilen und Argumenten dar. Gegenüber der alltäglichen sich im biografischen, familiären, sozialen und kulturellen Kontext entwickelnden Erfahrung von Personen ist dieser Erfahrungskern *extern*. In der Angewandten Ethik spielt ein solcher Erfahrungskern kaum eine Rolle, weil in der ethischen Beratung die Erfahrung von Personen Ausgangs- und Endpunkt der Reflexion ist. Man kann den in einem Ethikberatungsgremium zusammenkommenden Personen weder die reine Vernunfterkenntnis noch das reine Nutzenkalkül zur Auflage machen. Sie bringen sich mit ihrer ganzen Erfahrung ein. Dies ist Voraussetzung für die Konkretheit der Überlegungen und die unmittelbare Orientierung an praktischen Problemen. Insofern kennt ein nicht-fundamentistisches Ethikverständnis bloß eine innere Dimension der evaluativen Erfahrung. In der *Angewandten Ethik* sind klassische Ansätze der philosophischen Ethik oft (1.) hinderlich und (2.) irrelevant – jedenfalls sofern sie fundamentistisch sind.

(Zu 1:) Sie sind hinderlich aufgrund ihrer Abstraktheit. In der Angewandten Ethik – jedenfalls in der *Praxis* der Angewandten Ethik, wie man sie als *Tätigkeit* in Ethikkommissionen beschreiben kann – spielt die Lebenserfahrung von Personen als ganze eine Rolle. Verschiedene Arten von Erfahrungen von Personen als Laien und Experten in verschiedenen Hinsichten gehen gleichberechtigt in die ethische Beratung ein. Es gibt keine privilegierte Kategorie von Erfahrungen. Personen denken vernünftig, reagieren emotional, akzeptieren die Norm der Unparteilichkeit oder fühlen sich persönlich verbunden und sehen für ihr Handeln Pflichten oder die Konsequenzen als ethisch ausschlaggebend. Weder eine besondere Form der Erkenntnis noch eine besondere Methode der Reflexion können Anspruch auf ein Monopol als ethische Erkenntnisquelle im Beratungsprozess erheben. Ärzte, die durch die Entscheidung der Angehörigen in ihrem Arztethos irritiert sind, kann man nicht einfach durch schlüssige Argumente überzeugen, die ihnen nahe legen, dass rationale und entscheidungsfähige Personen in ihrer Autonomie zu respektieren sind. Angehörige, die sich an die rosige Farbe, die Atmung und die Reflexion ihrer verstorbenen Angehörigen klammern, kann man nicht mit dem Hinweis auf erloschene Hirnströme von deren Tod überzeugen. In beiden Fällen (also konkreten Entscheidungssituationen) wäre es ethisch verwerflich, die Beratung nur auf rationale, naturwissenschaftliche und abstrakte Erkenntnis zu gründen (vgl. [92]). Dabei wäre es nicht deshalb verwerflich, weil es eine unbedingte Pflicht gäbe, sondern weil es ein Gebot der Rationalität darstellt, dass Person einander auch in Hinsicht auf ihre irrationalen Reaktionen gerecht werden sollen. In beiden Fällen – dem des Arztethos ebenso wie dem der Nähe von Angehörigen – müssen emotionale Aspekte respektiert werden, auch wenn sie irrational sind. Gewiß stellen vernünftig begründete Pflichten, objektive (naturwissenschaftlich begründete) Tatsachen oder negative Konsequenzen von Entscheidungen relevante Faktoren in Entscheidungssituationen dar, aber es kommt immer eine unübersehbare Vielzahl anderer Faktoren hinzu. Fundamentistische Ethikansätze sind also hinderlich, weil die Komplexität von Entscheidungssituationen, wenn auch mit philosophisch stimmigen Argumenten, reduziert wird auf die jeweiligen Favoriten. Personen in Entscheidungssituationen werden von der Philosophie oft aufgefordert, von ihrer umfassenden Erfahrung als Personen zu abstrahieren. Abstraktheit ist ein Grundmoment des Fundamentismus, Konkretheit eines der Angewandten Ethik im Sinne eines Sich-Beratens. Konkretheit bedeutet dabei, dass der ethischen und moralischen Erfahrung von Personen in ihrer Gesamtheit Rechnung getragen werden muss, auch wenn man sie missbilligt und vielleicht sogar berechtigterweise kritisiert. Nur der Philosoph, nicht aber der Ethikberater kann mit dem Hinweis auf die Pflicht das Entsetzen über die Konsequenzen von Handlungen wegzuwischen versuchen. Philosophen und andere, die das versuchen, behindern den Ethikberatungsprozess.

(Zu 2:) Klassische Ethikansätze sind bisweilen irrelevant, weil man selbst unter Philosophen keine Einigkeit erzielt hat, welche Ethik die richtige ist. Der Streit der Experten um die richtige philosophische Ethik scheint eher weltanschauliche als argumentative Aspekte zu haben. Im Alltag wird jeder sowohl konsequenzialistisch als auch deontologisch argumentieren; wie man im Einzelfall in einer Situation argumentiert, hängt von der konkreten praktischen Erfahrung der Personen ab. Selbst Philosophen haben als Laien eine umfassendere ethische Erfahrung denn als philosophische Ethik-Experten. Und mancher philosophische Laie, der zugleich Experte in anderen Hinsichten sein kann, besitzt ein tieferes Gespür für moralische Probleme. Gerade in Entscheidungskontexten ist neben der Pluralität der Werterfahrung der Beteiligten auch die zeitliche Dimension ein Problem: In der Regel muss man mit provisorischen Erkenntnissen und Begründungen Vorlieb nehmen.

Es sei betont, dass hiermit keine weitergehenden philosophischen Argumente gegen fundamentistische Ethikansätze vorgebracht sind. Aus der Sicht der philosophischen Ethik kann man immer noch eine Dualität von provisorischer und fundamentistischer Lösung moralischer Konflikte aufrechterhalten – es sei denn, man betrachtet das pragmatische Argument, dass fundamentistische Ansätze sich nicht in der Praxis bewähren, als hinreichend.

Selbstaufklärung der Angewandten Ethik (1. Teil)

Die fundamentistische Suche nach einem aus ethischen Gründen ausgezeichneten Kern der evaluativen Erfahrung von Personen ist der Angewandten Ethik fremd. Ein als Basis und Fundament ethischer Erkenntnis fungierender Kern der ethischen Erfahrung ist so voraussetzungsreich, dass über ihn kaum Einigkeit zu erzielen ist. Die Arbeit in einer Ethikkommission besteht in Fallerörterungen, bei denen der reflektierte *common sense* das relevante Erkenntnisvermögen darstellt und die relevanten Methoden nicht auf eine bestimmte Form eines Kalküls begrenzt werden können. Es gibt keinen ausgezeichneten Weg zu erkennen, was in einer Situation oder einer bestimmten Problemkonstellation das Angemessene ist. Diese Erkenntnis in der Angewandten Ethik wird immer wieder auch als *Selbstaufklärung* der Ethik gedeutet (vgl. [38], 389f., [26], 404–406, [25], 75f., 83f., [29], 6, 9). Die Konkretheit der Angewandten Ethik besteht in ihrer Orientierung an ethischen Problemen. Hierzu bedarf es eines Erkenntnismodells, das von dem fundamentistischer Ethiken abweicht, auch wenn es Elemente von ihnen aufgreift. In der Angewandten Ethik ist die evaluative Erfahrung von Personen – als Alltags- und lebensweltliche Erfahrung – Ausgangspunkt ethischer Reflexionen und – insofern ethische Überlegungen praktisch orientierende Wirkung haben – ihr Endpunkt.

1.5 Modelle ethischer Rechtfertigung

In epistemologischer Hinsicht geht es in der Angewandten Ethik um die Frage: Ist ethisches Wissen abstrakt oder konkret? In begründungstheoretischer geht es um verschiedene Anliegen. Aus der Konkretheit der Angewandten Ethik als Tätigkeit des (sich miteinander) Beratens in ethischen Fragen ergibt sich zunächst: Angewandte Ethik akzeptiert den provisorischen Charakter von Problemlösungen. In diesem Sinne geht Angewandte Ethik pragmatisch mit ethischen Problemen um. Das fundamentistische Streben nach absoluter Begründung ist ihr faktisch fremd, auch wenn viele Philosophen dies als Nachteil der Angewandten Ethik ansehen. Aus der Beschreibung der Angewandten Ethik kann man drei Lehren ziehen, die Ansatzpunkte dafür liefern, das nachteilige Bild der Angewandten Ethik in neuem Licht zu betrachten.

Drei Lehren aus dem Fall Quinlan

(1) Der Fall Quinlan hat ein wesentliches Prinzip der Angewandten Ethik deutlich gemacht: Alle Beteiligten müssen mit sich und miteinander zu Rate gehen (deliberatives Ethikverständnis). Hierbei stehen nicht die (eindeutige) Lösung eines Problems und die Aufstellung von Geboten, die allen Beteiligten gleichermaßen vorschreiben, was sie tun sollen, im Vordergrund. Vielmehr geht es um die Klärung der ethisch und moralisch relevanten Aspekte einer Situation, damit den Beteiligten aus ihrer jeweiligen Perspektive praktische Orientierung gegeben werden kann. Die erste Lehre, die aus dem Fall Quinlan zu ziehen ist, ist die Anerkennung des *Pluralismus* als grundlegenden Aspekts des *liberalen* Autonomieverständnisses.

(2) Am Fall Quinlan zeigt sich weiterhin, dass verschiedene Perspektiven ethisch relevant sein können, auch wenn sie einander widersprechen. Solche Perspektiven beinhalten neben den individuellen Sichtweisen von Personen rechtliche Normen, die in einer Gemeinschaft gelten, aber auch die ökonomische Dimension von Problemkonstellationen. Die zweite Lehre, die man aus dieser Diagnose ziehen kann, besagt, dass in der Angewandten Ethik die Konzentration auf *universale Geltungsansprüche* zumeist nicht einlösbar und das Ideal der *Überparteilichkeit* vielfach unrealistisch, oft sogar unsinnig ist. Keinesfalls aber werden alle moralischen Probleme ausschließlich dadurch gelöst, dass die Beteiligten einen solchen unparteilichen Standpunkt einnehmen.

(3) Konkrete ethische Probleme sind aber vor allem komplex. Hieraus lässt sich die dritte Lehre ziehen, dass man für die Beurteilung einer Situation nicht allein *generelle bzw. allgemeine* sondern ebenso *spezifische Regeln und Prinzipien* benötigt. Darüber hinaus bilden sowohl generelle als auch spezifische Prinzipien insgesamt ein *dynamisches Netz*. In ihrem Bestreben, für sich ethische Orientierung zu finden, müssen sich Personen zahlreicher Erkenntnisse und Reflexionsformen bedienen: So ist es beispielsweise unmöglich, das Ethische ausschließlich auf entweder pflichtgemäßes Handeln im kantischen Sinne oder auf konsequenzialistische Maximierung des Nutzens reduzieren. Praktische Orientierung ist in der Regel komplizierter.

Autonomie: Pluralität von Geltungsansprüchen

In einer sich als liberal verstehenden Kultur und in einem politischen Gemeinwesen, in dem der Bereich des Privaten rechtlich geschützt ist, ist die Vorstellung *allgemeinverbindlicher* Normen des Lebens und Handelns von Personen nicht unverständlich. Sie nimmt aber eher negative Formen an: Die autonome Freiheit wird gegen den Eingriff von staatlicher, gesellschaftlicher und privater Seite geschützt, ohne dass dadurch material für das Individuum ein bestimmter Normen- und Wertehorizont verbindlich würde. Die Entscheidung des Gerichtes im Fall Quinlan macht dies deutlich: Ihre Intention ist es, den Beteiligten Freiraum zu eröffnen, in dem sie Entscheidungen umsetzen können. (Man beachte den oben zitierten expliziten Ausschluss von Rechtsfolgen, aus dem erst die Möglichkeit einer Konfliktbewältigung erwuchs.) Die pluralistische Verfasstheit dieses Freiraumes ergibt sich daraus, dass den Ärzten aufgrund kultureller Entwicklungen und des medizinischen Fortschrittes das (traditionell alleinige) Entscheidungsmonopol teilweise entzogen wurde zugunsten der Angehörigen ihrer Patientin. In der entstandenen Entscheidungssituation kommen dadurch verschiedene Perspektiven wirksam zur Geltung. Das Gericht entscheidet aber nicht darüber, was Angehörige und Ärzte tun sollen. Die Rolle der Autonomie untergräbt also faktisch die Motivation zur Suche nach fundamentistischen Begründungsprinzipien. Vor diesem Hintergrund sollen im Folgenden die drei wichtigsten Modelle ethischer Rechtfertigung von Urteilen über das in Situationen Angemessene dargestellt werden: Deduktivismus, Induktivismus und Kohärentismus.

Deduktivismus, Induktivismus

In der Angewandten Ethik werden fundamentistische Begründungsprojekte, die sich an Kant und Descartes orientieren, auch als *Deduktivismus* bezeichnet (vgl. [5], 155–162, vgl. [32]). Wie in der kantischen Begründung des Lügenverbotes leitet der Deduktivismus eine Aussage über etwas Gebotenes oder Verbotenes her, indem er für einen bestimmten Handlungstyp feststellt, ob er geboten, verboten oder erlaubt ist. Eine derartige Feststellung kann – wie in 1.3 beschrieben – entweder auf einem besonderen Erkenntnisvermögen oder einer besonderen Methode beruhen. Aus der Vernunft oder vom Prinzip der Nutzenmaximierung (oder anderen beliebigen obersten Ethikprinzipien) werden generelle ethische Prinzipien *abgeleitet* (daher lateinisch *deducere*). In einer Deduktion schließt man von zwei Prämissen A und B auf den Schluss (S), wobei A allgemeiner ist als B.

Deduktion:
PA Handle nur nach derjenigen Maxime, durch die du zugleich wollen kannst, dass sie ein allgemeines Gesetz werde.
PB Man kann nicht (vernünftigerweise) wollen, dass Maximen vom Typ X (beispielsweise Lügen) allgemeines Gesetz werden.
S Handlungen (nach Maximen) vom Typ X sind ethisch verboten.

Der *Induktivismus* beruht dagegen auf der Annahme, dass man generelle Prinzipien nicht ableiten kann, sondern herleiten muss (daher lateinisch *inducere*). Allgemeine ethische Prinzipien werden aus der Erfahrung von Personen verallgemeinert. Aus vielen *endlichen* empirischen Erfahrungen wird durch Induktion schließlich eine allgemeine Regel hergeleitet. Induktivisten erachten generelle ethische Regeln und Prinzipien als Verallgemeinerungen von situationsspezifischen Werturteilen. Insofern setzt der induktive Schluss bei weniger allgemeinen Prämissen an und kommt zu einer allgemeinen Schlussfolgerung.

Induktion:
PA Handlung x ist ethisch verboten.
PB Handlung x ist eine Handlung vom Typ X.
PC Alle bisherigen Handlungen vom Typ X waren verboten.
S Auch alle künftigen Handlungen vom Typ X sind verboten.

Ein induktiver Schluss erscheint weniger zwingend, insofern zunächst von Einzelurteilen (PA) in einem konkreten Fall eine Zuordnung des Einzelfalls zu einer Menge von vertrauten Vergleichsfällen vorgenommen wird (PB, PC). Die Bewertung des Einzelfalls und die Bewertung der Menge der Vergleichsfälle dient dann zusammen als Basis der Bewertung von Fällen (nämlich allen künftigen), für die man keine Evidenz hat (S). Man mag mit einigem Recht bezweifeln, ob es sich hierbei um einen Schluss handelt. Jedenfalls ist es eine vertraute Methode der Reflexion. Deduktion und Induktion dienen der Herleitung *allgemeiner* moralischer Regeln. Sie unterscheiden sich nur in der Herleitungsrichtung: Die Deduktion steigt von allgemeinen Sätzen herab zu spezifischeren; die Induktion steigt von spezifischen Situationsbeurteilungen hinauf zu allgemeinen Sätzen. Beide Ansätze bedürfen eines weiteren, aber hiervon unabhängigen Schrittes. Praktische Orientierung des Handelnden in einer Situation ist das Ergebnis einer Typologisierung. Ob eine Handlung erlaubt ist, hängt davon ab, ob der Handlungstyp erlaubt ist:

Situationsbewertung:

PA Handlungen vom Typ X sind (unabhängig von mir und dem Hier-und-Jetzt) verboten.

PB Handlung x ist eine solche, die mir hier und jetzt als (*prima facie*) geboten, sinnvoll, möglich, wünschenswert oder als eine gangbare Alternative erscheint (und x gehört zu diesem Typ X).

S Die Handlung x ist (mir hier und jetzt) verboten.

Beide Begründungsmodelle sind also Grundlage für allgemeine Regeln der Situationsbewertung (also PA im letzten Kasten), und die Aufgabe von Personen besteht darin, sich in ihrem Handeln an dem Horizont allgemeiner Regeln zu orientieren. Deduktivismus und Induktivismus haben zwei Gemeinsamkeiten: (1.) Sie beruhen beide auf einem unidirektionalen Modell (Einbahnstraße) der ethischen Begründung genereller ethischer Prinzipien. Sie unterscheiden sich nur durch die Richtung (vom allgemeinen Oben zum spezifischen Unten oder umgekehrt). (2.) Insofern beide Positionen praktische Orientierung von Handelnden in Situationen als ein Problem der angemessenen Zuordnung einer fraglichen Handlung zum richtigen Handlungstyp erachten, konzipieren sie die Situationsbewertung als einen deduktiven Schluss von allgemeinen moralischen Grundsätzen auf das in der Situation Gebotene, Verbotene oder Erlaubte.

Kohärentismus

Ein anderes Modell ethischer Rechtfertigung ist der Kohärentismus. Seine Bedeutung in der Angewandten Ethik ist erheblich. Er ist eng verknüpft mit dem schon beschriebenen Modell der *intuitiv-deliberativen Ethikberatung* auf der Suche nach ethischer Orientierung. Der Name dieser Position leitet sich vom lateinischen *cohaerere* ab, was ‚zusammenhängen' bedeutet. Begründung ist also – ganz oberflächlich gesehen – nicht mehr ein abstrakt-fundamentistisches Abhängigmachen, sondern ein konkretes In-Den-Zusammenhang-Bringen (vgl. [26], [34]). In begründungstheoretischer Hinsicht teilt der Kohärentismus mit dem Deduktivismus bzw. dem Induktivismus nicht die These, dass Begründung in der Ethik *ausschließlich* durch Verweis auf generelle Regeln, Prinzipien oder Normen erfolgen muss. Ebenso wenig teilt diese Position in epistemologischer Hinsicht die Auffassung, dass es einen besonderen Typ von evaluativer Erfahrung oder eine Methode der Reflexion gibt, die *ausschließlich* als Basis ethischen Wissens gelten. Der Kohärentismus ist also ein Ethiktyp, der ethisches Wissen in generellen und spezifischen Prinzipien begründet und evaluative Erfahrung in ihrer gesamten Bandbreite ernst nimmt. Unter ‚evaluativer Erfahrung' versteht man die Weise, wie Personen sich und Situationen bewertend erfahren: In der Ethikberatung beschreibt und bewertet man eine Situation, einen Fall oder auch mehr generelle Aspekte des Handelns. Beschreibung und Bewertung gehen Hand in Hand und folgen zunächst keinen anderen Regeln als denen, nach denen die einzelnen Personen gewohnt sind, sich und ihr Umfeld wertend (also evaluativ) zu erfahren.

Was heißt nun ‚In-Den-Zusammenhang-Bringen'? Hierauf gibt es keine einfache Antwort. Zunächst sollte man klar stellen, dass kohärentistische Ethiken weniger auf eine logische Schlüssigkeit von Vorstellungen setzen (also auf inferenzielle Beziehungen unter ihnen), sondern auf Stimmigkeit im Sinne einer Erfahrungsqualität: Man stellt eine Balance her zwischen relevanten Gesichtspunkten und gewichtet alle Faktoren so lange immer wieder neu, bis sich ein klares Bild ergibt. Zunächst sollte man verschiedene Varianten der Kohärenz unterscheiden, die im Kohärentismus zusammengebracht werden. Die wichtigsten sind: (1.) inferenzielle, (2.) explanatorische, (3.) deliberative, (4.) analogische und (5.) perzeptive Kohärenz. Hierbei handelt es sich nicht um verschiedene Kohärenzkonzepte, sondern um verschiedene Hinsichten, unter denen Personen in ihrer evaluativen Erfahrung eine gewisse Stimmigkeit erfahren können (vgl. [186]).

(1) Inferenzielle Kohärenz ist schon im Zusammenhang mit dem Deduktivismus und dem Induktivismus beschrieben worden. Das Erkennen der Folgerichtigkeit, die eine inferenzielle Relation zwischen generellen und spezifischen (oder von spezifischen und generellen) Sätzen ist, kann man als Kohärenzerfahrung bezeichnen. Etwas erscheint schlüssig. Das, was schlüssig erscheint, sind Sätze oder Propositionen, die sich aus Prämissen ergeben.

Als Beispiel kann die oben angeführte Situationsbewertung dienen. In der Erfahrung hängen Sätze oder Propositionen miteinander zusammen, wenn zwischen ihnen eine gewisse Schlüssigkeit besteht.

(2) *Explanatorische Kohärenz* setzt Werturteile, aber auch generelle bzw. spezifische ethische Regeln und Prinzipien in ein Passungsverhältnis zu Erklärungen. Werturteile stehen nicht für sich, sondern werden oft in Zusammenhang mit empirischen Annahmen gesehen.

Ein Beispiel: Wenn Personen die Todesstrafe rechtfertigen, führen sie oft die These an, dass sie eine abschreckende Wirkung habe. Mit dieser Wirkung wird die Berechtigung erklärt. Explanatorische Inkohärenz würde sich dann herausstellen, wenn deutlich würde, dass diese Voraussetzung der Rechtfertigung der Todesstrafe empirisch falsch ist. Man hätte dann *ein* Argument gegen die Todesstrafe, weil die evaluative Erfahrung von Befürwortern der Todesstrafe auf falschen Vorstellungen über die Wirkung des Vollzuges der Todesstrafe beruht.

(3) Deliberative Kohärenz betrifft eine Qualität des Zusammenhanges zwischen Handlungen und Zielen von Handlungen. Wenn eine

Handlung die Verwirklichung von mehr Zielen ermöglicht als eine andere oder wenn eine Handlung ein Ziel besser verwirklicht als eine andere, dann passt sie besser zu bestimmten Zielen als die andere. Soll unter ‚Zielen' in diesem Zusammenhang nicht etwas Beliebiges verstanden werden (Zweck-Mittel-Relation), sondern Vorstellungen darüber, was sein soll, was man als Person (evtl. in einer bestimmten Funktion) darstellen soll, was man tun soll oder was in einer Situation gut ist, dann ist die Passung zwischen Zielen und Handlungen ein zentrales Problem der praktischen Orientierung von Personen.

Beispiel: Ein Arzt will seinem Patienten mit Hinsicht auf verschiedene Ziele gerecht werden. Zum einen will er ihn heilen, zum anderen ihn als autonome Person respektieren. Beide Ziele können miteinander in Konflikt geraten, wenn der Arzt bemerkt, dass die volle Wahrheit über den gesundheitlichen Zustand bei dem Patienten so aufgefasst wird, dass die Heilung gefährdet ist. Der Arzt wird dann den Respekt vor der Autonomie vielleicht anders gewichten und den Patienten falsch oder nicht vollständig über seinen Zustand aufklären. Im Handeln des Arztes spiegelt sich wider, auf welche Weise und inwieweit er die verschiedenen Ziele gewichtend miteinander in Einklang zu bringen vermag.

(4) Analogische Kohärenz ist eine Form der Beurteilung von Erfahrungen in Hinsicht auf andere Erfahrungen, die weder eine inferenzielle, noch eine empirische, noch auch eine deliberative Reflexion darstellt. Hinreichend erfahrene Personen können eine Situation beurteilen, indem sie sie mit anderen auf Ähnlichkeit hin vergleichen.

Ein Beispiel: Nimmt man den Wunsch eines schwer kranken und hilflosen Patienten, von seinem Leid durch eine Handlung seitens des Arztes erlöst zu werden (also Euthanasie, von griechisch *eu* = gut und *thanatos* = Tod), so besteht zwischen Befürwortern und Gegnern einer derartigen Handlung auch eine Differenz darin, in Analogie zu welchem Paradigma sie zu sehen ist: zu Mord bzw. Totschlag, weil der Arzt absichtlich den Tod herbeiführt – wobei die Tatsache, dass der Arzt hierzu sein medizinisches Wissen einsetzt, sogar als niederer Beweggrund charakterisiert wird –, oder zur helfenden Fürsorge, weil der Arzt die Aufgabe hat, dem Patienten in medizinisch ausweglosen Situationen soweit wie möglich beizustehen, auch wenn dies heißt, ihn zu töten. Befürworter und Gegner benutzen ihre Argumente und Schlüsse in Abhängigkeit davon, in welchem Licht sie erscheinen. Vertraute Werturteile und Situationswahrnehmungen werden aber auch in bestimmten Situationen abgerufen, um neue zu beurteilen. So wird Euthanasie oft abgelehnt, weil man sie vor dem Hintergrund der Verbrechen des Nationalsozialismus oder von Ärzten und Pflegern sieht, die sich willkürlich zu Herren über Leben und Tod machen.

(5) *Perzeptive Kohärenz* (Wahrnehmungskohärenz) ist eine besondere Art der Stimmigkeit der evaluativen Erfahrung. Wenn man davon

ausgeht, dass Wahrnehmung nicht schon durch physiologische Aktivierungsmuster auf der Retina des Auges vorliegt, dann vermengen sich in Situationswahrnehmungen solche Retina-Aktivierungsmuster und erfahrene Interpretationen von Personen miteinander. Wahrnehmung ist somit etwas, das man biografisch erlernt: Als Person *bekommt* man einen Blick für Situationen. Es gibt Situationen, von denen man sich kein klares Bild machen kann – dann mangelt es an Wahrnehmungskohärenz.

Zum Beispiel wird man als Deutscher vielfach Schwierigkeiten bekommen, Situationen in anderen, der unseren fremdartigen Kulturen zu identifizieren. Selbst wenn man von sprachlichen Problemen abstrahiert, wird man oft nicht in der Lage sein zu erkennen, welche sozialen Beziehungen zwischen Personen bestehen. Wie passen Mimik, Gestik und Verhalten zusammen? Auf welche Emotionen deuten sie hin? Es fällt schwer, sich ein Bild von einer Situation zu machen. Und weil man nicht weiß, was man sieht, hat man Schwierigkeiten zu reagieren. Umgekehrt: Wenn sich das, was man sieht, zu einer bedeutungsvollen Einheit zusammenfügt, weiß man, wie man sich zu verhalten hat.

Kohärenz-Probleme im Fall Quinlan

Der Fall Quinlan ist ein Indiz für fehlende Kohärenz in einigen Hinsichten. Bei Patienten, die hirntot sind (und die deshalb als tot gelten), kann die Wahrnehmung insofern irritiert sein, als der Körper rosig aussieht, warm ist und reflexhafte Reaktionen zeigt. Was man sieht und was der Fall ist kann auseinander treten, und dies wird dann als irritierend erlebt. Diskussionen um das Hirntodkriterium sind ein klassischer Fall für die Suche nach explanatorischer Kohärenz. Doch das trifft im Fall der Karen Quinlan nicht zu, da bei ihr nicht alle Hirnfunktionen erloschen waren und die Patientin also nicht tot war. Es scheint sich in diesem Fall eher um Probleme der Zielorientierung gehandelt zu haben. Die Lösung des Konfliktes deutet an, dass die Unterscheidung zwischen außerordentlichen und normalen medizinischen Maßnahmen weiterhilft. Hierdurch verändert sich das Selbstverständnis der beteiligten Mediziner insofern, als es für sie mit der Zeit akzeptabel werden muss, dass der Patientenwille die Anwendung bestimmter medizinischer Maßnahmen zurückweist. Dies ist ein Ergebnis des medizinischen Fortschrittes. Für Nichtmediziner ergibt sich aus den Erfahrungen des Quinlan-Falles die Einsicht, dass es für alle Beteiligten wichtig ist, sich frühzeitig dazu zu äußern, was in vergleichbaren Situationen mit ihnen geschehen bzw. nicht geschehen soll.

Der Konflikt, der sich auch mit der im Koma liegenden Karen Quinlan verband, ergibt sich dort, wo individuelle, kulturelle und soziale Zielvorstellungen sich verändern, weil Handlungsoptionen durch Fortschritt erweitert oder eingeschränkt werden. Individuen und Gruppen müssen ihre Vorstellungen über ein sinnvolles und gelingendes Leben immer wieder revidieren und an neue Gegebenheiten anpassen. Die Konfliktlösung kann aber immer auch misslingen: Selbst wenn die Beteiligten in der Ethikberatung eine sie überzeugende Lösung entwickeln, garantiert nichts den Erfolg. Wenn beispielsweise die Akzeptanz der Patientenentscheidung in Hinsicht auf außerordentliche medizinische Maßnahmen zu einer unakzeptablen Erosion des

Arztethos führen würde, müsste man sich erneut besinnen. Es muss sich – so kann man das kohärentistische Begründungsprinzip zusammenfassen – ein neues schlüssiges Bild ergeben, in dem sich Handelnde angemessen mit Situationen konfrontiert sehen.

Vor zwei Dingen muss man sich jedoch hüten: Zum einen darf Kohärenz nicht auf die inferenzielle Qualität der Nicht-Widersprüchlichkeit reduziert werden. Oft wird die Methode des Kohärentismus mit dem Stichwort ‚Überlegungsgleichgewicht' charakterisiert (vgl. [187], [26]). Auch wenn dies für rationale Personen wichtig ist, darf man inferenzielle Kohärenz nicht als absolutes Gebot ansehen. Denn es geht nicht nur darum, Überlegungen durch diskursive Reflexion in eine Harmoniebeziehung zueinander zu bringen. In Anbetracht der Komplexität des Lebens bleibt es allenfalls ein Ideal, die Gesamtheit der Vorstellungen, an die man glaubt, formal widerspruchsfrei zu halten. (Leser ebenso wie der Autor dieses Buches dürften schon an dem Problem scheitern, ihre Auffassungen über angemessene Tierhaltung und ihren Fleischkonsum widerspruchsfrei zusammen zu denken.) Zum anderen darf man den Kohärentismus in der Ethik nicht als eine Methode auffassen, mit der man ethisch relevante Gesichtspunkte und normative Kriterien für die Lösung von moralischen Konflikten gezielt herleiten könnte. Auch sind die angeführten Kohärenzmerkmale keineswegs erschöpfend. Kohärenz – so kann man zusammenfassend formulieren – ist eine Qualität innerhalb der evaluativen Erfahrung von Personen. Diese Qualität kann man als ‚Stimmigkeit' bezeichnen, wobei Stimmigkeit – wie skizziert – ganz unterschiedliche Aspekte haben kann. In der Angewandten Ethik spielt der Kohärentismus eine bedeutende Rolle. Weder ist er eine Theorie im engen Sinne noch eine Reflexionsmethode, die sich – ähnlich wie Induktivismus und Deduktivismus – klar umreißen lässt. Dennoch seien drei wichtige Merkmale hervorgehoben:

Kohärentismus:

(1) Kohärenz in ethischer Hinsicht ist Stimmigkeit in der evaluativen Erfahrung von Personen und somit zunächst eine (im weitesten Sinne) ästhetische Qualität.

(2) Subjektive und intersubjektive Geltung kann Kohärenz beanspruchen, weil die evaluative Erfahrung von Personen z. B. in Konfliktfällen durch einen Prozess der individuellen oder gemeinschaftlichen Beratung explizierbar ist.

(3) Als Methode besteht der Kohärentismus im Sammeln von relevanten Gesichtspunkten, aus denen sich ein neues Gesamtbild herstellen lässt, das nicht notwendig alle bis ins Letzte überzeugen muss, wohl aber praktische Konflikte reduzieren hilft.

Selbstaufklärung der Angewandten Ethik (2. Teil)

Es gibt zentrale theoretische Aspekte, die den Kohärentismus sowohl vom Deduktivismus als auch vom Induktivismus unterscheiden.

(1.) Zum einen ist Begründung keine Einbahnstraße, die von einer Basis hin zu begründeten Situationsbeurteilungen führt.

(2.) Zum anderen besteht ethisches Wissen nicht nur in einem Fundus von generellen Regeln und Prinzipien.

(3.) Drittens besteht die Situationsbewertung (also das Erfassen des Angemessenen in einer Situation) nicht ausschließlich in einer inferenziellen Typologisierung.

Der Kohärentismus kennzeichnet also ethische Theorien, die sowohl in epistemologischer als auch in begründungstheoretischer Hinsicht als ‚schwach normativ' bezeichnet werden können. Dies zeichnet sie als antifundamentistisch aus. Damit einher geht die Bedeutung der Wahrnehmung in der Ethikberatung: Die *Sichtung* der relevanten Aspekte von Situationen hört von sich aus der fundamentistischen Perspektive wie ein gut gemeinter Ratschlag ohne besondere Wirkung an, da ihm der Hinweis auf eine allgemeinverbindliche Methode fehlt, wie man Relevantes von Nichtrelevanten unterscheiden und aus dem Bereich des Relevanten allgemein verbindliche Antworten finden kann. Angewandte Ethik erscheint als Provisorium und als Appell an die Intuitionen. Doch die Sicherheit eines Werturteils im Sinne des Deduktivismus und/oder des Induktivismus spiegelt nicht die in realen Entscheidungssituationen verfügbare Sicherheit ethischer Erkenntnis wider (vgl. [28], 111–114). Kohärente Stimmigkeit als Ziel der Überlegungen stellt jedoch keine Ästhetisierung des moralischen Urteils dar. Vielmehr unterscheidet sich ethische Urteilsbildung von Antworten auf Geschmacksfragen dadurch, dass man mit Gründen für sie einstehen kann. Man kann es als Selbstaufklärung der Angewandten Ethik beschreiben, dass Gründe für die Rechtfertigung ethischer Urteilsbildung nicht letztgültig sein können.

Resümee

Als Fazit kann man festhalten, dass in der Angewandten Ethik die Wahrnehmung bei der Rechtfertigung von Handlungsoptionen eine bedeutende Rolle spielt. Im Allgemeinen kommt der Wahrnehmung eine bedeutsame Rolle in Entscheidungsfindung, Beratung und Begründung zu. In Anlehnung an Matthias Kettner kann man von einem *polyvalenten normativen Rahmen* in der Angewandten Ethik sprechen (vgl. [38]). Damit soll zum Ausdruck kommen, dass (1.) berechtigte Geltungsansprüche aus einer Vielfalt von Quellen entlehnt werden müssen, sie (2.) durch verschiedene Formen der Erkenntnis identifiziert werden müssen und es (3.) keine besondere Methode in der Ethik gibt, die bestimmte Quellen der Geltung und bestimmte Formen der Erkenntnis als primär gegenüber anderen auszeichnen würde. Man kann also von einer *doppelten* Selbstaufklärung der Angewandten Ethik sprechen: Es gibt kein besonderes ethisches Erkenntnisvermögen und keine spezielle Methode für die Ethik (epistemologischer Aspekt), und es gibt keine inhaltlich reichen Gründe, die ethische Urteile universal rechtfertigen können (begründungstheoretischer Aspekt).

1.6 Bereichsethiken und Angewandte Ethik

Alternative Bezeichnungen für Angewandte Ethik sind ‚Bereichsethik' oder ‚Bindestrich-Ethik'. So unterscheidet man Arzt- oder Medizin-Ethik, Bio-Ethik, Tier-Ethik, Öko-Ethik, Embryo-Ethik, Sozial-Ethik, Wissenschafts-Ethik, Wirtschafts-Ethik, Forschungs-Ethik, Gen-Ethik usw. Die Verwendung derartiger Bezeichnungen ist geradezu inflationär. Im Allgemeinen wird nicht viel mehr zum Ausdruck gebracht, als dass man sich in einem bestimmten thematisch eng begrenzten Bereich mit moralischen Problemen beschäftigt. Ein solches Verständnis dieser Begriffe ist unschuldig und pragmatisch berechtigt, wenn man darunter nicht jeweils eine besondere *philosophische Ethik* für diese Bereiche versteht. Bereichsethiken sind viel eher Anwendungen der Ethik in bestimmten Problembereichen. Zum Teil werden diese Bereiche durch außerethische Unterschiede voneinander getrennt. Wer sich mit Medizinethik beschäftigt, hat nur sehr entfernt mit Umweltethik zu tun. Das ist eine ethisch und moralisch unbedeutende Tatsache, bei der man es belassen kann. In dem bisher beschriebenen Sinne handelt es sich (1.) um eine pragmatische Konzeption von Bereichsethiken. Hiervon kann man (2.) eine normativ-evaluative Konzeption von Bereichsethiken unterscheiden und eine spezifische Grundfrage benennen.

Was sind Bereichsethiken?

Die Rede von ‚Bereichsethiken' verweist noch auf einen Aspekt, der aus der Sicht der Angewandten Ethik wichtig ist. Denn im Bereich medizinischen Handelns oder noch spezieller im Bereich der Fortpflanzungsmedizin, aber auch im Bereich des menschlichen Handelns in Auseinandersetzung mit der belebten und der unbelebten Natur sind jeweils unterschiedliche Normen, Werte, Prinzipien, evaluative Eigenschaften oder Ideale relevant. Im Bereich der Fortpflanzungsmedizin spielt Autonomie eine Rolle, wenn es um potenzielle Eltern geht, da der Kinderwunsch eine autonome Entscheidung darstellt, wohingegen Embryonen nicht autonom sind. Ihre ethische Relevanz, aus der vielleicht resultiert, dass man sie nicht durch Abtreibung oder Embryonenselektion im Reagenzglas töten darf, liegt in der moralischen Bedeutung ihres Daseins (ontologischer moralischer Status des Embryos). In der Tierethik geht es nicht in vergleichbarer Weise um den Respekt vor der Autonomie von Tieren oder in der Umweltethik um die Interessen von Landschaften und Lebensräumen. Die normativ und evaluativ relevanten Gesichtspunkte sind hier jeweils andere. Eine Bereichsethik beschäftigt sich also dieser Konzeption zufolge mit bestimmten ethischen und moralischen Aspekten, die für bestimmte Bereiche spezifisch sind. Die Grundfrage dieser zweiten Konzeption von Bereichsethiken ist: Welches sind die *besonderen* normativ-evaluativen Aspekte, mit denen man sich bei einer konkreten Frage der praktischen Orientierung zu beschäftigen hat?

Konsequenzen der zweiten Konzeption

(1.) Im Bereich der Medizinethik haben sich Autonomie von Personen und Pluralität von Lebensentwürfen als zentrale Faktoren erwiesen, die bei der Identifikation und Lösung von Problem Beachtung finden. Konzepte und Methoden der Angewandten Ethik sind, ebenso wie viele fundamentistische Ethikansätze der Neuzeit, auf den Bereich des Menschen ausgerichtet und passen nicht ohne weiteres in den Bereich der Welt, insoweit sie offensichtlich nicht ‚autonom' und nicht an ‚individuellen Lebensentwürfen' orientiert ist. Während in der Medizinethik Embryonen nicht autonome Personen darstellen, kann man sie immer noch als potentielle Personen charakterisieren. Tiere, Pflanzen und Ökosysteme zählen hingegen nicht in den Bereich von Entitäten mit ‚Personeigenschaften' und ‚Personstatus'. Ethiken für diese Bereiche könnten gezwungen sein, andere Methoden und Konzepte ins Spiel zu bringen als die Medizinethik. (Einen anschaulichen Eindruck hierfür und für die konzeptionelle Schwierigkeit einer solchen Ausweitung vermittelt [33].)

(2.) Die zweite Konsequenz betrifft die oben diskutierte Frage nach Laien und Experten in der Ethik. Denn bei der Identifizierung und adäquaten Beschreibung der für Bereichsethiken konstitutiven Bereichsnormen und werte ist eine besondere Kompetenz nicht nur der praktischen, sondern auch der theoretischen Philosophie einschlägig. Worin besteht der Wert der Autonomie? Warum verleiht Menschenwürde Embryonen einen besonderen moralischen Status? Ist tierliches Leben ethisch irrelevant? Was macht ein Ökosystem, Landschaften, biologische Arten usw. aus ethischen Gründen erhaltenswert? In den alltäglichen praktischen Erfahrungen werden diese Bereiche ethischer Fragen zwar erkannt, aber nur undeutlich unterschieden. Diesbezüglich gibt es genuine philosophische Expertise, die in die Diskussion eingebracht werden kann.

Resümee

Die Rede von Bereichsethiken kann mehr sein als eine nur pragmatische Einschränkung des Gegenstandsbereiches. Dass sich Bereichsethiken so inflationär entwickeln, kann man als ein Indiz dafür ansehen, dass ethische Probleme sich in verschiedenen Handlungskontexten jeweils mit einem besonderen Gesicht zeigen. Dieses besondere Gesicht ist – um eine gesteins- bzw. werkstoffkundliche Metapher zu gebrauchen – die *normative Textur* eines ethischen oder moralischen Problems (von lateinisch *textura* = Gewebe). Wie sich verschiedene Gesteinsarten und andere Stoffe durch ihre Textur – die materielle Anordnung ihrer Teile – klassifikatorisch unterscheiden, so kann man auch ethische Problemtypen material unterscheiden, indem man sie Bereichsethiken zuordnet.

1.7 Zusammenfassung, Lektürehinweise, Fragen und Übungen

Zusammenfassung

Ausgehend vom Fall der Karen Quinlan wurden zuvor aus der Angewandten Ethik als einer Tätigkeit konzeptionelle Aspekte gewonnen. Insofern kann man aus der Angewandten Ethik bestimmte Merkmale entnehmen, die in negativer Hinsicht philosophische Ethikansätze als ungeeignet erscheinen lassen. Das wichtigste Merkmal ist dabei der ethische Fundamentismus. Bei vielen Problemen können fundamentistische Ethikansätze dem Handelnden weder in epistemologischer (abstrakte versus konkrete Erkenntnisformen) noch in begründungstheoretischer Hinsicht (universale versus partikulare Geltung) in einer Situation helfen. Denn abstrakte Erkenntnisformen und universale Geltung sind in der Angewandten Ethik nicht einlösbare Forderungen an ethische Theorien. Ethische Orientierung bleibt konkret und partikular. Dennoch darf Angewandte Ethik nicht als oberflächlicher und an Kompromissen orientierter Pragmatismus abqualifiziert werden. Kohärentistische Ethikansätze können sowohl in epistemologischer als auch in begründungstheoretischer Hinsicht überlegen sein: Handelnde orientieren sich ethisch in Situationen, indem sie sie sorgfältig betrachten und verschiedene Aspekte unterschiedlich gewichten. Praktische kluge Personen orientieren sich an einer Vielzahl von relevanten Gesichtspunkten und Methoden der Reflexion. Sie erachten nicht ausschließlich die Pflichtgemäßheit ihrer Absichten oder die ethische Qualität der Handlungsfolgen für ausschlaggebend. Viele philosophische Ethiken legen jedoch eine einseitige Konzeption ethisch relevanter Gesichtspunkte und Reflexions- bzw. Argumentationsmethoden nahe.

Angewandte Ethik ist prominent geworden vor allem durch den dringlichen Diskussionsbedarf in der Medizinethik. Hier ist Ethikberatung auch zuerst institutionalisiert worden. Ethikberatungsgremien (vor allem Ethikkommissionen und Ethikkomitees) sind interdisziplinäre Diskussionsforen. Ihre Aufgabe ist nicht die Entscheidung über ethische Probleme, sondern die Klärung von Problemkonstellationen und die Entwicklung argumentativer und konzeptioneller Lösungsstrategien. Ethikberatungsgremien verfolgen dabei fünf Ziele: (1.) Sensibilisierung der beteiligten Personen für ethische Probleme, (2.) Fallbezogene Empfehlungen für die Praxis, (3.) Sicherung des Vertrauens in die medizinische Institution, (4.) Vermittlung sozialer, kultureller und rechtlicher Rahmenbedingungen in den medizinischen Kontext, (5.) Die Entwicklung von Problemlösungen, die auch andere als im engen Sinne ethische Gesichtspunkte einschließen. Das Ziel der Ethikberatung ist Konsens, auch wenn das nicht immer bedeutet, dass alle Beteiligten sich einhellig mit den Empfehlungen und Lösungsangeboten identifizieren. Der Beratungsprozess hat drei Merkmale: Zum einen ist die Zusammensetzung der sich Beratenden interdisziplinär und Experten und Laien arbeiten zusammen. Zum anderen ist der Ausgang der Problemlösung die Betrachtung und Erörterung des Falles. Und letztlich geht es in der Regel nicht um Grundsatzlösungen, sondern um fallbezogene Klärung der ethischen Problematik, die zudem unter Zeitdruck erfolgen muss.

Aus den Gegebenheiten der Ethikberatung kann man einige Rückschlüsse für die Ethik ziehen. Traditionell haben in der philosophischen Ethik fundamentistische Ansätze ein starkes Gewicht. Hier muss man einen epistemologischen und einen begründungstheoretischen Fundamentismus unterscheiden. Gemeinsam ist solchen Ansätzen, dass sie in der Regel die Handlungsbewertung als Typologisierung betrachten. Ihre Frage ist nicht: Was ist in der Situation angemessen?, sondern: Ist diese Handlung x, insofern sie unter den Handlungstyp X fällt, erlaubt? Die ethische Qualität einer Handlung hängt somit von allgemeinen Normen ab und schließt situationsspezifische Kriterien aus. Man unterscheidet deduktivistische und induktivistische Ansätze. Als Gegenmodell und Alternative kann der Kohärentismus gelten. Kohärentistische Ethikansätze gehen davon aus, dass man zunächst ethisch relevante Gesichtspunkte identifizieren muss (wobei es hierfür kein methodisches Prinzip gibt), um sie dann zu gewichten und gegeneinander abzuwägen, bis ein kohärentes Bild der Situation entsteht. Dabei darf Kohärenz nicht auf formale Widerspruchsfreiheit reduziert werden. Dies wird dann deutlich, wenn man verschiedene Kohärenzaspekte unterscheidet (z. B. inferenzielle, explanatorische, deliberative, analogische und perzeptive Kohärenz). Zusammenfassend kann man Kohärenz als Stimmigkeit in der evaluativen Erfahrung charakterisieren.

Der Anwendungsbegriff hat in der Angewandten Ethik viele Facetten. Es kann Unterschiedliches gemeint sein, wenn man Ethik ‚anwendet'. Diese Facetten machen deutlich, dass ethische Orientierung in Situationen eine Suche nach Antworten auf unterschiedliche Fragen sein kann:

(1) Der Ethik-Experte wendet sein Wissen für Ethik-Laien verständlich an: Der Philosoph kann in diesem Sinne als Ethikexperte durch seine Expertise Laien ein Verständnis für Fragen der philosophischen Ethik vermitteln. *Wo liegen im Alltag nicht-offensichtliche ethisch relevante Dimensionen?*

(2) Die Theorie wird in der Praxis angewendet: Die philosophische Ethik entwickelt Theorien (im Elfenbeinturm), die dann von Philosophen und Nicht-Philosophen umgesetzt werden müssen. *Welche Orientierungskraft haben Konzepte der philosophischen Ethik?*

(3) Ethik bzw. Konzepte der allgemeinen Ethik werden auf bestimmte Problemkontexte wie z. B. auf die Medizinethik oder auf andere Bereiche übertragen (Umweltethik, Sozialethik, Genethik usw.). *Wie weit reicht die Orientierungskraft kritischer ethischer Erfahrung?*

(4) Abstrakte Prinzipien, die man z. B. durch die allgemein und abstrakt denkende Vernunft erkannt hat, werden konkretisiert, d. h. sie werden der lebensweltlichen Erfahrung einverleibt. *Wie funktioniert ethische Erkenntnis?*

(5) Allgemeine Prinzipien des Richtigen und Guten, z. B. die Menschenrechte, werden spezifiziert, indem man aus ihnen bspw. sozialpolitische Maßnahmen ableitet. *Wie wird ein situationsbezogenes ethisches Urteil gerechtfertigt?*

(6) Normen von universaler Geltung *müssen* partikular interpretiert werden: Das universale Verbot, Menschen zu töten, schließt nicht aus, dass in gewissen Situationen und unter bestimmten Umständen Ausnahmen gerechtfertigt sind (Notwehr, Tötung im Krieg, finaler Rettungsschuss). *Wie weit reicht der Geltungsanspruch von situationsbezogenen ethischen Urteilen?*

Man findet in Erläuterungen zu Gegenstand und Ziel der angewandten Ethik zumeist ein Amalgam aus verschiedenen Facetten des Anwendungskonzeptes. Nur selten werden die einzelnen Verwendungsweisen unterschieden und in ihrer ethischen Relevanz betrachtet.

Die Bedeutung der Situationswahrnehmung in der Angewandten Ethik verweist in epistemologischer Hinsicht auf die Konkretheit evaluativer Erfahrung. Situationen werden in ihrer evaluativ-normativen Bedeutung wahrgenommen und ihre Aspekte deliberativ gewichtet. Dies setzt auf den ersten Blick voraus, dass die Situation als Gegenstand einer Wahrnehmung evaluativ und normativ *ist*. Damit scheint Angewandte Ethik für einen Werterealismus in der Ethik zu sprechen. Von vielen Philosophen wird eine solche Position abgelehnt, weil Werte ontologisch ‚verquere' und ‚absonderliche' Aspekte der Welt wären (vgl. [22], bes. Kap 1, vgl. auch [23], 2.2 und 3.3.1, oder [5], Kap. 5f.). Die Realität von Werten wird bestritten, weil sie (scheinbar) nicht in ein naturwissenschaftliches Weltbild passen. Antworten auf diese Problematik fallen in den Bereich der philosophischen Ethik. Angewandte Ethik kann demgegenüber neutral bleiben: Solange fundamentistische Ethik noch keine vollständige nicht-provisorische Ethik anbieten kann und solange im Bereich der philosophischen Ethik noch kein Ethikansatz allgemeine Anerkennung gefunden hat, ist es philosophisch akzeptabel, mit dem Provisorium vorlieb zu nehmen. Als Provisorium bezieht Angewandte Ethik ihre Berechtigung aus ihrer Problemlösungskompetenz, indem sie der ethischen Orientierung im Handeln dient.

Lektürehinweise

- Grundsätzlich sind die in der Einleitung aufgelisteten Literaturhinweise relevant.
- Zur Konzeption und Funktion von Ethikkomitees vgl. [10] und [46] bzw. [37].
- Zum Ansatz und zur Begründung fundamentistischer Ethikansätze vgl. [20], [18], [22] und mit Bezug auf die Medizinethik [32].
- Zur Bedeutung des Kohärentismus in der Angewandten Ethik vgl. [26], [31] und [34].
- Im deutschen Sprachraum gibt es keine umfangreiche ‚Fallsammlung', daher sei auf [27] und [48] verwiesen. In den einzelnen Ausgaben von [220] erscheinen Fallbeschreibungen und Kommentare.

Fragen und Übungen

- Welche Typen von Ethikberatungsgremien kann man unterscheiden?
- Worin besteht die forschungsethische Problematik von Doppelblind-Versuchen?
- Erörtern Sie unter Bezugnahme auf den Fall der Karen Quinlan die Bedeutung des Situationsbezuges in der Angewandten Ethik.
- Welche Ziele verfolgt institutionalisierte Ethikberatung?
- Charakterisieren Sie das Verhältnis zwischen ethischer Weisheit und ethischem Wissen.

- Ist der in historischer und systematischer Hinsicht ausgebildete Philosoph ein Ethikexperte? Beantworten Sie die Frage sowohl mit ‚Ja' als auch mit ‚Nein' und begründen Sie beide Antworten.
- Was heißt es, dass der Fundamentismus in der Ethik zu einer ‚abstrakten' Ethik führt?
- Was versteht man unter begründungstheoretischem Fundamentismus?
- Was versteht man in der Ethik unter Kohärentismus?
- Erläutern Sie, wie sich der Kohärentismus zu den beiden anderen begründungstheoretischen Hauptparadigmen in der Ethik verhält.
- Begründen Sie mit Bezug auf die Tätigkeit in Ethikberatungsgremien, inwieweit der Kohärentismus *bloß* ein Intuitionismus ist.
- Warum muss es kein Problem für ein kohärentistisches Ethikverständnis darstellen, intuitionistisch zu sein?
- Skizzieren Sie kurz die beiden alternativen Konzeptionen von Bereichsethik.
- Stellen Sie am Beispiel der charakteristischen Fragen die verschiedenen Aspekte der Angewandten Ethik dar, die sich nur lose zu einem einheitlichen Konzept verdichten.
- Ziehen Sie nach der Lektüre dieses Kapitels wieder Ihre nach dem Lesen der Einleitung formulierten Erwartungen heran und formulieren Sie Erkenntnisfortschritte, die Sie gemacht haben. Worin sind Ihre Erwartungshaltungen zum Thema ‚Angewandte Ethik als Disziplin und Konzept' enttäuscht worden?

2 Medizinethik

Dieses Kapitel skizziert einige Problemfelder der Ethik im Bereich medizinischen Handelns. Hierbei hat zunächst die Medizin selbst ethische und moralische Bedeutung. Diskutiert werden das Arztethos (ärztliche Deontologie) und der Gesundheitsbegriff in ihrer praktischen Relevanz für das medizinische Handeln. Der Wert des menschlichen Lebens, auf dessen Achtung die Mediziner insofern zielen, als sie mit der Gesundheit einen wichtigen Aspekt eines lebenswerten Lebens herzustellen beabsichtigen, hängt eng zusammen mit dem Konzept der Würde des Menschen. Vorstellungen über das Wesen des Wertes des menschlichen Lebens haben praktische Relevanz. Wie schwierig es ist, die Reichweite und die konkrete Bedeutung des Lebensschutzes zu bestimmen, wird am Beispiel des therapeutischen Klonens bzw. der Forschung mit embryonalen Stammzellen, an der Organtransplantation und an der Diskussion über die Berechtigung der Euthanasie diskutiert.

2.1 Einleitung

Der Wert des Lebens soll nun in seiner vor und nachgeburtlichen Dimension betrachtet und die Erörterung auch auf das Ende des Lebens bezogen werden. Der Ausdruck ‚Wert des Lebens' ist eigentlich unangemessen, insofern es vornehmlich um den Wert *menschlichen* Lebens geht. Dieses gilt im Gegensatz zum tierlichen Leben innerhalb der Medizinethik als in zentralen Aspekten unantastbar. Bedauerlicherweise nimmt jedoch gerade in Bezug auf dieses Grundproblem verschiedener Diskussionsfelder die Debatte heftige und irrationale Züge an. Bedauerlich ist das besonders insofern, als im Kontext der modernen Medizin uralte Intuitionen der Menschheit nicht nur bezüglich des beginnenden und endenden menschlichen Lebens, sondern auch hinsichtlich der Vorstellungen über Gesundheit und Krankheit im Leben irritiert werden. Damit kommt der Medizinethik die im 1. Kapitel als zentral herausgearbeitete Funktion der Unterstützung bei der individuellen und kollektiven Suche nach Orientierung im Handeln zu. Denn die Suche nach Orientierung ist untrennbar mit derartigen Irritationen verbunden.

Abgesehen von konkreten Problemfeldern medizinethischer Diskussionen gibt es in der Medizin verschiedene Dimensionen und Aspekte, die man als ethisch bzw. moralisch relevant bezeichnen kann. Sie werden im zweiten Abschnitt dieses Kapitels besprochen (2.2). Hierbei geht es um das Arztethos (2.2.1), den Gesundheitsbegriff (2.2.2) und den Wert des menschlichen Lebens (2.2.3). Im Anschluss an diese Darstellung werden drei ausgewählte Themen der Medizinethik diskutiert (2.3): Forschung an embryonalen Stammzellen (2.3.1), Organtransplantation (2.3.2) und Euthanasie (2.3.3). Anhand dieser Diskussionsfelder sollen Argumente und Konzepte skizziert werden, die auch über den jeweiligen Problemkontext hinaus Bedeutung haben.

2.2 Ethik in der Medizin

Die Medizin ist seit ihren Ursprüngen Gegenstand ethischer Betrachtungen gewesen. Dies zeigt sich daran, dass Ärzte schon früh für ihr Handeln kritisiert wurden und dass sich ein allgemeiner Pflichtenkatalog entwickelt hat, der relative Konstanz besitzt, auch wenn die Ablehnung und Akzeptanz spezifischer Handlungen durchaus Veränderungen ausgesetzt war (2.2.1). Das Arztethos ist jedoch nicht der einzige ethisch relevante Gesichtspunkt in der Medizin. Grundlegende Begriffe der Medizin – Gesundheit und Krankheit – weisen als Konzepte eine ethische Dimension auf, insofern sich alternative Auffassungen durch differierende Wertgesichtspunkte und ihre Gewichtung unterscheiden (2.2.2). Debatten in der Medizinethik sind wesentlich davon geprägt, dass für den Wert des menschlichen Lebens ein angemessener Platz im individuellen und kollektiven Handeln gesucht wird. Zwar ist das Ziel des Lebensschutzes in der Medizin zentral, aber ihr Handeln gerät verschiedentlich in den Verdacht, sich gegen menschliches Leben zu richten und somit gegen den verfassungsrechtlich verankerten Würdeschutz zu verstoßen. In Abschnitt 2.2.3 werden daher gegensätzliche Konzepte der Menschenwürde skizziert.

2.2.1 Das Arztethos: systematische und historische Dimension

Berufsspezifische Normen versus Arztethos

Berufsgruppen entwickeln in der Praxis vor dem Hintergrund ihrer Kultur Normen und Wertmaßstäbe, die das berufliche Handeln begleiten und regulieren (vgl. grundsätzlich zur Philosophie der Medizin [51] und [66]–[69]). Viele dieser Wertgesichtspunkte dienen vornehmlich der Gewährleistung der Qualität der Produkte – seien dies Werkstücke oder Dienstleistungen. Wie muss ein Tischler verfahren, um aus seinem Werkstoff Holz gute, dauerhafte und vielleicht auch schöne Möbel herzustellen? Handwerkliche Normen gelten für die Bewältigung der Aufgaben, die sich in dem jeweiligen Gewerk stellen. Natürlich kennt auch die Medizin eine Fülle derartiger Normen und Wertmaßstäbe. Aber mit dem Begriff des Arztethos ist etwas anderes gemeint. Man spricht auch von ärztlicher Deontologie, also einem spezifischen Kanon von ethischen Pflichten im Bereich der Medizin. Auch ein Tischler könnte in Zusammenarbeit mit einem Schmied gegen fundamentale ethische Normen verstoßen, wenn sie gemeinschaftlich eine Guillotine herstellen. Das wäre dann verwerflich, wenn die Todesstrafe als Bestandteil des Rechts unsittlich wäre. Man würde allerdings – und hier ist der wesentliche Unterschied zur ärztlichen Deontologie zu sehen – diese moralische Norm nicht als spezifisch tischlerisch bezeichnen. Allgemeine ethische Gesichtspunkte gelten für die verschiedensten Berufsfelder, ohne dass man von einer spezifischen *Berufsethik* sprechen würde (vgl. grundsätzlich zu ethischen Aspekten der Medizin [55], [58], [60], [70]).

Gesundheit als moralisches Gut

Das Arztethos als ein in der Medizin zentraler ethischer Pflichtenkanon hat seinen Ursprung in dem Charakter, den das Gut Gesundheit im Leben von Menschen besitzt (vgl. zu Gesundheits und Krankheitskonzepten [52]–[54], [59], [62] f., [65]). Gesundheit ist ein wesentlicher Aspekt der Lebensqualität. Seit der Antike ist es bspw. das Bestreben, Städte an solchen Orten zu errichten, die der Gesundheit ihrer Einwohner (zumindest) nicht abträglich sind. Dies ist ein Ausdruck davon, dass Gesundheit auch als ein Resultat eines harmonischen Verhältnisses des individuellen und kollektiven Handelns zur Natur angesehen wird. Entsprechend werden Krankheiten oft auch als Strafen (Gottes oder der Natur) für moralische Vergehen angesehen, insofern man sich in seinem Handeln gegen ein ausgewogenes Verhältnis zur menschlichen und allgemeinen Natur gewandt hat. Heute gilt Gesundheit als ein Gut, das ebenso wie Bildung und Vermögen in der Gesellschaft gerecht verteilt werden sollte – bspw. durch eine gesundheitliche Mindestversorgung, auf die jeder Anspruch und Anrecht hat. Zentral bleibt die Bedeutung der Gesundheit auch dann, wenn man ein gelingendes Leben nicht auf ein Leben in Gesundheit reduzieren darf. Ihre moralische Dimension liegt darin, dass die Abwesenheit von Gesundheit – also Krankheit – in aller Regel mit Leiden und Hilfsbedürftigkeit verbunden ist.

Zwar gehört das von Krankheiten verursachte Leiden zum Menschsein dazu, aber in der Regel reagiert man auf die Krankheiten anderer mit einer Veränderung der Haltung ihnen gegenüber. Man fühlt mit und zeigt sich mitleidig, hilfsbereit und solidarisch. Als Kranker erwartet man in der Regel entsprechende Reaktionen. Unheilbarkeit von Krankheit verursacht in Nichtbetroffenen ein Gefühl der Hilflosigkeit. Kranke selbst fühlen sich durch ihren Status verletzt – und nicht nur durch die Krankheit als solche –, weil sie vielfach nicht mehr in der Lage sind, in vollem Umfang oder überhaupt für sich selbst zu sorgen. Die Medizin als diejenige Kunstfertigkeit oder Wissenschaft, deren Handeln sich auf Wiederherstellung und Bewahrung von Gesundheit konzentriert, ist für die Behandlung nicht nur im Sinne einer Serviceleistung zuständig, sondern auch in bestimmtem Maße verpflichtet. So muss jeder Arzt in lebensbedrohlichen Situationen ärztlich tätig werden. Im Einzelnen spricht man traditionell von medizinischer Deontologie als dem Kern des Arztethos in folgenden Hinsichten:

Der Pflichtenkanon der ärztlichen Deontologie:

(1) *Schweigepflicht:* Der Patient kann darauf vertrauen, dass intime Informationen seines Krankseins und seiner persönlichen Situation den Rahmen des Arzt-Patient-Verhältnisses nicht ohne oder gar gegen seine Zustimmung verlassen. Der Patient darf darauf vertrauen, dass seine Beziehung zu seinem Arzt in besonderer Weise vertraulich ist. Der Arzt darf der Polizei oder anderen staatlichen Behörden gegenüber keine Auskunft geben oder Einsicht in die Patientendaten gewähren.

(2) *Lebenserhaltung:* Medizinisches Wissen kann oft auch dazu benutzt werden, den Kranken zu töten oder ihm zumindest zu schaden. Arzneien beispielsweise sind einzeln oder in Kombination und je nach Dosierung giftig oder machen den Patienten süchtig. Der Arzt kann also in seinem Handeln auch nicht-heilend wirken und somit gegen die Gesundheit des Patienten agieren, bspw. aus verbrecherischer Absicht oder als Forscher.

(3) *Sorge für das Wohl des Patienten:* Wenn der Arzt nicht therapeutisch heilen kann, dann kann er vielleicht noch Leiden lindern. Das Wohl des Patienten ist also nicht immer mit Gesundheit als dem zentralen

Ziel der Medizin gleich zu setzen. Insbesondere aber ist der Arzt nur dem Patienten gegenüber verantwortlich und nicht Dritten (Krankenkassen, Gesellschaft). Der Arzt sorgt somit nicht primär für sein eigenes Wohl, etwa sein Einkommen oder die Erweiterung des Wissens, und ebenso wenig für das Wohl der Gesellschaft.

(4) *Dankbarkeit* gegenüber seinen Lehrern und *Kollegialität:* Mediziner verpflichteten sich in der europäischen Tradition schon früh auf ein Berufsverständnis, das sie einem Berufstand zuordnet. Mediziner sind nicht Gewerbetreibende im klassischen Sinne, insofern erhalten sie für ihre Leistungen Honorare. Sie sind in Deutschland Pflichtmitglieder in ständischen Organisationen (Ärztekammern), die eine eigene Gerichtsbarkeit haben. Im Gegensatz zu Handwerkern – auch zünftisch organisierten – haben Ärzte *untereinander* eine Verpflichtung zur Weitergabe ihres fachlichen Wissens an Kollegen in Form von Lehre und Beratung.

Dieser Pflichtenkanon ist natürlich eine normative Idealisierung. Ärzte haben immer auch zu ihrem eigenen Wohl gehandelt, insofern sie ihre Wissenschaft und Kunst als Beruf zu ihrem Lebensunterhalt ausüben. Und die Ressourcen, die ein Arzt bei einer Behandlung einsetzt, belasten entweder die Finanzkraft des Patienten oder – in einem solidarischen Gesundheitssystem – die Solidargemeinschaft. Insofern fehlen sie an anderer Stelle. Auch war die Medizin nie nur auf die individuelle Gesundheit ausgerichtet. Insbesondere jedoch seit dem Ersten Weltkrieg wurde die ‚Gemeinwohlverpflichtung' in das Standesethos integriert (vgl. [60]). Weiterhin kennt die ärztliche Schweigepflicht Ausnahmen, etwa dann, wenn Dritte durch einen Patienten gefährdet werden. Bisweilen kann sie sogar Bestandteil des ärztlichen Handelns im Sinne einer gezielten Information Dritter werden, wenn bspw. ein Patient, etwa im Fall einer HIV-Infektion, nicht genügend oder richtig mit für ihn und seine Gesundung wichtigen Personen kommuniziert.

Die Problematik der ärztlichen Deontologie (1. Teil)

Die so genannte ärztliche Deontologie beruht auf dem besonderen moralischen Charakter des Gutes ‚Gesundheit' und des auf es hin ausgerichteten Handelns. Diese Deontologie tritt auf in Form einer Sammlung von universal formulierten Geboten, auf die Mediziner vereidigt werden. Ihr Ziel ist es, das Leben dadurch zu achten, dass Gesundheit wieder hergestellt oder entsprechende Vorsorge getroffen wird. Heute gerät diese Deontologie unter Veränderungsdruck. Denn der Fortschritt medizinischen Handelns führt dazu, dass Leben und Lebensqualität als Ziele des gemeinsamen Gesundheitsstrebens von Arzt und Patient vermehrt auseinandertreten können. Ein Arzt muss sich im Bereich der Intensivmedizin beispielsweise fragen, was es in einem bestimmten Fall heißt, medizinisch zu handeln und dabei am Wohl oder an der Lebenserhaltung des Patienten orientiert zu sein. Wie Erfolg versprechend ist eine medikamentöse Therapie oder ein chirurgischer Eingriff in Relation zur wahrscheinlich resultierenden Lebensqualität? Die konkrete Ausdeutung der praktischen Bedeutung dieses Pflichtenkanons verändert sich gegenwärtig. Leben, Gesundheit und Lebensqualität sind grundsätzliche Werte medizinischen und nicht-medizinischen Handelns, aber Leben ohne Lebensqualität ist allzu oft das irritierende Ergebnis (technisch) guten medizinischen Handelns.

Seit der Antike wird der Hippokratische Eid tradiert. Durch ihn verpflichten sich alle Ärzte auf den Pflichtenkanon, der oben kurz skizziert wurde. Dieses Gelöbnis wurde modernisiert und die resultierenden Pflichten aufgrund historischer Erfahrungen weiter spezifiziert. So gibt es die 1948 vom Weltärztebund beschlossene Neufassung der ärztlichen Berufspflichten: das *Genfer Ärztegelöbnis*. Es wurde mit geringfügigen Veränderungen von den deutschen berufsständischen Institutionen für ihre Mitglieder übernommen. In Reaktion auf grausame Erfahrungen mit einer ideologisch verfehlten Berufsauffassung vieler Ärzte im nationalsozialistischen Deutschland wurde in der Nachkriegszeit immer wieder hervorgehoben, dass ärztliches Handeln unabhängig zu sein habe von weltanschaulichen Positionen, Nationalität, Rasse usw. Darüber hinaus wird von Ärzten erwartet, selbst unter Bedrohung, z. B. von staatlichen Institutionen, sich nicht in Widerspruch zu den Geboten der Menschlichkeit zu setzen. Auf menschenverachtende Forschungen im so genannten ‚Dienste an der Volksgesundheit' reagierte man im Rahmen des Nürnberger Ärzteprozesses (1947) mit dem ‚Nürnberger Kodex', in dem Verhaltensrichtlinien festgelegt wurden, die in der Urteilsbegründung eine zentrale Rolle spielten. Dieser Kodex wurde weiterentwickelt und vom Weltärztebund in Deklarationen (Helsinki 1964, Tokio 1975) als verbindlich verabschiedet. Dennoch hat sich dieser Pflichtenkanon seit der Antike nicht wesentlich verändert. Erst in neuerer Zeit gerät er unter einen erheblichen Veränderungsdruck.

Die Problematik der ärztlichen Deontologie (2. Teil)

In der Antike war die normative Kraft des Arztethos vorwiegend gegen individuelle Verfehlungen von Ärzten gegenüber ihrem Patienten gerichtet. Nach dem Zweiten Weltkrieg richtete sich die Neuorientierung des Arztethos gegen eine zu starke Indienstnahme der Medizin für ein vermeintliches ‚Gemeinwohl'. Die daraus resultierende Auffassung der medizinischen Pflichtenlehre verstand diese als Set von universal geltenden Normen ärztlichen Handelns. Problematisch ist daran heute nicht mehr nur das universalistische Normverständnis, sondern auch die Konzentration auf ärztliches Handeln. Denn die Medizin als ein Handlungsfeld hat sich seit den 60er Jahren des 20. Jahrhunderts gravierend verändert. Insbesondere die klinische Arbeit ist von einer Fragmentarisierung der verschiedenen Teildisziplinen gekennzeichnet, weshalb nicht mehr nur *ein* Arzt mit dem Patienten in Kontakt tritt, sondern ganze Ärzteteams. Hierdurch verändert sich das traditionelle Verhältnis zwischen Arzt und Patient gravierend, so dass die Regeln des Arztethos nicht mehr ohne weiteres anwendbar sind. Beispielsweise führt die Beendigung lebenserhaltender Maßnahmen (künstliche Ernährung) in absehbarer Zeit zum Tode eines Patienten. Eine solche Handlung verstößt *prima facie* gegen das tradierte Nicht-Schadensgebot. Man kann hierbei jedoch in der Arzt-Patient-Beziehung nicht einfach auf der Arztseite ein ‚Arztkollektiv' ansetzen. Durch Auseinanderentwicklung der vielen Teildisziplinen verlieren spezialisierte Ärzte den Gesamtpatienten aus dem Auge, weil sie nur noch auf Teilaspekte des Krankheitsgeschehens konzentriert sind und auch nur noch hierfür verantwortlich sein können.

Nach dem Zweiten Weltkrieg unterliegt das Arztethos jedoch noch weiteren Veränderungen. Liberalismus und Pluralismus als wichtige Prinzipien von Kultur und Gesellschaft führen zu einer Stärkung der *Patientenautonomie*. Dies ist im Bereich der Medizin ein Reflex auf die grundsätzliche Bedeutung der Autonomie als Element der individuellen Vorstellung eines gelingenden Lebens. In der Medizin haben sich aufgrund der massiven Erweiterung der Handlungsoptionen die Entscheidungsmöglichkeiten radikal erweitert. Dies ist aber nicht nur so zu verstehen, dass Ärzte in Diagnose, Prognose und Therapie mehr Handlungsspielräume besitzen. Vielmehr wird im Kontext medizinischen Handelns derjenige Bereich an Entscheidungsfragen immer größer, in dem Entscheidungen nicht mehr wesentlich oder ausschließlich von medizinischen Kriterien abhängen. Damit werden bei der Wahl vieler Handlungsoptionen in der Medizin nicht-medizinische Kriterien relevant, und dementsprechend wird die ärztliche Entscheidungskompetenz relativiert. Zwei Beispiele seien angeführt:

(1) Es wird eher Sache von Ärzten sein, zu entscheiden, welche von mehreren Chemotherapien für einen Patienten besser ist; aber ob eine Chemotherapie für einen Patienten überhaupt sinnvoll ist, kann eine Entscheidung sein, bei der ein Arzt lediglich beratend tätig sein sollte, indem er bspw. über medizinische Aspekte der verschiedenen Optionen informiert. Es kann sein, dass ein Patient eine medizinisch sinnvolle Maßnahme ablehnt, weil die aus ihr resultierende Belastung nicht mit seinen Vorstellungen von Lebensqualität zusammenpasst.

(2) Auch Entscheidungen hinsichtlich der Verteilung knapper medizinischer Güter, z. B. von Spendeorganen, können nur teilweise nach medizinischen Kriterien gefällt werden. Hierzu gehören Fragen wie: Verträgt der mögliche Empfänger derzeit eine Implantationsoperation? Ist dieses Organ x für diesen Patienten y biologisch geeignet? Dagegen betrifft die Frage, ob ein gutes Organ, das für zwei Patienten medizinisch geeignet wäre, an den jüngeren (25-jährigen) oder den älteren (80-jährigen) vergeben werden soll, kein rein medizinisches Problem (vgl. [95]).

Zwei Charakteristika des Gesundheitskonzeptes

Das Schlagwort des Respekts vor der Autonomie verweist darauf, dass Gesundheit ein Gut darstellt, das zwei Charakteristika aufweist (vgl. u. a. [54], [62] f.).

Individuelle und kulturelle Aspekte des Gesundheitskonzeptes:

(1) *Individuelle Aspekte:* Personen haben unterschiedliche Vorstellungen von einem gelingenden Leben. Das schließt ein, dass Gesundheit als ein Gut im Leben von Menschen einen jeweils spezifischen Platz einnehmen kann und dass ihr ein jeweils eigenes Gewicht zukommt.

Natürlich gibt es Kernbereiche des Gesundheitsverständnisses, in denen die meisten Menschen in ihren Bewertungen nahezu übereinstimmen. In früheren Zeiten war die Medizin weitestgehend auf diese Kernbereiche beschränkt, so dass sich Fragen wie: Soll man x tun oder nicht oder vielleicht eher y? oder: Will der Patient x?, eher seltener stellte. Erst seit man intensivmedizinische Behandlungsverfahren entwickelt hat, gibt es überhaupt das Problem der komatösen Patienten und Angehörigen, die stellvertretend für die kranke Person einen Behandlungsabbruch fordern. Erst im Kontext moderner Hochleistungsmedizin kann es überhaupt derartige Fragen und somit abweichende individuelle Entscheidungen geben.

(2) Kulturelle Aspekte: Vorstellungen von Gesundheit sind außerdem ein Gut im Leben von Menschen, das abgesehen von Kernbereichen kulturvariant und innerhalb einer pluralistischen Gesellschaft einer gewissen Bandbreite unterworfen ist.

Deutsche Patienten fallen in Großbritannien unangenehm auf, weil sie fordernd sind: Sie fordern die beste und neueste Behandlungsmethode und sind über Optionen aufgeklärt. In Großbritannien werden aber nur empirisch bewährte Standardmethoden im öffentlichen *Health-Care-System* angeboten, so dass der Hinweis auf eine neue in den USA entwickelte Therapie wirkungslos bleibt. In Deutschland herrscht bei Patienten grundsätzlich eher ein Anspruchsdenken vor, in Großbritannien eine eher ökonomistisch-fatalistische Einstellung: Bei einem Kind, das in Großbritannien über Ohrenschmerzen klagt, untersucht der Arzt das Ohr, in den Vereinigten Staaten von Amerika und Deutschland wird es den Oberkörper frei machen müssen, und es werden die Lungen und der Hals untersucht. Das ist in gewisser Weise unökonomisch, weil *in der Regel* hierdurch keine diagnostischen oder therapeutischen Informationen gewonnen werden. Man scheint in den Vereinigten Staaten und in Deutschland die Maßstäbe angemessenen medizinischen Verhaltens eher an den wenigen Ausnahmefällen auszurichten.

Zwar stellt Gesundheit ein Gut dar, nach dem jeder Mensch strebt, aber was man dafür zu tun bereit ist, welchen Aufwand man betreibt und wie sich dieses allgemeine Streben manifestiert, hängt von komplexen individuellen und kulturellen Wertvorstellungen ab. Diese Wertvorstellungen können nicht auf die Medizin allein bezogen werden. Somit gehen in den medizinischen Entscheidungsprozess heute aufgrund der zur Verfügung stehenden Handlungsoptionen, die aus dem medizinischen Fortschritt resultieren, mehr Normen und Werte mit ein, für die nicht wesentlich Mediziner Kompetenz und Autorität besitzen – beispielsweise individuelle Vorstellungen und divergierende Auffassungen einer pluralistischen Gesellschaft. Man kann diese Diagnose damit zusammenfassen, dass die *moralische Autarkie* der Medizin verloren gegangen ist (von griech. *autarkeia* = Selbstgenügsamkeit).

Medizinischer Paternalismus versus Dienstleistungsmedizin

Im Kontext dieser Entwicklung gibt es eine widersprüchliche Dynamik, die aus medizinethischer Sicht wichtig ist. Der Verlust der moralischen Autarkie der Medizin führt dazu, dass klassische Vorstellungen von Entscheidungsprozessen im Kontext medizinischen Handelns, in denen Ärzte als aktiv und dominierend erscheinen, heute dem Vorwurf des Paternalismus ausgesetzt sind (von lat. *pater* = der Vater). Das gewissermaßen väterliche Regiment des Arztes im Sinne eines *Familienoberhauptes*, das *wohlwollend* für *unmündige* Familienmitglieder entscheidet, steht im Widerspruch zum Wert der individuellen Selbstbestimmung in unserer Gesellschaft. Zugleich jedoch stellt die Entwicklung der Medizin hin zu einer (neutralen) Dienstleisterin ein Problem dar. Dass Mediziner über eine bestimmte Kompetenz verfügen, unterscheidet sie zunächst nicht von beispielsweise Handwerkern. Aber Gesundheit als ein Gut und Krankheit als ein Leiden verursachender Mangel können nicht immer als ein bloßes Servicegut angesehen werden. Denn Krankheit kann durch Schmerzen und durch psychologische Auswirkungen gravierender Diagnosen, schlechter Prognosen und belastender Therapien *autonomiegefährdend* sein. Das unmittelbar durch eine Therapie wie z. B. die Chemotherapie verursachte Leid kann dem Patienten den Blick für den vielleicht erreichbaren Behandlungserfolg trüben. Ein Patient, der erfährt, dass er in Zukunft von Dialyse abhängig sein wird, kann darauf mit Selbsttötungsabsichten reagieren, denen man gerecht werden muss. Man wird ihnen aber in aller Regel nicht gerecht, indem man sie als Ausdruck mündiger Entscheidungen ansieht und bedingungslos akzeptiert, sondern indem man hier therapeutisch beisteht.

Informierte Zustimmung

Medizinisches Handeln muss also den Respekt vor der Autonomie mündiger Patienten in das traditionelle Arztethos integrieren lernen (vgl. [26], [56] f., [64]). Generell heißt das, dass der Arzt seinen Patienten in medizinischer Hinsicht berät, soweit dies für eine mündige Entscheidung des Patienten und seiner Angehörigen notwendig ist. Es ist dabei wichtig, dass jede Person, die im rechtlichen Sinne als mündig und entscheidungsfähig gilt, einer medizinischen Maßnahme nach Information und Aufklärung zustimmen muss. Ihre Zustimmung ist notwendige Bedingung. Gegen ihre Zustimmung darf kein Arzt eine Behandlung aufnehmen oder fortsetzen. Demgemäß gelten Kinder, Komatöse, Altersdemente und andere Patienten als nicht zustimmungsfähig, und zumeist tritt eine vertretungsberechtigte Person hinzu, die für solche Patienten entscheidet. Es bleibt aber weiterhin offen, ob eine Zustimmung oder Willensäußerung automatisch bedeuten muss, dass der Wille des Patienten auch in jeder Hinsicht hinreichend ist. Es kennzeichnet den Entscheidungsträger am freien Markt, dass er als Käufer eine Leistung bekommt, sofern es ein Angebot gibt und er es sich leisten kann. Immer wenn jemand etwas bekommen möchte, was er sich leisten kann und was auf dem Markt verfügbar ist, bekommt er es auch. In der Medizin herrscht traditionell ein eher paternalistisches Grundverständnis: Selbst wenn der Patient als Kunde etwas bekommen möchte, z. B. eine Therapie, kann der Arzt aufgrund seines medizinischen Selbstverständnisses Vorbehalte äußern. Diese können dazu führen, dass dem Willen des Patienten auch dann, wenn dieser rechtlich mündig ist und er ausreichend informiert eine Maßnahme für sich als sinnvoll erachtet, Widerstand entgegengesetzt wird – man denke nur an verschreibungspflichtige Arzneimittel. Insbesondere in einem Gesundheitssystem, das auf solidarischen Prinzipien der Finanzierung beruht, bedarf autonome Nachfrage nach Gesundheitsgütern einer Feststellung der Berechtigung.

2.2.2 Weitere ethisch relevante Aspekte des Gesundheitsbegriffes

Das zentrale Ziel medizinischen Handelns ist die Wiederherstellung, Erhaltung und Vorsorge für die Gesundheit einzelner Patienten und der Bevölkerung. Gesundheit ist dabei die Abwesenheit von Krankheit. Wenn man etwas vorsichtiger sein möchte, dann ist Gesundheit die Abwesenheit von Leid, das durch Krankheit verursacht wird. Denkt man jedoch an komatöse

Menschen, die gerade nicht leiden, wird man dennoch nicht von Gesundheit sprechen können. Abwesenheit von Leid kann auch nicht auf die Abwesenheit von Schmerzen reduziert werden, insofern ein Sterbender im Hospiz durch Medikamente schmerzfrei sein kann, aber an der Vorstellung des unausweichlichen Todes leidet. Weder Gesundheit noch Krankheit sind klar umrissene Begriffe. In der Medizinethik gibt es zwei zentrale Hinsichten, in denen Gesundheit (bzw. Krankheit) in der Diskussion als ethisch relevantes Konzept eingesetzt wird.

Gesundheit als ethisch relevantes Konzept:

(1) Das Konzept der Gesundheit: Hier stehen ein naturwissenschaftlicher und ein praktisch-evaluativer Gesundheitsbegriff einander gegenüber. Man kann Krankheit als zu behandelnden Gegenstand der Medizin objektivistisch betrachten als eine Störung funktionaler Zusammenhänge im Organismus. Demgegenüber steht ein Krankheitsbegriff, der an der Teilnehmerperspektive orientiert ist, d. h. an dem Leid, das jemand als Indiz für eine Krankheit erachtet.

(2) Krankheit stellt auch einen Aspekt des menschlichen Lebens dar, der untrennbar mit diesem verbunden ist. Das Streben nach Gesundheit kann daher seinerseits ‚krankhaft' sein und ethisch bedenklich. So können Patienten selbst in ausweglosen Situationen noch nach dem letzten vermeintlichen Strohhalm greifen. Aber auch Ärzte können, weil sie auf bestimmte Aspekte eines Krankheitsbildes konzentriert sind, die Gesamtsituation des Patienten außer Acht lassen (z. B. dass ein Patient aufgegeben hat und keine Lebensverlängerung mehr um jeden Preis möchte). Und Ärzte können – so der Vorwurf – an ethisch bedenklichen Gegenständen forschen, die nur dadurch gerechtfertigt werden, dass sie universale Gesundheit versprechen.

Zu 1: Naturwissenschaft versus Lebenswelt

Die Leistungen der modernen Medizin können kaum ohne die Methoden und die resultierenden Ergebnisse der Naturwissenschaften gedacht werden. Ihr Streben nach objektiver Erkenntnis wurde schon am Beispiel des Doppelblindversuches angedeutet. Generell kann man den Organismus – naturwissenschaftlich gesehen – als einen komplexen Mechanismus betrachten, der im Gesundheitsfall reibungslos funktioniert und im Krankheitsfall gestört ist. Krankheit kann man in diesem Sinne als Dysfunktion definieren. Störungen bedürfen einer Reparatur. Den Organismus als einen Mechanismus zu betrachten heißt für die Medizin, dass Krankheit ein objektivierbares Geschehen im Organismus ist. Wie die Zahnräder einer Uhr, so können auch organismische Funktionselemente erlahmen: Das Herz wird schwach, eine Herzklappe versagt ihren Dienst, die Inselzellen produzieren kein Insulin mehr, die Knochen werden zerbrechlich, die Nervenzellen bilden sich zurück usw. Der jeweilige Mangel oder das Defizit kann von der Medizin hoffentlich (1) identifiziert (Diagnose), (2) in seiner Relevanz abgeschätzt (Prognose) und (3) behoben werden (Therapie).

In keinem dieser Bereiche gleicht die Medizin den Naturwissenschaften im engeren Sinne, bspw. der Physik oder der Chemie. Die Gesetzmäßigkeiten in der Medizin können nicht mathematisch hergeleitet oder begründet werden. Es gelten auch keine exakten Grenzen. In der Medizin werden vielmehr zumeist Normbereiche definiert: ‚Normaler Blutdruck' ist definiert als ‚von … bis …' und gilt außerhalb dieser Marge als ‚zu hoch' oder ‚zu niedrig'. Der Normwert ist aber nicht nur nicht exakt, er gilt auch nicht universal wie etwa die Naturgesetze. Denn es gibt immer wieder menschliche Individuen, für die ein ‚hoher Blutdruck' normal ist. Trotzdem kann man sagen, dass die Medizin insofern naturwissenschaftlich ist, als sie, wenn auch nicht mit dem Exaktheits- und Universalitätsgrad anderer Naturwissenschaften, dennoch wissenschaftliche im Sinne von teilweise objektivierbaren Methoden und Ergebnissen aufweist. Das heißt insbesondere, dass man viele Krankheitsaspekte unabhängig vom subjektiven Befinden feststellen kann: Man ermittelt Blutwerte, macht eine Röntgenaufnahme, liest Hirnströme usw. Diese Diagnosen haben eines gemeinsam: Selbst wenn der Patient an bestimmten Beschwerden leidet, hat er keine direkte, ihm subjektiv bewusste Kenntnis von der Dysfunktion. Man spürt nicht, dass der Blutdruck 160-zu-95 (mmHg) beträgt oder systolisch unter 110 (mmHg) liegt, sondern man empfindet vielleicht Kopfschmerz oder fühlt sich schwindelig und ist leicht ermüdbar.

Doch schon die Deutung objektiver Befunde weist auf eine nicht-naturwissenschaftliche Dimension des Krankheitsbegriffes hin. Denn in den USA beispielsweise wird niedriger Blutdruck – im Gegensatz zu Deutschland – nicht unbedingt als Indiz für eine Krankheit gesehen. In Großbritannien heißt niedriger Blutdruck ‚the German disease'. Ein objektives Merkmal der Physiologie eines Organismus wird abhängig vom kulturellen Kontext einmal als Krankheit und ein anderes Mal als unbedeutend erachtet. Mehr noch: Gesundheit ist zugleich ein praktisch-evaluatives Konzept. Denn der objektive Befund wird zumeist nur im Kontext von Vorstellungen wahrgenommen, die ihm praktische Relevanz verleihen. Für die eine Frau sind die Wechseljahre eine Art Krankheit, für eine andere sind sie Bestandteil ihres Lebens. Oft genug sind Rückenschmerzen, vielleicht sogar solche erheblichen Ausmaßes und von beträchtlicher Hartnäckigkeit, weniger eine Krankheit als normale Begleiterscheinung einer bewusst gewählten Lebensweise. Doch das gerät zumeist gar nicht ins Blickfeld, weil es Behandlungen gibt, die an den Symptomen ansetzen. Generell ist es schwierig, die praktisch evaluativen Aspekte von Gesundheit und Krankheit zu artikulieren oder zu explizieren.

Zusammenfassend kann man sagen: Was als Krankheit gilt und was daraus praktisch folgt, ist konventionell, d.h. abhängig von Wertsetzungen, aber nicht vollkommen arbiträr bzw. willkürlich. Es ist konventionell insofern, als es von kulturellen und sozialen Vorstellungen abhängt oder auch von ökonomischen Interessen. Es ist aber nicht arbiträr, weil es auch objektive Aspekte des Krankheitsgeschehens gibt. Ein Symptom, das auf der Basis verschiedener Indizien, z.B. der Blutwerte, identifiziert wird, bedarf der Interpretation, damit es ein bedeutsames Zeichen für Krankheit oder Gesundheit wird. In diesen Interpretationsschritt gehen kulturell geprägte praktisch-evaluative Vorstellungen mit ein. Überdies sind auch individuelle Reaktionen wie etwa die Haltung der Abwehr, Verdrängung oder Akzeptanz einer Krankheit gegenüber wichtige Faktoren.

Ethisch bedeutsam ist die Ambivalenz des Krankheitsbegriffes zwischen naturwissenschaftlichem Konzept und lebensweltlicher Perspektive, weil man Krankheit und Gesundheit nicht auf einen der beiden Aspekte reduzieren darf. Man kann objektiv totkrank sein, ohne sich subjektiv dementsprechend zu fühlen. Man sollte vorsichtig sein, das subjektive Leiden einer Person zu ignorieren, nur weil kein objektiver Befund vorliegt. Aber auch wenn subjektiv erlebte und lebensweltliche Aspekte von Krankheit relevant sind, darf man objektive nicht außer Acht lassen. Denn auch wenn subjektives Leiden – sofern es aufrichtig empfunden wird – immer relevant ist, muss es nicht immer auf eine somatische Krankheit hindeuten, selbst wenn es sich für den Leidenden selbst so darstellt. Krankheiten werden auch dadurch zu Krankheiten, dass sie gesellschaftliche Anerkennung finden. Dies ist nun wiederum in dem Sinne ethisch relevant, dass eine Ausdehnung des Krankheitsbegriffes im Gesundheitssystem Folgen hat, beispielsweise in Form von Kostenübernahme durch Krankenkassen oder Chancen auf dem Arbeitsmarkt.

Zu 2: Krankheit als naturgegeben

Das Argument, dass die Medizin sich selbst beschränken solle, weil nicht jedes Streben nach der Realisierung ihres zentralen Gutes der Gesundheit ethisch vertretbar ist, kennzeichnet einen weiteren ethisch relevanten Gesichtspunkt des Krankheits- bzw. Gesundheitskonzeptes. Das ethische Argument besteht in diesem Zusammenhang darin, dass die Verfolgung eines im Allgemeinen moralisch akzeptablen Zieles dann auszusetzen ist, wenn es mit moralisch unakzeptablen Mitteln erreicht werden soll. Die Tötung von geklonten Embryonen mit dem Zweck, aus ihnen Zellgewebe zu gewinnen, das man beispielsweise Parkinsonerkrankten als Therapeutikum verabreichen kann, wird von manchen als verwerflich angesehen. Auch ist Organtransplantation eine im Prinzip moralisch akzeptable Therapie der Medizin, aber ihre Realisierung durch einen Organhandel, der die Armut von Menschen in der so genannten Dritten Welt ausnutzt, gilt zumeist als verwerflich. Und die Tötung von Patienten für den Fall eines aussichtslosen und sehr quälenden Krankheitsverlaufes wird von vielen als moralisch bedenklich angesehen. In diesen Fällen kommt es faktisch zu einer Insistenz darauf, dass Krankheit aus moralischen oder ethischen Gründen akzeptiert werden muss, insofern es Handlungsoptionen gibt, die vielleicht gewählt werden *könnten*, aber nicht gewählt werden *sollten*.

Ein besonderes Anwendungsgebiet dieses Argumentes ist die Forschung. Forschung dient nicht nur der Erweiterung des Wissens, sondern auch der Schaffung von neuen Handlungsoptionen. Dabei ist Forschung in der Regel ‚fremdnützig', weil mögliche Erfolge der Erforschung neuer therapeutischer Optionen nicht mehr denjenigen nützen werden, an denen die Forschung stattfindet. Insofern werden Patienten zu ‚Versuchskaninchen'. Hierbei stellt sich immer wieder die Frage, ob mögliche spätere Erfolge rechtfertigen, dass man Patienten gegenwärtig Gefahren aussetzt oder ihnen gar zusätzliches Leid und vielleicht unbegründete Hoffnungen aufbürdet. Es gibt kein menschliches Leben ohne Krankheit und Sterben und die daraus resultierenden Schmerzen und Leiden. Der Arzt, Forscher, Patient und Angehörige ebenso wie die Gesellschaft müssen sich fragen, ob der Drang zu medizinischer Hilfeleistung und Erforschung neuer Optionen in bestimmten Bereichen von der Vorstellung ewiger Jugend und unvergänglicher Gesundheit geleitet ist. Ist diese Vorstellung zentral und handlungsleitend, so muss man sich bewusst machen, dass die denkbare oder wahrscheinliche Erweiterung von Handlungsoptionen kein prinzipiell ausschlaggebender Rechtfertigungsgrund für Forschungen oder die Anwendung von Therapien in der Medizin darstellt. So natürlich Kranksein für Menschen als leiblich-seelische Wesen ist, es war und ist ebenso natürlich danach zu streben, die Natur zu beherrschen und sich von ihrem schicksalhaften Einfluss unabhängig zu machen. Der Mensch ist Natur, steht ihr aber zugleich gegenüber. Ohne Beherrschung und Manipulation der Natur wären die positiven Auswirkungen der modernen Medizin nicht erreichbar gewesen. Es bedarf also immer wieder einer erneuten umsichtigen Abwägung, welche Forschung – auch potenziell erfolglose, die für Leid und Tod von Patienten mitverantwortlich sein wird – ethisch akzeptabel erscheint (vgl. [61]).

2.2.3 Der Wert des menschlichen Lebens

Würde als Tabu

In der philosophischen Ethik vor Kant und auch in der vorkantischen Aufklärung, vielleicht mit Ausnahme der Stoa, spielt der Würdebegriff keine zentrale Rolle. Kants Konzept der Würde orientiert sich an der Freiheit von Menschen als vernunftbegabten Wesen. Es wurde – zumindest für Ethikdebatten in Deutschland – zentral. Der Verweis auf die Würde dient in der Regel der Begründung eines Handlungsverbotes: „Die Würde des Menschen ist unantastbar" (Artikel 1, Grundgesetz), *also* darf der Staat dieses oder jenes nicht mit einem Menschen tun, weil es keinen Handlungstyp darstellt, der Menschen die ihnen gebührende Achtung entgegen bringt. Artikel 1 des Grundgesetzes liest sich zunächst wie eine Feststellung. Als solche ist er natürlich falsch: Die Würde des Menschen ist antastbar! Er stellt eine Norm dar. Als solche begründet er ein kategorisches Verbot.

Ein erstes Problem der Interpretation der allgemeinen Menschenrechte besteht darin, dass sie primär Abwehrrechte des Einzelnen gegenüber staatlichem Handeln darstellen und daher weniger positiv als negativ zu verstehen sind. Ein Bürger kann beispielsweise vom Staat nicht positiv einen Arbeitsplatz einfordern, sondern lediglich negativ freie Berufswahl, Arbeitsbedingungen unter Wahrung der Menschenwürde und Schutz vor willkürlicher Kündigung.

Es bedarf also immer der konkreten Bestimmung dessen, was erlaubt oder gar geboten ist und inwieweit aus Grundrechten positive oder bloß negative Handlungsanweisungen ableitbar sind. Solche Konkretisierungen der Bedeutung dieser Normen müssen gerechtfertigt werden können. Das Gebot einer möglichen Rechtfertigung ist sowohl im spezifisch rechtlichen als auch im allgemeinen Kontext zudem damit verbunden, dass rationale Personen in der Lage sein müssen, sich selbst und anderen für die Gründe ihres Handelns Rechenschaft geben zu können. In diesem Sinne ist *jedes* Tabu philosophisch unakzeptabel. Wenn in medizinethischen Diskussionen die Menschenwürde als Argument benutzt wird, dann betrifft die Rechtfertigungsanforderung folgende Fragestellungen (vgl. [178]):

Drei Fragestellungen:

(1) Warum soll in unserer Gesellschaft die in Artikel 1 des Grundgesetzes formulierte Norm gelten? Diese Frage muss man mit vernünftigen

Argumenten beantworten können, selbst wenn der Artikel selbst *in* unserem Staat „unantastbar" ist (Grundgesetz, Artikel 79, Absatz 3).

(2) In welcher Weise gilt in unserer Gesellschaft die in Artikel 1 des Grundgesetzes formulierte Norm? Hier ist insbesondere relevant, ob man die Geltung des Artikels als *absolut* konzipiert oder als *relativ*. Wenn er *absolut* gilt, dann gibt es keine Möglichkeit, ihn gegen andere, ebenfalls hohe Grundwerte abzuwägen. Denn wo die Würde ins Spiel kommt, ist sie immer auch ausschlaggebend und überwiegt alle anderen möglicherweise relevanten Wertgesichtspunkte. Wenn er hingegen relativ gilt, dann hängt seine Interpretation auch von der Bedeutung anderer Grundwerte ab, die ihm gegenüber eigenständig ins Gewicht fallen können.

(3) Welche konkreten Verbote, Erlaubnisse und Gebote kann man aus Artikel 1 des Grundgesetzes ableiten oder mit seiner Hilfe begründen? In bioethischen oder medizinethischen Debatten kann man diese Frage oft zuspitzen auf die Frage, ob aus dem auf den Menschen bezogenen unantastbaren Würdeschutz ohne weitere Qualifikation und spezifische Argumente ein ebenso unantastbarer Lebensschutz folgt (vgl. Grundgesetz, Artikel 2: „Recht auf Leben und körperliche Unversehrtheit").

Bezüglich keiner dieser drei Fragen kann ein Teilnehmer an öffentlichen oder privaten Diskussionen die Antwort verweigern, ohne hinter den grundlegenden Rechtfertigungsanforderungen an rationale Handelnde zurückzubleiben. Es sei an dieser Stelle betont, dass im Folgenden keine im engeren Sinne juristische und rechtliche Diskussion geführt wird. In der Rechtsordnung und praxis spiegeln sich komplexe gesellschaftliche Erfahrungen wieder, die nicht nur moralisch relevante Normen, sondern auch ethische Reflexionen umfassen.

Die ersten beiden Fragestellungen betreffen konzeptionelle Probleme des Würdebegriffes; sie werden im Folgenden diskutiert. Die dritte Fragestellung wird in den folgenden Abschnitten (3 bis 5) exemplarisch behandelt. Es sei betont, dass der Verweis auf die Rechtsnormen hier nicht im Sinne einer Reduktion ethischer Überlegungen auf juridische zu verstehen ist. Einerseits sind Rechtsnormen auch Ausdruck ethischer Überlegungen, wofür bspw. die Rolle des Würdebegriffs in der bundesdeutschen Diskussion ein Indiz ist, andererseits kann man ethische Überlegungen nicht fernab von rechtlichen und sozialen Einflüssen anstellen.

Zwei Würdebegriffe in der Diskussion

Der kantische Würdebegriff ist im Kontext der Konzeption des Menschen als eines moralischen Wesens zu sehen. Ein solches Wesen sieht sich vor eine Forderung gestellt, die nur ein vernunftbegabtes Wesen erkennen kann: Nur nach derjenigen Maxime seines Willens zu handeln, von der es zugleich wollen kann, dass sie zum allgemeinen Gesetz werde. Dass es sich dabei um eine *Forderung* der reinen praktischen Vernunft handelt, ist durch die leibliche Natur des vernunftbegabten Wesens, die es von einem Leben ausschließlich nach den Geboten seiner Vernunft entfernt, bedingt. Während die Vernunft eine Person frei von den Leidenschaften macht, sind ihre Neigungen Einflüsse ihrer leiblichen Natur. Aus dieser Doppel*natur* resultieren Rechte und Pflichten vernünftig-leiblicher Wesen. Seine Würde und die ihr gebührende Achtung rühren indes nur aus seiner Vernunftnatur und ausschließlich aus dieser, d. h. nicht aus seinem vernünftigen Lebens*vollzug*. Menschenwürde ist in gewissem Sinne mit dem Dasein verbunden. Das unterscheidet den kantischen Würdebegriff von demjenigen beispielsweise der Tugendethik, der an der Geltung, dem Ansehen und der Ehre einer Person orientiert ist, die diese sich durch ihr Leben in der Gemeinschaft verdient hat (vgl. auch [71], [76], 2.1.4, [77], Kap. 1., [82]).

Zwei Varianten des Würdebegriffes:

(1) Ein tugendethischer Würdebegriff soll als *konkret* bezeichnet werden, wenn die achtunggebietende Würde durch Handlungen und die Biografie als ganze charakterisiert werden kann und muss. Erst wenn man auf gewisse Weise geht, hat man einen würdigen Gang. Zeitweise kann man diese ,Würde' verlieren, wenn man zum Beispiel Muskelkater hat und das eigene Gehen an Flüssigkeit und Eleganz verliert. Auch Menschen, die in cholerische Rage geraten, erscheinen würdelos, während die Wut des tapferen Soldaten als schön, stolz, ehrwürdig und damit als würdevoll gilt. Dieser konkrete Würdebegriff wird besser bezeichnet als Selbstachtung (*self-respect*): Die Qualität der Würde resultiert aus biografisch erarbeiteten Leistungen, sofern sie sozial und kulturell Anerkennung finden.

(2) Demgegenüber soll ein an Immanuel Kant orientiertes Würdekonzept als *abstrakt* bezeichnet werden. Er ist nicht-kontingent, insofern ein Wesen Würde unabhängig davon besitzt, auf welche Weise es lebt. Kontingent ist nur seine Existenz. Mit ihr ist die Würde dieses Wesens unveräußerlich und unverbrüchlich. Würde ist auch nicht daran geknüpft, dass andere Wesen es in seiner Existenz als würdevoll anerkennen. Die Abstraktheit dieses Würdebegriffes ergibt sich aus seinem nicht-empirischen Charakter.

Konkrete Würde

Was gemäß dem konkreten Würdebegriff als würdig gilt, ist kontingent. Zunächst betrifft Würde in diesem Sinne nicht nur Menschen: Der Gang eines Leoparden ist anmutig und schön. Er strahlt Würde aus. Konkrete Würde kann verloren gehen: Wenn der Blick des Leoparden im Zoo leer geworden ist und er hinter den Gittern hin-und-herläuft, dann stellt er eine jämmerliche und armselige Gestalt dar, weil das Tier gezwungen wird zu verkümmern. Im Bereich der Medizinethik ist dieses Beispiel natürlich deplatziert. Es macht aber darauf aufmerksam, dass konkrete Würde sich einerseits an naturgemäßen Verhaltensweisen und beim Menschen zusätzlich an sozialen, kulturellen und individuellen Bedingungen orientiert und andererseits durch Leistungen erworben werden muss und vor allem wieder verloren gehen kann. Es gibt Menschen, die tanzen können, und solche, die vielleicht formal die Tanzschritte vollziehen, aber weder den Rhythmus noch die Melodik des Tanzes treffen. Gewisse Bewegungen erscheinen würdevoll und schön, andere unwürdig und hässlich. Im Zeitalter des Absolutismus waren in adeligen Kreisen Umgangsformen angesehen, die später im besten Falle als überholt, ,affig' und damit würdelos angesehen wurde. Die Beispiele sind so gewählt, dass sich sogleich der Einwand ergibt, was das mit Ethik zu tun habe – insbesondere mit Medizinethik.

Dieser Einwand ist berechtigt, jedoch sind die jeweiligen Vorstellungen über das, was konkret als würdig erlebt wird, historisch veränderlich. Sie verändern sich zudem im Laufe des Lebens, insofern man als Jugendlicher andere Dinge als würdig (d. h. als ‚cool') erachtet, denn als Erwachsener. Aber es ist wichtig zu sehen, dass die wirklich moralischen Probleme vor dem Hintergrund solch alltäglicher und scheinbar moralisch belangloser Vorstellungen zu sehen sind. Ob ein Forscher, der an embryonalen Stammzellen forscht, oder ein Arzt, der aktive Sterbehilfe leistet, unwürdig handeln, ist kontingent. In sich verändernden kulturellen Kontexten verändern sich die Antworten darauf, was es heißt, in seinem Leben seine Würde zu wahren und die anderer Menschen und Lebewesen zu respektieren. Auch die ersten Anatomen der Neuzeit, die Leichen sezierten, erregten Abscheu und galten als subversiv, gefährlich und die Würde von Leichnamen verletzend und wurden selbst in ihrem Verhalten als unwürdig angesehen. Aber auch wenn etwas nicht kategorisch verboten ist, darf man nicht den Umkehrschluss ziehen, dass es deshalb ohne moralische Regeln und solche des Anstands erlaubt ist. Der konkrete Würdebegriff kennt keinen Rubikon, nach dessen Überschreiten ein Zusammenbruch der Moral unabwendbar wäre.

Drei Grundbestimmungen des konkreten Würdekonzeptes:

(1) Würde ist eine Qualität einer Person, die durch empirische Merkmale begründet, insbesondere aber durch ihre Leistungen erworben ist.
(2) Durch welche empirischen Merkmale (Leistungen) Personen sich als würdig oder unwürdig erweisen können, hängt von den Bedingungen ihrer natürlichen Konstitution ebenso wie von sozialen und kulturellen Konventionen ab.
(3) Worin im Einzelnen die Würde verleihende Qualität besteht, kann durch Hinweis auf empirische Merkmale konkretisiert werden, denen man mit Achtung begegnet.

Aus dem konkreten Würdekonzept ergibt sich für die erste der oben genannten drei Fragestellungen folgende Antwort: Menschliche Personen können sich nicht anders entwickeln als dadurch, dass sie bestimmte Aspekte an sich selbst und anderen als würdevoll oder würdelos erachten und daher mit Billigung oder Missbilligung reagieren. Dies ist im Sinne des bundesdeutschen Grundrechtsverständnisses vorstaatlich, insofern es eine Bedingung für die Möglichkeit normaler personaler Entwicklung ist. Ein Merkmal menschlicher Personen, das heute als würdevoll erlebt wird, ist Autonomie. Es wurde zu einem Grundwert säkularisierter, liberaler und pluralistischer Gesellschaften. Für die zweite Fragestellung ergibt sich: Der Grund- oder Höchstwert der Autonomie kann nicht absolut gelten, weil er weder historisch notwendig noch in der Weise absolut ist, dass er immer gegenüber anderen Wertgesichtspunkten ausschlaggebend ist. Man kann aber im Sinne des konkreten Würdekonzeptes sagen, dass Autonomie und Selbstzwecklichkeit Wertgesichtspunkte darstellen, die aufgrund ihrer Hochrangigkeit unserer Wertschätzung für sie immer relevant sind und somit in moralischen Überlegungen eine Rolle zu spielen haben. Hieraus ergibt sich die *Möglichkeit* eines graduellen Lebensschutzes.

Abstrakte Würde

Was gemäß dem abstrakten Würdebegriff als würdig gilt, ist

(1) nicht abhängig von Verdiensten von Personen,
(2) nicht veräußerbar, etwa indem man sich selbst in die Sklaverei verkauft, und
(3) auch nicht durch unwürdiges Verhalten verlierbar.

Es ist mit der Existenz des Würdeinhabers und der Würdeinhaberin verbunden und macht sie intrinsisch wertvoll. Man spricht in der Regel vom moralischen Status dieser Wesen. Weil ein menschlicher Embryo ein Wesen einer bestimmten Art ist, besitzt er Würde, aus der für den Umgang mit ihm bestimmte Dinge folgen. Hierbei ist nicht die biologische Artzugehörigkeit der Würdegrund, sondern konzeptionelle Aspekte vernünftiger Personen als autonomer Wesen. (Für die Rolle der biologischen Artzugehörigkeit in der Ethik vgl. unten Kapitel 3.) Einflussreichster Vertreter des abstrakten Würdekonzept, wie es heute im rechtlichen Kontext gebräuchlich ist, war Immanuel Kant. Für das Verständnis des so genannten Würdeargumentes in der Medizinethik ist eine genaue Klärung der Frage nötig, warum Autonomie würdevoll ist. Dies sei an Kant verdeutlicht.

Kant zufolge haben Wesen mit Würde Rechte und Pflichten, weshalb ihnen Achtung seitens anderer Personen gebührt. Die Achtung ist dabei ein *notwendiges Wohlgefallen*, dessen Objekt die Würde ist: Vernunftfähige Wesen, die nicht zu sehr von ihrer leiblichen Natur irritiert werden, können nicht anders als Vernunft zu achten. Drei Merkmale kennzeichnen einen (vielleicht *den*) kantischen Würdebegriff:

Drei Grundbestimmungen des abstrakten Würdebegriffes:

(1) Die Fähigkeit zu vernünftigen Handlungen (also sich selbst autonom Zwecke setzen zu können; [20], 401 f., 436, 440)
(2) verleiht einem Wesen absoluten Wert (und damit den Status der Selbstzwecklichkeit; [20], 403, 435 f., 440, [21], 434, 445 f.),
(3) der es über den Rest der Natur, insbesondere aber über die Tiere und das Tierliche in ihm selbst erhebt ([20], 429, 453 f., [21], 399 f., 418, 434 f.).

Es sei betont, dass die Darstellung einseitig ist, denn es finden sich bei Kant auch Anklänge an einen *konkreten* Würdebegriff ([21], 420, 435). Diese drei Grundbestimmungen müssen kurz erläutert werden:

(zu 1) Der Wert, auf den das Gefühl der Achtung sich richtet, heißt Würde und ist die Fähigkeit von Wesen, sich selbst nach dem Gebot der Vernunft, d. h. dem kategorischen Imperativ, Zwecke setzen zu können. Gemäß der Formel des kategorischen Imperativs bedeutet dies, dass ein unbedingt guter Wille nur nach einer solchen Maxime handeln soll, von der er zugleich widerspruchsfrei wollen kann, dass sie zum allgemeinen Gesetz werde. In der vernünftigen Reinheit dieser Vorstellungen – d. h. in der Abstraktion von allen bloß zufälligen, empirischen und triebgeleiteten Erkenntnissen – liegt die Würde eines solchen Willens. Diese „Reinheit" der Vernunfterkenntnis erfährt der Erkennende im Erkennen „unmittelbar" als wohlgefällig, weshalb sie der Vernunft Achtung „abzwingt" ([20], 40f., 405, 411, 435, [21], 399f., 402f.). *Achtung* ist als unbedingte Empfindung des Achtens gegenüber dem Gesetz der Vernunft ([20], 401 Fn., 435) der Würde*grund.* Dabei ist darauf zu achten, dass es sich im Kantischen Sinne nicht um ein *Gefühl* im Sinne einer *sinnlichen* Erfahrung, sondern um ein unbedingtes Wohlgefallen handelt. Die Geltungskraft der Achtung ergibt sich nur aus der einem Vernunftwesen möglichen konkreten Achtungserfahrung. Frei von Einflüssen ihrer leiblichen Natur machen Vernunftwesen, konfrontiert mit Vernunft, unweigerlich die (Vernunft-) Erfahrung des Achtens. Achtung ist ein hieraus verallgemeinertes Prinzip, das als Würdegrund konstitutiv für Normen wird. Das Objekt dieser *Achtung* ist *nichts* Tierliches oder Empirisches, das uns als Personen bloß kontingerterweise anhaftet ([20], 429).

(zu 2) Diese Würde eines Wesens, das nur dem eigenen Gesetz gehorcht, indem es sich von den Notwendigkeiten äußerer Einflüsse und innerer Triebe distanziert, begründet den absoluten Wert eines solchen Wesens. Die Unterscheidung von absolutem im Gegensatz zu relativem Wert verdeutlicht Kant dadurch, dass im Reich der Zwecke alles entweder einen Preis habe oder Würde. Einen Preis zu haben heißt, dass etwas gegen anderes und im Vergleich zu ihm gesehen werden darf. Hätte das Leben eines Menschen einen „Preis" (vgl. [20], 434), dann könnte die Vernichtung eines menschlichen Lebens durch die Rettung einer entsprechend großen Zahl von Menschen aufgewogen werden. Derartige Äquivalenzbildung ist, nach Kant, nicht erlaubt, weil Menschen als Vernunftwesen Würde besitzen. Was Würde besitzt, darf nur als Zweck an sich selbst betrachtet werden, indem es geachtet wird. Ein solches Wesen wird nur dann von anderen und auch von sich selbst richtig behandelt, wenn es gemäß der zweiten Formel des kategorischen Imperativs niemals *bloß* als Mittel angesehen wird.

(zu 3) Praktizierte Würde begründet damit ein Reich der Zwecke im Gegensatz zum Reich der Natur. Damit beruft sich das kantische Würdekonzept auf eine weitere Vorstellung: die asymmetrische und moralisch bedeutsame Differenz zwischen Mensch und Tier. Tiere sind nicht irrational (unvernünftig), sondern arational (vernunftlos). Sie können, wenn sie überhaupt ein Selbstverhältnis haben, sich selbst und andere nur als Zweck zu anderen Zwecken erfassen. In ihrem Verhalten spiegelt sich daher nur die Wirkung der Naturnotwendigkeit. Vernunftwesen sind hingegen in der Lage, sich durch ihr Verhalten, das auch als Handlung bezeichnet werden kann, von der Naturnotwendigkeit zu befreien und einer anderen Notwendigkeit zu folgen: der Vernunftnotwendigkeit. Nimmt man (1) und (2) zusammen, so ergibt sich für das „Reich der Zwecke" (vgl. [20], 434), dass in ihm als einem realen Zusammenleben vernünftiger Wesen alle individuellen Zwecke nach allgemeinen Gesetzen harmonisch zusammenpassen.

Personen als Wesen, die Pflichten und Rechte haben, sind sich also wechselseitig Achtung schuldig, die ihrem inneren Wert gerecht wird. Dieselbe Achtung ist aber – aufgrund der formalen Aspekte der Selbstzwecklichkeit – auch jeder sich selbst schuldig. Natürlich ist diese Rekonstruktion des kantischen Würdekonzeptes skizzenhaft und nicht völlig adäquat. Aber es wird erkennbar, warum es eine formale und abstrakte Auffassung von Würde darstellt. *Formal* ist dieser Würdebegriff, weil er zum einen an der Autonomie oder Selbstzwecklichkeit orientiert ist und zum anderen Widerspruchsfreiheit. Es werden also keine bestimmten – kulturell, historisch und individuell kontingenten – Zwecke des Handelns als Inhalt eines würdigen Lebens vorausgesetzt, anempfohlen oder hergeleitet. *Abstrakt* ist dieser Würdebegriff, weil die Erkenntnis dessen, was würdig ist, durch eine besondere Form der Reflexion geschieht. Sie reinigt die Vorstellung von Menschenwürde von den Aspekten eines konkreten Würdeverständnisses und abstrahiert damit von kontingenten und empirischen Gesichtspunkten.

Kontingenz und abstrakte Würde

Diese Nicht-Kontingenz der menschlichen Würde findet ihre Begrenzung nach heutigem Verständnis darin, dass die Gattung des *homo sapiens* in der Naturgeschichte kontingent ist (Evolution). Dieses Faktum spielt bei Kant natürlich noch keine Rolle. Das Kantische Würdekonzept macht jedoch auch deutlich, inwiefern der Würdegrundsatz des deutschen Grundgesetzes nicht-kontingent ist. Im Grundgesetz wird mit Artikel 1 (Abs. 1) die Würde als *vorstaatlicher* oder *vorverfassungsmäßiger Wert* in die dessen Staatlichkeit begründende Verfassung des Staates eingeführt. Vernünftige Wesen schulden sich selbst und einander Achtung. Dies gilt völlig unabhängig davon, ob es faktisch vernünftige Wesen gibt. Für die erste der oben genannten Fragestellungen ergibt sich aus dem abstrakten Würdekonzept, dass menschliche Personen als Lebewesen, die in staatlichen bzw. gesellschaftlichen Beziehungen leben können, aufgrund ihrer Vernunftnatur zu wechselseitiger Achtung verpflichtet sind. Hieraus resultiert ihr in Relation zu anderen Lebewesen und untereinander bedeutsamer moralische Status, der allenfalls naturgeschichtlich kontingent ist. Jede Gesellschaftsordnung beruht in diesem Sinne auf nicht-kontingenten bzw. nicht-konventionellen Grundlagen.

Das Subjekt der abstrakten Würde

Das abstrakte Konzept der Menschenwürde bereitet Probleme, die für die Anwendung in Ethikdebatten zentral werden. Man muss sich fragen, wer oder was eigentlich das Würdesubjekt ist, das als Objekt der Achtung fungiert? Die Antwort erscheint einfach: Der Mensch ist Träger der Würde. Aber ist hiermit jedes Individuum gemeint oder die Gattung? Es gibt zwei Optionen mit je zwei Varianten (das Folgende ist Gegenstand der Kontroverse, vgl. [72], [83]; zur grundlegenden Bedeutung dieser Problematik vgl. [93]):

(1) Das Individuum als Würdeträger: Die Fähigkeit zum autonomen und selbstzwecklichen Handeln im Kantischen Sinne hat das menschliche Individuum. Es kann sich aufgrund seiner Vernunftfähigkeit im Handeln Zwecke setzen, die in dem Sinne ganz aus seiner Vernunft stammen, dass die Handlungsziele sich nicht aus seinen für äußere Einflüsse und Eingebungen empfänglichen Trieben, d.h. seiner tierlichen Natur ergeben, sondern aus seiner spontanen Vernunft bzw. seiner rationalen

Natur. Nur Letztere ist der Grund der Achtung, aber der *konkrete* Gegenstand der Achtung ist der Mensch als empirisch beobachtbares Lebewesen. Es bleibt aber ein Problem, dass der *Geltungsgrund des Würdeschutzes* sich auf etwas bezieht, dass empirisch nicht beobachtbar ist, nämlich das aktuale Wohlgefallen in Ansehung des Gesetzes bzw. der Vernunft. Man ist im Handeln mit dem ganzen Menschen konfrontiert und damit auch mit dem Tierlichen im Menschen, das als solches eigentlich für ein Vernunftwesen verachtenswert ist. Man achtet also in etwas eigentlich Verachtenswertem, dem Menschen als Tier, etwas nichtempirisches Achtungsgebietendes, nämlich den Mensch als Person.

(2) Die Gattung als Würdeträger: Das vernünftige Subjekt als Träger der Würdequalität ist vom moralischen Standpunkt aus gesehen nicht wirklich individuell. Denn allenfalls in einem kontingenten, keinesfalls jedoch in einem moralisch bedeutsamen Sinne ist meine Vernunft *meine* Vernunft. Psychisch gesehen denkt jedes körperliche Vernunftwesen seine eigenen Gedanken. Aber diese Gedanken sind, insofern sie vernünftig sind, in allen denkenden Wesen identisch. Somit kann man durchaus sagen, dass die Achtung gegenüber der Würde eines Menschen sich eigentlich gar nicht auf die Persönlichkeit bezieht, auf die ich meine Achtung gerade richte, sondern auf die Menschheit. Dies gilt auch für die Person selbst: Als sittliche Person achtet sie in sich die Menschheit, indem sie aus Vernunft handelt. Ähnlich wie bei Option (1) kann man dabei ‚Menschheit' entweder mit der biologischen Spezies *homo sapiens* identifizieren oder mit der ‚Menschheit', insofern sie vernunftbegabt ist und ein „Reich der Zwecke" verwirklichen kann im Gegensatz zum Reich der Natur („Die Menschheit selbst ist eine Würde", [21], 462).

Ein an Kant orientierter abstrakter Würdebegriff weist diese Doppeldeutigkeit in den beiden Varianten auf, was nicht ganz ohne Widerspruch zusammenpasst. Insgesamt ergibt das Konzept der abstrakten Würde jedoch ein relativ klares Bild, das insbesondere die kulturhistorische Bedeutung der Berufung auf die Würde deutlich macht. Der Vorteil dieser Konzeption liegt ohne Zweifel darin, dass man in der Vernunft zugleich ein in gewissem Sinne nicht-kontingentes Fundament der Würde gefunden hat. Dieses eignet sich insbesondere für die Begründung kategorischer Verbote, wenn man hohe Werte aus ihm ableitet. Die beiden Optionen verdeutlichen, dass Vertreter des abstrakten Würdeverständnisses Sympathie für zwei Prämissen hegen.

Zwei Prämissen der Vertreter des abstrakten Würdeverständnisses:

(1) Zum einen bevorzugen sie eine bestimmte Moralkonzeption, deren Vernunftbegriff nicht alternativlos ist und deren Normverständnis an kategorischer bzw. universaler Geltung orientiert ist.

(2) Zum anderen haben sie ein Menschenbild, das mit den modernen Naturwissenschaften insofern nur schwer zu vereinbaren ist, als die Differenz zwischen Menschen und Tieren in starkem Sinne als moralisch bedeutsam gedeutet wird. Denn dieses Menschenbild postuliert, dass der Mensch durch seine Vernunft ‚ganz' aus dem Reich der Natur herausragt.

Für die zweite der oben genannten Fragestellungen ergeben sich hieraus erhebliche Konsequenzen. Denn ein Vertreter dieses Würdekonzeptes wird dazu neigen, mit der Behauptung unbedingter Würde die Forderung nach einem unbedingten Lebensschutz zu verbinden. Handlungen, die letzteren relativieren, wird er als Verstöße gegen den moralischen Status menschlicher Personen betrachten. Man kann als Vertreter des abstrakten Würdekonzeptes nicht verstehen, wie der absolute Wert der Würde, der sich im ‚Status' würdiger Wesen darstellt, abwägbar bzw. einerseits immer relevant, andererseits aber nicht immer ausschlaggebend sein soll. Denn die Lebendigkeit eines würdigen Lebewesens ist eine Frage des Entweder-Oder. In den Abschnitten 3 bis 5 soll diese Analyse der Diskussionskontexte an beispielhaften Problemkonstellationen konkretisiert werden.

Impliziert ein unantastbarer Würdeschutz unbedingten Lebensschutz?

Vertreter des abstrakten Würdekonzeptes übertragen manchmal den absoluten Würdeschutz („Die Würde des Menschen ist unantastbar", Art. 1.1 Grundgesetz) auf den Lebensschutz („Jeder hat das Recht auf Leben und körperliche Unversehrtheit", Art. 2.2 Grundgesetz). Das Grundgesetz selbst gibt keinen expliziten Hinweis darauf, wie Würdeschutz und Lebensschutz miteinander zusammenhängen. Diese Frage ist daher heftig umstritten (Abtreibung, Embryonenschutz, Euthanasie). Auch wenn es auf den ersten Blick nahe liegt, dass man die Würde nur dann unbedingt schützen kann, wenn man auch das Leben bewahrt, insofern es ohne Leben kein Lebewesen mit Menschenwürde gibt, dessen Würde noch zu schützen wäre, ist die Sache komplizierter.

Die aus dem Würdeschutz resultierenden Schutzpflichten des Staates müssen nicht notwendig das Leben eines Menschen als solches schützen. Denn einerseits verstößt die Todesstrafe nicht gegen den Würdegrundsatz (sonst müsste es in Artikel 102 des Grundgesetzes kein explizites Verbot geben, weil man davon ausgehen kann, dass es im Grundgesetz keine *redundanten* Normen gibt, vgl. [178], Rn. 92 zu Art. 1, Abs. 1). Und andererseits wurde im Verfassungsgerichtsurteil von 28. Mai 1993 (BVerfGE 88, S. 203) zur Abtreibungsproblematik (§ 218 Strafgesetzbuch) das ungeborene Leben als schutzwürdig im Sinne der Menschenwürde bezeichnet, aber für den Staat resultiert daraus keine zwingende Notwendigkeit, die Abtreibung zu bestrafen. Nicht ist fraglich, ob die Würde zu schützen sei, was vielmehr auch für das ungeborene Leben uneingeschränkt zu bejahen ist, sondern wie sie zu schützen ist. Letzteres *kann* so beantwortet werden, dass das Leben als solches *nicht absolut* geschützt wird. Der Staat kommt dem Verfassungsgericht zufolge seiner Schutzpflicht von Leben und Würde des werdenden Lebens nach, wenn die Abtreibung *nach Beratung* erfolgt. Wie auch immer man zu grundrechtlichen Argumentationen und der ethischen Problematik steht, sie beruhen auf Erwägungen, die voraussetzen, dass man nicht *trivialerweise* aus dem unantastbaren Würdeschutz eine Schutzpflicht des Lebens ableiten kann, die das Leben als solches absolut schützt.

2.2.4 Zwischenresümee

In den vorangehenden Abschnitten wurden ethische Aspekte der Medizin unabhängig von medizinethischen Diskussionen dargestellt. Als Wissenschaft und Berufsfeld besitzt die Medizin eine ethische Dimension, die in ihr seit ihren Anfängen reflektiert wird. Das Arztethos ist kein von philosophischen Ethikern an die Medizin herangetragenes Normgerüst, sondern ein Bewusstsein der ethischen Dimension des professionellen Handelns. Dieses Bewusstsein hat sich in der Medizin entwickelt und mit ihr stetig weiter verändert. Zentrale Werte des Arztethos sind: Schweigepflicht, Lebenserhaltung, Sorge für das Wohl des Patienten und Dankbarkeit gegenüber den Lehrern bzw. Kollegialität. Man spricht auch von medizinischer Deontologie. Der Pflichtenkanon und seine Rolle in der Medizin gerät jedoch zunehmend unter Druck: Das traditionelle Arztethos wird als paternalistisch erlebt, und zugleich gewinnt der Wert der Patientenautonomie eine dominierende Rolle. In Abschnitt 2.2.1 wurden somit einige Aspekte der Medizinethik im Sinne einer Berufsethik behandelt. Hieraus ergaben sich zwei spezielle Diskussionsgegenstände. Zum einen (2.2.2) das Konzept der Gesundheit selbst. Es ist insofern ambivalent, als es einerseits naturwissenschaftliche, andererseits lebensweltliche Aspekte aufweist. Diese Ambivalenz verweist darauf, dass die Vorstellungen darüber, was Gesundheit ist, auch praktisch-evaluative Momente haben. Zum anderen (2.2.3) hat sich aufgrund des Fortschritts in der Medizin bezüglich des Anfangs und Endes des Lebens der Lebensschutz selbst zum heftig diskutierten Problem entwickelt. Dies macht die Konzeption der Würde menschlicher Lebewesen zentral. Hier ergibt sich eine Ambivalenz des Menschen als Vernunftwesen, das sich selbst Zwecke setzt, und als Tier. Im Folgenden werden die allgemeinen Diskussionsfelder an konkreten medizinethischen Diskussionen weiterverfolgt.

2.3 Medizinethik: Themen

2.3.1 Therapeutisches Klonen und embryonale Stammzellen

Die heftigsten Debatten in der Medizinethik entbrennen um die Frage nach dem moralischen Status des menschlichen Embryos. Die Grundoptionen dieser Debatten kann man anhand der Diskussion verdeutlichen, die zunächst um den Import embryonaler Stammzellen geführt wurde, die sich aber in Zukunft auf das so genannte therapeutische Klonen zuspitzen wird. Exemplarisch wird an dieser Debatte vor allem deutlich, wie aus den beiden skizzierten Konzepten der Menschenwürde unterschiedliche Positionen und Argumentationen werden.

Das Tabu

Die Unantastbarkeit der Menschenwürde ist zum einen eine negative und zum anderen eine unspezifische Norm. Negativ ist sie, weil etwas verboten, aber nicht zugleich etwas Spezifisches geboten wird. Deshalb bedarf der Menschenwürdeschutz einer inhaltlichen und normativen Spezifizierung über das bloße Faktum der Würde hinaus. Was ist mit der Würde des Menschen als dem höchsten Wert des Staates und der Gesellschaft vereinbar? Der ehemalige Bundespräsident Johannes Rau formulierte in seiner ‚Berliner Rede' im Jahre 2001 den folgenden Grundsatz:

Menschenwürde als Tabu:
„Ich glaube, dass es Dinge gibt, die wir um keines tatsächlichen oder vermeintlichen Vorteiles willen tun dürfen. Tabus sind keine Relikte vormoderner Gesellschaften, keine Zeichen von Irrationalität. Ja, Tabus anzuerkennen, das kann ein Ergebnis aufgeklärten Denkens und Handelns sein. [...] Unser Umgang mit diesen Fragen muss geprägt sein vom Respekt vor dem Leben von Anfang an. Die Würde des Menschen lässt sich gegen keinen anderen Wert aufrechnen" (www.bundespraesident.de).

Aus dem Kontext wird klar, dass sich dies insbesondere auch auf den Lebensschutz bezieht. Da die Würde des Menschen als unantastbar gilt, soll der menschliche Embryo einen Lebensschutz genießen, der unantastbar ist, weil dem Embryo die Qualität der Menschenwürde zukommt. Demgemäß darf er nicht getötet werden, weil das seine Würde verletzen würde. Eine derartige konzeptionelle Abhängigkeit des Lebensschutzes vom Würdeschutz ergibt sich nur, wenn man das empirische Lebewesen mit dem Vernunftwesen identifiziert. Besonders deutlich wird das in einem Redebeitrag der Abgeordneten Monika Knoche zur Bundestagsdebatte über den Import embryonaler Stammzellen nach Deutschland:

Tabuisierung des Embryos:
„Der Embryo, um den es geht, ist durch künstliche Befruchtung in die Welt gekommen. Er ist herzeigbar, er ist handhabbar, und schon werden Begehrlichkeiten an ihm wach, die darauf abzielen, ihn nicht in den Uterus der Frau zu transplantieren, sondern aus ihm ein Produkt herzustellen. Jeder Embryo, ob er sich im Körper der Frau oder in der Petrischale befindet, hat die gleiche, aus sich selbst kommende Kraft, sich als Mensch zu entwickeln, zur Person zu werden. Wer hier die Auffassung vertritt, der Embryo sei, wenn er die Gebärmutter nicht erreiche, auch kein Mensch, der entfernt sich weit vom Menschenrechtsverständnis unserer Verfassung und sagt, es sei von den Handlungen anderer abhängig, ob er ein eigenes Recht hat, ob er ein eigenständiger Rechtsträger ist" (Plenarprotokoll 14/214, 21198 C, dip.bundestag.de, auch [76], 241 f.).

Hier wird beschrieben, wie der Embryo zum Gegenstand und Spielball fremder Zwecke gemacht wird: Er wird hergestellt und dann nicht verwendet, um ihn hin zur Weiterentwicklung, Geburt und zum Heranwachsen zu bringen, sondern er ist ein nützliches Produkt – eben bloßes Mittel zu etwas und nicht Zweck an sich. Ihm sollen, obwohl er ein menschliches Lebewesen ist, die Menschenrechte verweigert werden, indem ihm der Status eines eigenständigen Rechtsträgers verweigert wird. Damit soll ein Tabu angetastet werden.

Was sind embryonale Stammzellen?

Bevor die Argumente der ethischen Diskussion weiter erörtert werden können, müssen einige naturwissenschaftliche und medizinische Fakten skizziert werden (vgl. [81], [76]). In der Debatte im Deutschen Bundestag ging es um embryonale Stammzellen. Dabei handelt es sich nicht um Embryonen, wohl aber um Zellen, die nach gegenwärtigem Stand der Technik durch Zerstörung von Embryonen gewonnen werden. Von einem Embryo ist in rechtlicher, nicht aber in medizinischer Hinsicht die Rede, wenn entweder durch die Befruchtung Ei und Samenzelle so miteinander verschmolzen sind, dass ein neues menschliches Genom entstanden ist, oder wenn ein solches Genom aus der Körperzelle eines Menschen entnommen und so in eine Eizelle transferiert wurde, dass diese sich wie eine befruchtete entwickelt und dadurch ein Mensch heranwächst. Als Embryo gilt gemäß Embryonenschutzgesetz in Deutschland sowohl die befruchtete Eizelle als auch jede *totipotente* Zelle (*totipotente* Zellen sind solche, die zu einen eigenständigen Organismus werden können, vgl. unten). Ein Embryo wächst durch Zellteilung heran, und bis zum 4-Zellstadium sind die Zellen eines Embryos totipotent. Die Definitionen des Embryonenschutzgesetzes führen dazu, dass in dieser Phase ein Embryo aus Embryonen besteht. Die weiterhin stattfindende Zellteilung ist aber nicht nur eine Vermehrung von Zellen der Zahl nach, sondern es findet auch eine stetige Spezialisierung der Zellen statt (letztlich bis hin zu Muskel-, Nerven-, Leber-, Nieren-, Blut-Zellen usw.). Durch die Spezialisierung verlieren die einzelnen Zellen zunächst ihre Totipotenz und sind nur noch *pluripotent*. Totipotente Zellen können sich unter den geeigneten Bedingungen zu einem ‚ganzen' Organismus entwickeln (vgl. lat. *totus* = ganz). Die Zerteilung des Embryos, der aus totipotenten Zellen besteht, findet auch natürlich bei der eineiigen Zwillingsbildung statt. Pluripotente Zellen können sich zwar noch unbegrenzt weiter teilen, differenzieren sich aber nur noch in ‚mehrere' Zellstämme aus (vgl. lat. *plures* = mehrere). Fertig ausdifferenzierte Zellen in Muskeln, Nervengeweben, Organen usw. verlieren die Fähigkeit, sich in unterschiedliche Zelltypen entwickeln zu können. Es gibt neben Stammzellen, die durch Auflösung von Embryonen gewonnen werden, auch adulte Stammzellen (vgl. lat. *adultus* = erwachsen), etwa im Blut der Nabelschnur oder im Knochenmark. Man muss also embryonale und adulte Stammzellen unterscheiden. Letztere finden sich an bestimmten Stellen im Organismus, z. B. in Keimdrüsen und Knochenmark, und werden von ihm dazu benutzt, Gewebe mit neuen spezialisierten Zellen aufzufrischen. So können etwa nach einer aggressiven Chemotherapie die zerstörten Zellen des Immunsystems durch neue ersetzt werden, indem Stammzellen injiziert werden.

In der Reproduktionsmedizin werden Embryonen zum Zwecke der Erfüllung des Fortpflanzungswunsches von Paaren erzeugt. In Deutschland dürfen Embryonen nur zu diesem Zweck erzeugt werden. Beim therapeutischen Klonen hingegen geht es darum, Embryonen zum Zwecke der Therapie von Krankheiten zu erzeugen. Auch wenn es sich dabei um Zukunftsmusik handelt, soll hier der Ausgangspunkt der folgenden Darstellung liegen. Die Debatte im Deutschen Bundestag hatte die Frage zum Gegenstand, ob embryonale Stammzellen nach Deutschland importiert werden sollen. Sie dürfen in Deutschland derzeit noch nicht produziert werden, weil das Embryonenschutzgesetz es verbietet. Der Import jedoch ist nicht verboten, da embryonale Stammzellen einfach organisches Material sind. Die an ihnen gewonnenen Forschungsergebnisse sollen zukünftig neue medizinische Therapien ermöglichen, z. B. die Erzeugung von organischem Ersatz für die Bauchspeicheldrüse bei Diabetes, Nervengewebe bei der Parkinson-Krankheit oder sogar die Herstellung von implantierbaren Organen

(Niere, Leber usw.). Die Herstellung von Embryonen und ihre Verarbeitung zu verschiedenen organischen Materialien findet derzeit nicht zum Zwecke der Therapie statt, sondern gehört zur Grundlagenforschung – insofern ist die Bezeichnung ‚therapeutisches Klonen' irreführend, weil es aktual nicht um Therapie geht.

Diese Forschung läuft im Falle ihres Erfolges in Zukunft darauf hinaus, therapeutisches Klonen in die Medizin einzuführen, weil nur mit dieser Methode Zellen, Gewebe und vielleicht Organe gewonnen werden können, die von den Organismen, für die sie vorgesehen sein werden, am besten angenommen werden. Die Implantation genetisch fremder Materialien führt oft zu mehr oder weniger starken Abstoßungsreaktionen. Daher wird man versuchen, Ersatzmaterialien zu klonen. Als ‚Klonen' bezeichnet man zunächst nur die künstliche ungeschlechtliche Vermehrung eines Organismus. Die Ungeschlechtlichkeit der Vermehrung hat die weitgehende genetische Identität des erzeugten Organismus bzw. des organischen Materials zur Folge. Beim therapeutischen Klonen werden Ersatzgewebe und -organe dadurch hergestellt, dass man aus einem Zellkern des späteren Empfängerorganismus genetisches Material entnimmt. Dieses wird dann in eine entkernte Eizelle eingebracht, so dass im Erfolgsfalle ein Embryo entsteht. Das therapeutische Klonen dient jedoch nicht der Herstellung eines neuen Organismus, sondern organischer Gewebe und Organe. Als solches unterscheidet es sich vom reproduktiven Klonen. Der Klonembryo wird in Zellkultur (Petrischale, Reagenzglas im Gegensatz zur natürlichen Gebärmutter) so manipuliert, dass er sich nicht zu einem Organismus, sondern zu dem therapeutisch benötigten Gewebe oder Organ hin entwickelt. Man spricht daher vom Forschungsklonen. Therapeutisches Klonen ist aber zum gegenwärtigen Zeitpunkt sowohl wissenschaftliche Zukunft als auch widerrechtlich – zumindest in Deutschland.

Der ‚moralische' Status des Embryo?

Angenommen nun, dass es in Zukunft die Möglichkeit des therapeutischen Klonens gäbe, so soll im Folgenden gefragt werden, was aus ethischer Sicht dagegen spricht, es auch zu praktizieren. Was spricht also dagegen, *Embryonen herzustellen*, die genetisch weitgehend identisch sind mit lebenden Personen, die an bestimmten Krankheiten leiden, um diese Embryonen dann so zu *verarbeiten*, dass die jeweiligen Kranken geheilt oder wenigstens ihre Leiden gelindert werden können? Die oben in diesem Abschnitt angedeuteten Positionen erachten das Leben von menschlichen Embryonen sowohl im Herstellungs- als auch im Verarbeitungsaspekt als tabu. Sie interpretieren den Lebensschutz im Sinne des Würdeschutzes als unantastbar. In ihren Augen darf menschliches Leben, wenn überhaupt, zu keinem anderen Zweck künstlich hergestellt werden als zu dem der Fortpflanzung. Ist es dann hergestellt, darf es nur im Kontext der Reproduktionsmedizin und in Bezug auf den Kinderwunsch von Paaren verwendet werden. Neben der Menschenwürde (Grundgesetz, Artikel 1) und dem Wert des Lebens (Grundgesetz, Artikel 2) ist die Forschungsfreiheit (Grundgesetz, Artikel 5 Absatz 3) ein weiterer relevanter Wert. Zudem wird der Wert des Lebens unter zweifacher Perspektive betrachtet: Es geht es einerseits um die Embryonen, andererseits um Patienten. Kaum jemand dürfte einen dieser Wertgesichtspunkte für sich genommen in seiner Relevanz bestreiten (vgl. beispielsweise [74], [79]). Im Kontext der Forschung an embryonalen

Stammzellen ergeben sich aber aufgrund des konkreten Zusammenspiels verschiedenster Wertgesichtspunkte im Wesentlichen zwei Positionen, durch die die Diskussion geprägt wird (vgl. [76], 2.1.4).

Gemeinsamkeit der beiden Positionen

Eine beiden Positionen gemeinsame Prämisse ist die durch die Biologie des Menschen bzw. die Medizin begründbare These, dass menschliches Leben ab dem Zeitpunkt vorliegt, an dem die Befruchtung der Eizelle durch das Spermium erfolgt ist, d.h. wenn die beiden Herkunftsgenome verschmolzen sind. Durch das Embryonenschutzgesetz wird dieses Stadium bereits als Embryo definiert, obwohl die Medizin unter einem Embryo erst den Keim als sich in der geeigneten nährenden Umgebung entwickelnden Organismus versteht. Man spricht deshalb in Großbritannien bei den ersten Entwicklungsphasen vom ‚Prä-Embryo'. Der Keim, sofern er in der Gebärmutter eingenistet ist (Nidation), wird dann bis zum Abschluss der Organentwicklung als Embryo bezeichnet. Die Embryonalphase erstreckt sich also von der 2. Woche nach der Befruchtung bis etwa zur achten Woche. Während die Medizin den Embryo also als etwas Relatives definiert, d.h. als einen bestimmten Zellverbund, sofern er von einer bestimmten Nährumgebung angenommen ist, betrachtet das Embryonenschutzgesetz den Embryo absolut, insofern es ihn isoliert und darauf reduziert, ein lebender Verbund menschlicher Zellen oder gar nur eine einzelne, jedoch totipotente Zelle zu sein. Weitgehend unbestritten ist jedoch, dass man von menschlichem Leben sprechen sollte, sobald der Befruchtungsprozess abgeschlossen ist. Der Dissens entsteht erst durch die Schlussfolgerungen, die aus diesem Befund gezogen werden (vgl. [82], [93]).

1. Position: absoluter Lebensschutz

Diese Position wurde oben bereits mit den beiden Zitaten belegt. Eingriffe in das Leben von menschlichen Embryonen verbieten sich grundsätzlich, weil damit ihre Würde angetastet würde. Was immer als ein lebendes menschliches Lebewesen gilt, ist den ‚Begehrlichkeiten' entzogen, weil nichts seinen absoluten Wert aufwiegen kann. Diese Position bedient sich der absoluten Würdekonzeption, indem sie das Lebewesen Mensch mit dem Vernunftwesen Person identifiziert. Der Problematik dieser Identifikation, die Kant gewiss abgelehnt hätte, will diese Position dadurch gerecht werden, dass sie zwischen dem Zuschreibungsgrund für Würde und ihrem Zuschreibungskriterium unterscheidet. Der Grund ist die Eigenschaft des Vernunftwesens Mensch, ‚Zweck an sich selbst' zu sein. Das Kriterium dafür, wann etwas ‚Zweck an sich selbst' ist, wird durch die biologische Spezieszugehörigkeit angegeben. Das Problem besteht dabei darin, dass das Zuschreibungskriterium in nur kontingenter Weise etwas mit dem Zuschreibungsgrund zu tun hat: Wir kennen keine anderen Vernunftwesen als menschliche Personen. Zwar ist die tierliche Natur des Menschen die notwendige Bedingung dafür, ihn als Vernunftwesen bzw. Person ansprechen zu können, aber die absolute Würdekonzeption ignoriert nicht nur diese Beziehung, sondern sie besteht gerade in der Negation des Tierlichen als dem konstitutiven Moment der Menschenwürde. Dennoch gibt es vier Argumente für die Wahl dieses Kriteriums (vgl. [75], [76], 2.1.4, [74], [79]).

Vier Argumente der Gegner der Forschung an embryonalen Stammzellen:

(1) *Potenzialität.* Der Embryo ist ebenso menschliches Leben und damit potenziell ein Vernunftwesen mit allen Rechten von Personen, wie es die geborenen Kinder sind, die von ihren Eltern aufgezogen werden. Oft verbindet sich mit diesem Argument die Vorstellung von dem Embryo als unschuldigem Wesen, das von feindlichen Begehrlichkeiten bedroht ist. Auch Kant hat die Würde nicht vom *aktualen* Vernunftgebrauch, geschweige denn vom *erfolgreichen* Gebrauch des Denkvermögens abhängig gemacht. Auch erwachsene Menschen können zeitweise ins Koma fallen und so aktual nicht in der Lage sein, vernünftig zu denken, ohne dass ihnen dadurch der Würdeschutz aberkannt würde. In dem Sinne, wie auch unvernünftig lebende Menschen oder Kinder und Komatöse ‚vernünftig' sind und deshalb Würdeschutz und Lebensschutz genießen, sind auch Embryonen vernünftig.

(2) *Identität.* Dieses Argument beruht auf der Vorstellung, dass die Menschenrechte Rechte von Menschen sind. Es gibt zwei Varianten dieses Argumentes: (a) Mit der Konstituierung des individuellen menschlichen Genoms am Ende des Befruchtungsprozesses besteht zwischen der befruchteten Eizelle und dem erwachsenen Menschen eine Identität: Der kommunikative Vernunftgebrauch im späteren Leben ist genetisch vorprogrammiert. (b) Zwischen dem ‚menschlichen Lebewesen' und dem ‚personalen Subjekt' besteht eine Identitätsbeziehung: Beide haben dieselbe ‚Natur'. Das empirische Lebewesen einer bestimmten Art ist identisch mit der Person als Würdeträgerin. Der Konsens darüber, dass menschliche Embryonen als menschliches Leben zu erachten sind, macht hieraus ein Argument: Wenn das Subjekt bzw. die Person identisch ist mit dem Lebewesen, dann genießt das Lebewesen selbstverständlich denselben Schutz wie die Person (Würde- und Lebensschutz).

(3) *Einzigartigkeit.* Mit dem Verschmelzen von Ei und Samenzelle liegt ein menschliches Lebewesen vor, das ebenso einzigartig ist wie jeder Mensch und in dieser Individualität Respekt verdient.

(4) *Kontinuität.* Von der Entwicklung der befruchteten Eizelle an gibt es eine kontinuierliche Entwicklung des Embryos, in der keine moralisch relevanten Zäsuren mehr festgestellt werden können. Insbesondere gibt es keinen Zeitpunkt, an dem sich die Empfindungsfähigkeit entwickelt oder die Vernunftfähigkeit aktualisiert. Das Argument ist schwach, weil es zunächst nur epistemisch ist. Denn da man keinen solchen Zeitpunkt identifizieren kann, an dem Bewusstsein und Empfindungen entstehen, kann man an diesen Veränderungen auch keinen Statuswechsel festmachen. Es ist aber unzweifelhaft, dass eine befruchtete Eizelle und das menschliche Lebewesen während der ersten Zellteilungen nichts empfinden und dass sie auch nicht denken können. Auch sind sie in einem anderen Sinn potenziell vernünftig sind als Kinder: Embryonen haben menschliche Gene, Kinder

hingegen haben ein bereits weitgehend ausgebildetes Nervensystem und ein Gehirn. Aber grundsätzlich ist die Kontinuitätsthese zutreffend: Von der befruchteten Eizelle an liegt menschliches Leben vor und entwickelt sich kontinuierlich. Wer die Eigenschaft, menschliches Leben zu sein, mit der Eigenschaft, Würde zu haben, identifiziert, scheint durch diese Kontinuität ein Argument für absoluten Lebensschutz bekommen.

Das dritte Argument ist ganz und gar unangemessen. Denn jedes Einzelding (Tische, Steine, Tiere usw.) ist einzigartig, und menschliche Individualität mit dem einzigartigen Erbgut zu identifizieren ist naturwissenschaftlich unsinnig. Man denke nur an die unterschiedliche Persönlichkeit bzw. Individualität eineiiger Zwillinge. Schon die Behauptung, dass jede Zelle eines Organismus dieselbe genetische Information enthält, ist vom humangenetischen Standpunkt aus keineswegs unumstritten. Außerdem denke man an die Tatsache, dass das menschliche Genom weitgehend identisch ist mit dem Genom so mancher würdeloser und hässlicher Kreatur.

Prämisse der 1. Position

Diese Argumente werden oft bestritten. Typische Gegenargumente sollen bei der Skizzierung der zweiten Position genannt werden. Keines der drei *prima facie* akzeptablen Argumente begründet jedoch aus sich heraus die Absolutheit des Würdeschutzes und die Ableitung eines ebenso absoluten Lebensschutzes. Es handelt sich vielmehr nur um Strategien, den unfraglichen Lebensschutz erwachsener Personen auf eine frühere Phase ihrer biologischen Existenz zu übertragen. Der ersten Position liegt eine unausgesprochene Grundprämisse zugrunde: das abstrakte Würdekonzept. Denn Würde als ein absoluter, nicht-kontingenter und immer ausschlaggebender Wertgesichtspunkt ist mit dem Konzept konkreter Würde unvereinbar. Für die dritte der in Abschnitt 2.2.3 genannten Fragestellungen ergibt sich somit Folgendes: Die erste Position lehnt aufgrund des ihr zugrunde liegenden Würdekonzeptes eine Gradualisierung des Lebensschutzes in verschiedenen Lebensphasen als unplausibel ab, auch wenn es immer wieder Versuche gibt, beides miteinander zu vereinbaren.

2. Position: gradueller Lebensschutz

Ein graduelles Schutzkonzept des menschlichen Lebens behauptet weder die absolute Schutzunwürdigkeit des Embryos noch die Unantastbarkeit der Würde menschlicher Embryonen. Der Unterschied besteht eher darin, dass die aus der Menschenwürde ableitbare Schutzwürdigkeit des Lebens nicht ebenso *absolut* ist wie der Würdeschutz selbst. Vertreter der ersten Position würden zwar nicht bestreiten, dass das menschliche Leben während seiner Dauer tief greifenden Veränderungen unterliegt; sie würden jedoch den Versuch zurückweisen, auf der Grundlage dieser Veränderungen eine unterschiedliche Behandlung hinsichtlich des Lebensschutzes rechtfertigen zu wollen. Ihre Argumentationsgrundlage bilden die Konzepte der Potenzialität, Identität und Kontinuität. Diese Argumente wiederum werden von Vertretern der zweiten Position eines graduellen Lebensschutzes in ihrer Sachhaltigkeit nicht bestritten, wohl aber in ihrer ethischen Gewichtung relativiert. Die befruchtete Eizelle ist ein Lebewesen, das im Verlaufe seines Lebens Potenzen aktualisiert, so dass es immer in gewissen Hinsichten ein mit sich identischer Lebensprozess bleibt und insofern Kontinuität besteht.

Vertreter eines graduellen Lebensschutzkonzeptes leugnen lediglich, dass dies die moralische Rechtfertigung möglicher unterschiedlicher Behandlung ausschließt. Dies kann man mit zwei Argumenten begründen:

(1) Die erste Position begeht einen Fehlschluss und verstößt gegen das so genannte Humesche Gesetz: Aus einer reinen Beschreibung der Wirklichkeit (Deskriptivität) darf man keine normativen Schlussfolgerungen ziehen (Normativität) (vgl. [5], 120–124). Genau darin jedoch besteht die Strategie der ersten Position: Aus der unbestrittenen Tatsache, dass etwas (beispielsweise die befruchtete Eizelle) ein menschliches Lebewesen ist, wird gefolgert, dass es Menschenwürde besitzt und somit absoluten Lebensschutz genießt. Beides wird durch die naturwissenschaftliche Tatsache jedoch nicht abgedeckt, die als Tatsache im Grunde nicht mehr als die bloß tautologische Feststellung zulässt, dass Leben eben Leben und menschliches Leben eben menschliches Leben ist. Die erste Position reagiert auf diese Argumentation mit grundsätzlicher Ablehnung und einer Unterscheidung zwischen dem Zuschreibungsgrund und dem Zuschreibungskriterium für Würde ([76], 2.1.4.1). Das Kriterium der Zuschreibung ist naturwissenschaftlich beschreibbar und besteht in der Artzugehörigkeit. Der Grund der Zuschreibung ist das Wesen des Menschen, also seine Vernünftigkeit, Kommunikationsfähigkeit und autonome Selbstzwecklichkeit.

(2) Hier bringt die zweite Position ihr zweites Argument ins Spiel. Denn die erste Position befindet sich in einem Dilemma: Entweder sie gibt ihren Zuschreibungsgrund auf oder ihr Zuschreibungskriterium verliert seine Relevanz. Der Zuschreibungsgrund ist oben im Kontext des abstrakten Würdekonzeptes dargelegt worden. Ein kantisch inspiriertes Konzept der Würde kann in der Tat verständlich machen, warum man aus der Würde eines Wesens, die man mit Kant in seiner Fähigkeit zu vernünftigem und autonomem Handeln verankert, kategorische Normen des Handelns gegenüber einem solchen Wesen ableiten kann. Aber bei Kant ist die Würde gerade nicht mit dem tierlichen Menschsein verbunden. Die Würde des Menschen hat konzeptionell *nichts* mit seinem Mensch-Sein zu tun, sondern nur mit der Vernünftigkeit, die nicht konzeptionell zwingend spezifisch menschlich ist. Natürlich setzt die Menschenwürde den entsprechenden menschlichen Organismus voraus, aber dieser Organismus hat im Konzept der Würde keinen Platz. Damit ist das Zuschreibungskriterium für den Zuschreibungsgrund vollkommen bedeutungslos. Die erste Position kann an diesem Punkt auf ein konkretes Würdekonzept ausweichen und dem Zuschreibungskriterium argumentative Kraft zuweisen, d. h. das empirische Personsein bzw. den Mensch als lebenden Organismus, der sich biografisch entwickelt, zum Ausgangspunkt machen. Aber dann muss man den Zuschreibungsgrund aufgeben, insofern Vernünftigkeit im Sinne des abstrakten Würdebegriffes nichts Tierliches ist. Wenn die erste Position das tut, dann kann sie keinen kategorischen Lebens- und Würdeschutz mehr begründen und ist somit zur zweiten Position übergelaufen.

Das Fazit der zweiten Position lautet: Potenzialität, Identität und Kontinuität als Argumente der ersten Position können nur naturwissenschaftlich oder medizinisch plausibel gemacht werden. Dies passt nicht zu dem abstrakten Würdekonzept, das der einzige Weg ist, mit dem man nicht-gradualistische Positionen begründen kann. Damit ist die erste Position aus der Sicht der zweiten Position zweifelhaft und es bleibt lediglich die Frage offen, wie man einen graduellen Lebens- und Würdeschutz konkret ausgestaltet und begründet.

Gradualität: Willkür versus Konventionalität

Die Auffassung, dass vom Beginn des Lebens eines Menschen (befruchtete Eizelle) bis hin zu seinem Tode seine Würde als unantastbar gilt, obwohl der Lebensschutz unterschiedliche Formen und Ausmaße annehmen kann, wird oft der Willkürlichkeit bezichtigt. Das ist nicht ganz von der Hand zu weisen: Gradualität setzt Unterschiede voraus, die man einerseits in ihrer Relevanz begründen und andererseits sicher identifizieren können muss. Naturwissenschaftlich gesehen stehen solchen Unterschieden entsprechende Potenzialitäten, die bloß aktualisiert werden, und Identitäten und Kontinuitäten entgegen. Kandidaten für Punkte, an denen man im Bezug auf Embryonen einen Unterschied machen kann, sind beispielsweise: Die Einnistung des Embryos in der Gebärmutter (Nidation), die Geburt oder das Erreichen der Volljährigkeit. Derartigen Kriterien normative Relevanz zuzusprechen ist nicht naturalistisch fehlschlüssig, weil derartige Grenzen bewusst von Konventionen abhängen. Die Grenze ist also nicht rein naturalistisch, sondern *auch* evaluativ. Zumindest das letzte Kriterium macht im menschlichen Leben einen gewichtigen Unterschied aus: Erwachsene haben erweiterte Rechte (Wahlrecht, Vertragsabschlüsse, Klagen vor Gericht usw.) und Pflichten (Begleichung von Schulden, strafrechtliche Verantwortung). Dieser allgemein akzeptierte Unterschied wird auf ein bestimmtes Alter festgelegt, ohne dass eine Überprüfung der Tauglichkeit zum ‚Erwachsenen' erfolgen würde. Man kann sich streiten, ob Volljährigkeit mit 16, 17, 18, 19 usw. Jahren einsetzen soll. Mit welchem Ergebnis man den Streit abschließt, ist aber nicht willkürlich, sondern konventionell. Willkürlich oder *arbiträr* ist eine Entscheidung, wenn sie unüberlegt und ohne Gründe erfolgt. Konventionen hängen vom Willen beispielsweise eines Volkes ab, von historischen Bedingungen und kulturellen Wertvorstellungen. Man kann sie aber in der Regel auf vielfältige Weise begründen. Die Bezeichnung konventioneller Unterschiede als ‚willkürlich' ist also in der Regel Polemik. Dass die Nidation (Embryo als ‚*Leibes*frucht') oder die Geburt (Menschenrechtserklärung der Vereinten Nationen: „Die Menschen werden frei und gleich an Rechten *geboren* und bleiben es") eine unterschiedliche Behandlung begründen *können*, ist sicherlich nicht willkürlich.

Gründe und Gradualität der 2. Position

Wie sieht eine gradualistische Position im Kontext von Potenzialität, Identität und Kontinuität aus? Der Dissens betrifft kaum die medizinischen und naturwissenschaftlichen Tatsachen für sich genommen, sondern vielmehr ihre praktische Bedeutung.

Drei Argumente der Befürworter:

(1) *Potenzialität:* Definitiv gilt, dass Kinder potenzielle Erwachsene sind, dennoch dürfen sie nicht wählen und sie dürfen nur begrenzt arbeiten, sind schulpflichtig und können nur bestimmte Verträge abschließen. Niemand, der diese Unterschiede akzeptiert, stellt ihre Men-

schenwürde in Frage. Gleiche Potenzialität ist somit kein Argument für eine schlechthinnige Gleichbehandlung. Im Falle des nicht-geborenen menschlichen Lebens betrifft diese Feststellung *vielleicht* auch in gewissem Sinne den Lebensschutz, der bei Kindern wiederum unfraglich ist. Auch muss man bezüglich des Potenzbegriffes mindestens zwei Bedeutungsnuancen unterscheiden: aktive (x wird von selbst zu y) und passive Potenz (x kann zu y gemacht werden). Nichts wird in einem absoluten Sinne ‚von selbst' zu etwas. Kinder (x) bedürfen eines sozialen und familiären Umfeldes, um zu Erwachsenen zu werden (y); Embryonen (x) im Uterus bedürfen einer sie angemessen ernährenden Umgebung, um zu lebensfähigen Säuglingen (y) zu werden. Man kann durchaus sagen, dass der Grad der aktiven Potenz in der Entwicklung zur Person zunimmt: Die soziale und familiäre Umgebung muss immer weniger formend eingreifen. Empirisch unhaltbar wäre es, schon dem Embryo in der Gebärmutter und darüber hinaus sogar der befruchteten Eizelle im Labor das umfassende ‚aktive Potenzial' zusprechen zu wollen. Die befruchtete Eizelle im Reagenzglas stirbt vielmehr von selbst ab oder entwickelt sich zu embryonalen Stammzellen, wenn man sie dazu macht. Die Frage lautet daher: Aufgrund welcher Potenzialität soll man sie unbedingt zu einem Embryo im Mutterleib machen?

(2) *Identität:* Auch wenn das Argument der ersten Position *prima facie* gewisse Kraft hat, ist die Identifizierung von autonomen Personen mit einem genetischen angelegten Programm naturwissenschaftlich unhaltbar und reduktionistisch. Sie ist zudem moralisch bedenklich, weil sie die ganze Biografie von Personen so interpretiert, dass sie keinen moralisch relevanten Unterschied konstituiert. Vor dem Hintergrund des abstrakten Würdekonzeptes ist sie philosophisch bedenklich, weil Würde hier nichts Konkretes ist; sie ist z. B. nicht, wie das Genom, etwas empirisch Beobachtbares und Kontingentes. Identität zwischen x und y besteht in diesem Kontext bloß in bestimmten Hinsichten, insofern niemand behaupten würde, dass die befruchtete Eizelle (x) schlechthin, d. h. ohne weitere Qualifikation identisch mit dem erwachsenen Menschen (y) ist. Hier schleicht sich übrigens sehr leicht ein Fehler ein: *Natur* des Menschen im Sinne von ‚Wesen' bzw. ‚Essenz' wird verwechselt mit dem naturwissenschaftlich beschreibbaren Menschen. Die Frage ist: In welcher ethisch relevanten Hinsicht ist ein Embryo im Mutterleib oder gar im Labor identisch mit einer erwachsenen Person?

(3) *Kontinuität:* Die Behauptung, dass keine empirische Veränderung im Kontinuum des Lebens von Menschen mehr als moralisch relevanter Grund für Ungleichbehandlung in einer bestimmten Hinsicht dienen könnte, widerspricht (a) der sozialen Praxis und (b) dem Identitätsargument und ist (c) logisch bedenklich. – (a) Man würde es als unmoralisch erleben, wenn Kinder für ihre Schulden aufgrund unseriöser Handyverträge einstehen müssten. (b) Das Identitätsargument setzt voraus, dass die befruchtete menschliche Eizelle ein menschliches

Subjekt *ist*. Dies widerspricht der Kontinuitätsthese, die voraussetzt, dass es Unterschiede gibt, die jedoch nicht als scharfe Einschnitte interpretiert werden dürfen. (c) Niemand leugnet die Kontinuität des individuellen Lebensprozesses. Aber selbst bezogen auf die Eigenschaft der Lebendigkeit gibt es im Leben von Menschen auch Diskontinuität, bspw. einen Tod mit anschließender intensivmedizinischer Wiederbelebung. Kontinuität in einer Hinsicht ist kein Argument gegen Diskontinuität in anderen Hinsichten, und weder das eine noch das andere spricht *per se* für oder gegen Gleich- und Ungleichbehandlung. Die Frage ist: Warum soll aus der prinzipiellen Kontinuität des organischen Lebensprozesses in Bezug auf den Lebensschutz die absolute Gleichbehandlung von befruchteter Eizelle und erwachsener Person folgen?

Im Kontext der Frage nach der Forschung mit embryonalen Stammzellen kann man die gradualistische Position so skizzieren: Es ergibt einen *Unterschied*, ob eine menschliche Eizelle zu reproduktiven oder zu therapeutischen Zwecken befruchtet wird, ebenso wie es einen Unterschied ergibt, ob eine befruchtete Eizelle in der Gebärmutter ist und (!) vom Mutterorganismus angenommen ist. Dies leugnen zu wollen, hieße für einen Vertreter der zweiten Position, ein weitgehend unangemessenes Bild vom Menschsein zu erzeugen. Als Grund kann man beispielsweise anführen, dass die befruchtete Eizelle nicht ohne weitere Bedingungen ein heranwachsendes menschliches Lebewesen ist. In der Petrischale entwickelt sich der fälschlich als Embryo bezeichnete Zellverbund ziellos oder stirbt beim gegenwärtigen Stand der Technik irgendwann ab. Erst im schützenden und nährenden Umfeld des weiblichen Organismus liegt ein Embryo vor. Eine Ausweitung des Begriffs des Embryos sollte daher keineswegs leichtfertig erfolgen. Hier könnte der Zweck der Herstellung von befruchteten Eizellen einen Unterschied ergeben. In der Reproduktionsmedizin dient ihre Herstellung dem Fortpflanzungswunsch. Beim therapeutischen Klonen oder in der Forschung ist dies nicht der Fall. Daher dürfen befruchtete Eizellen in verschiedenen Kontexten verschieden behandelt werden, weil sie in den jeweiligen Kontexten Verschiedenes *sind*.

Prämisse der 2. Position

Auch der zweiten Position liegt eine unausgesprochene Prämisse zugrunde: das konkrete Würdekonzept. Denn sowohl Würde als auch der aus ihr ableitbare Lebensschutz können gradualistisch nur an bestimmten empirischen Kriterien festgemacht werden. Eine extreme Engführung von Würde- und Lebensschutz und ihre Entkoppelung von empirischen Unterschieden gelingt auf plausible Weise nur auf der Basis eines abstrakten Würdekonzeptes. Die Relevanz empirischer Kriterien ist keine bloße Faktenfrage, sondern immer auch eine Frage danach, welche Normen historisch und kulturell Akzeptanz finden und als jeweils rationale Begründungen akzeptiert werden. Gradualität des Lebensschutzes und Veränderbarkeit seiner jeweils konkreten Ausgestaltung setzen ein konkretes Würdekonzept voraus. Nur so kann man verständlich machen, dass Würde zwar ein bei uns unantastbarer Höchstwert ist, dass aber andere Wertgesichtspunkte mit einbezogen werden müssen, wenn man den resultierenden Grad des Lebensschutzes bestimmen und präzisieren möchte.

Die Funktion der unausgesprochenen Prämissen

Der Streit zwischen Vertretern der beiden Positionen trägt vielfach ideologische Züge (vgl. [73]). Beide Seiten wollen ihre aufrichtigen und tiefen moralischen Intuitionen schützen und versuchen daher, im politischen Kontext ihre Positionen durchzusetzen, damit sie in einer Umgebung leben, in der diese Intuitionen problemlos gelebt werden können. Der eigentliche Dissens scheint eher weltanschaulicher Natur zu sein. Er kann ebenso wenig durch Verweis auf naturwissenschaftliche Fakten gelöst werden wie durch Hinweise auf konsistente Theorien und stringente Argumentationen. Das, was Vertreter der jeweiligen Positionen als kohärent ansehen, und die Gründe, in denen sie argumentative Kraft erkennen können, hängt auch von Vorstellungen über den Wert des Lebens und seine praktische Bedeutung ab. Weltanschauliche Konflikte werden aber in einem säkularen, pluralistischen und liberalen Gemeinwesen so behandelt, dass einander mit Toleranz begegnet werden muss. Auf diesem Punkt werden die Befürworter des therapeutischen Klonens beharren. Toleranz setzt jedoch voraus, dass die zu tolerierenden weltanschaulichen Positionen mit dem notwendigen gesellschaftlichen Grundkonsens (*overlapping consensus*) vereinbar sind. An dieser Stelle werden die Gegner ansetzen. Welche Standpunkte in der öffentlichen Diskussion ernst genommen werden sollten, kann sich dann nur anhand interner argumentativer Stimmigkeit herausstellen.

2.3.2 Organtransplantation

Aus der Perspektive der praktischen Orientierung, wie sie in der Einleitung für diese Einführung zum Grundanliegen gemacht wurde, stellt die Organtransplantation als medizinische Therapie im Gegensatz zur vorangegangenen Problematik zunächst kein moralisches Problem dar. Aus der Perspektive der sozialen Orientierung könnte man durchaus der Auffassung sein, dass die Transplantationsmedizin und die für sie nötige Forschung eine unbotmäßige Verschwendung von Ressourcen darstellen, weil man den finanziellen Aufwand und die personellen Ressourcen effektiver einsetzen könnte. Aber diese zweite Perspektive soll in der vorliegenden Einführung eine untergeordnete Rolle spielen.

Eine Reihe von Krankheiten sind darauf zurückzuführen, dass die organische Funktionalität des gesunden Organismus verloren gegangen ist. Zumeist würde dies mehr oder weniger schnell zum Tode führen, wenn die durch den Funktionsverlust entstandene Funktionslücke im Organismus nicht wieder geschlossen würde. In der modernen Medizin gibt es für eine Reihe von solchen Funktionsverlusten Ersatz und somit Therapien. Dies ist die Basis der Transplantationsmedizin.

Ersatz organismischer Funktionalität: (a) prothetisch

Ersatz organismischer Funktionalität kann zum einen durch technische Hilfsmittel, d.h. Prothesen im weitesten Sinne erfolgen. Die Volkskrankheit Diabetes wird durch einen Ausfall oder eine Verminderung der Insulinproduktion im Organismus verursacht und führt zu einem Ungleichgewicht des Stoffwechsels, das unbehandelt zum Tode führen kann. Die Behandlung besteht oft darin, dass die Kranken das Funktionsdefizit technisch ausgleichen: Sie messen Blutwerte und spritzen sich eine entsprechende Menge Insulin. Wenn dagegen die Nieren versagen, dann müssen sich die Erkrankten mehrfach in der Woche für mehrere Stunden einer Dialyse unterziehen. Der technische Ersatz reinig das Blut von Giftstoffen, die sich im Blut anreichern (Blutwäsche). Beide Formen des prothetischen, d.h. technischen Ersatzes von Organfunktionen erfordern eine erhebliche Anpassung des Lebenswandels und stellen einen gravierenden Verlust an Lebensqualität gegenüber der eines gesunden Menschen dar.

Ersatz organismischer Funktionalität: (b) Transplantation

Der technische Ersatz organischer Funktionen ist eine Errungenschaft der modernen Medizin. Früher starben Patienten unweigerlich an den Auswirkungen des Funktionsverlustes der Niere oder der Bauchspeicheldrüse. Der technische Ersatz ist aber nur eine Notlösung. Der Umgang mit Diabetes mag noch als relativ unproblematisch angesehen werden, die Dialyse ist aber sicherlich nur ein schlechter Ersatz. Die Maschine als Prothese arbeitet nicht kontinuierlich, wie die Nieren es tun. Damit ihr das Blut zugeführt werden kann, muss es den Körper verlassen, indem die Vene einer erkrankten Person punktiert wird. Die Venen müssen groß sein, damit sie genügend Blut führen. Hierzu müssen sie operativ vorbereitet werden, was bedeutet, dass ein natürlicher oder künstlicher ‚Shunt' gelegt werden muss, also eine künstliche Verbindung zwischen Blutgefäßen, die einen hohen Blutdurchfluss gewährleistet. Durch die häufige Punktierung des Shunts kann es zu Problemen und im Extremfall zu Verschluss kommen. Dann muss an einer anderen Stelle ein neuer Shunt gelegt werden. Die Dialyse selbst stellt eine Belastung für den Kreislauf dar. Der technische Ersatz hat also gegenüber der natürlichen Funktionsweise erhebliche Nachteile. Da man echte Organe, die im Gegensatz zum technischen Funktionsersatz eine organismische Alternative sind, nicht künstlich herstellen kann, muss man sie toten oder lebenden Menschen entnehmen, die ihre Spendebereitschaft erklärt haben, und den Kranken sodann implantieren (einpflanzen). Eine erfolgreiche Transplantation stellt organische Funktionalität besser wieder her als technischer Ersatz. Transplantierbare Organe sind im Wesentlichen Niere, Leber, Herz, Lunge. Obwohl Organtransplantationen heute zu den Standardtherapien zählen, führen sie nicht wirklich zu einer Gesundung der Transplantierten. Das Immunsystem des Organismus stößt die fremden Organe mehr oder weniger stark ab. Deshalb müssen Transplantierte ständig Medikamente einnehmen, die ihr Immunsystem massiv unterdrücken. Stets droht die Abstoßungsreaktion außer Kontrolle zu geraten, und viele Organe sind nach einigen Jahren verloren. Auch kann es vorkommen, dass die implantierten Organe nicht funktionieren. Transplantierte leben immer mit der Belastung, dass sie eventuell die Spendeorgane verloren geben müssen. Dies bedeutet eine erhebliche psychische Belastung. Erfolgreich Transplantierte sind also immer noch chronisch schwer kranke Personen.

Organtransplantation und der Wert des Lebens

Die ethischen Probleme der Organtransplantation sind ganz unterschiedlicher Natur. (1) Die Organe werden Toten entnommen. Lange Zeit waren die Todeskriterien umstritten. (2) Organe können auch von Lebenden stammen. Die Lebendspende bringt jedoch erhebliche ethische Probleme mit sich. (3) Der Bedarf an Organen ist groß und steigt ständig. Ihm korrespondiert in keiner Weise die Spendebereitschaft. Ist Organspende eine solidarische Pflicht den Mitmenschen gegenüber? (4) Die Organtransplantation erschüttert das menschliche Selbstverständnis. – Der Wert des kranken, geretteten oder gestorbenen Lebens und die menschliche Solidarität gegenüber dem kranken Leben bilden die Kernproblematik der Ethik der Organtransplantation. Insgesamt kann die Praxis der Organtransplantation der Illustration umfassender Veränderungen im menschlichen Selbstverständnis dienen, die durch die moderne Medizin bewirkt werden (vgl. [84] f., [87] f.).

(1) Der Tod (Definition, Kriterium)

Organe für die Implantation in einen Empfängerorganismus werden in der Regel Toten entnommen. Aber nicht jeder Tote kommt hierfür in Frage. Denn die Qualität der Organe nimmt mit dem Tod des Patienten sehr schnell ab und gefährdet so den Implantationserfolg. Daher setzt die Organentnahme einerseits den Tod des Patienten, andererseits die Aufrechterhaltung der Funktionen des Herzlungenkreislaufs durch Maßnahmen der Intensivmedizin voraus. Dies sichert die Durchblutung und damit die Versorgung der Organe. Ebenso wie ein Dialysepatient nicht tot ist, nur weil seine Nieren abgestorben sind, ist auch ein Leichnam nicht lebendig, nur weil bestimmte Organe dadurch noch funktionieren, dass andere Organe (Herz-Kreislaufsystem) künstlich ersetzt werden. Die traditionell mit dem Tod verbundene Vorstellung besteht darin, dass das Herz aufhört zu schlagen und die Atmung erlischt. Dass beides als Anzeichen für den Tod aufzufassen sei, ist tief im kulturellen und individuellen Bewusstsein verankert. Die medizinische Praxis, insbesondere die der Organtransplantation, widerspricht dem und führt somit zu tiefen Irritationen. So entstand der Eindruck, dass Organe Lebenden entnommen werden, weil sie wehrlos sind und andere ihrer bedürfen. Die folgende Stellungnahme geht hierauf ein.

Organentnahme und Hirntod:
„Die meisten zu übertragenden Organe werden nicht lebenden, sondern hirntoten Spendern entnommen. Der äußere Unterschied zwischen Herztod und Hirntod kann irrtümlich so gedeutet werden, als ob Gewebe und Organe schon vor und nicht erst nach dem Tod des Spenders entnommen würden. Daher ist für das Vertrauen in die Transplantationsmedizin nicht nur die ärztlich selbstverständliche sichere Feststellung des Todes vor der Organspende entscheidend wichtig, sondern auch die allgemeine Kenntnis des Unterschieds zwischen Herztod und Hirntod. Herztod heißt bleibender Stillstand des Herzens und damit auch des Kreislaufs. […] [Es] stirbt beim Hirntod das gesamte Gehirn vor allen übrigen Organen ab. Ihre Tätigkeit läßt sich von da an noch eine Zeitlang künstlich aufrechterhalten, aber doch eben nur noch künstlich und ohne jede Aussicht auf eine Erholung des Gehirns. Daher heißt Hirntod vollständiger und bleibender Verlust der gesamten Hirntätigkeit unter den Bedingungen der Intensivbehandlung, einschließlich der künstlichen Beatmung. […] Der Hirntod bedeutet ebenso wie der Herztod den Tod des Menschen. Mit dem Hirntod fehlt dem Menschen die unersetzbare und nicht wieder zu erlangende körperliche Grundlage für sein geistiges Dasein in dieser Welt“ (*Organtransplantationen,* Erklärung der Deutschen Bischofskonferenz und des Rates der EKD, Bonn, Hannover 1990, dbk.de).

Die Ausdrücke ‚Hirntod' oder ‚Herztod' rühren daher, dass einzelne Organe absterben können. Die Erklärung der beiden großen christlichen Kirchen in Deutschland macht jedoch deutlich, dass der Tod eines Menschen nicht in einem solchen ‚Teiltod' besteht, sondern im irreversiblen Verlust der Integrationskraft des Organismus als einer lebendigen Einheit. Diese Todesdefinition ist Jahrtausende alt und stand nie zur Diskussion. Was sich durch die moderne High-Tech-Medizin verändert hat, ist die Notwendigkeit, heute bei *einigen* Toten ein anderes Kriterium zur Todesfeststellung anzuwenden. Der Grund dafür liegt darin, dass man mit intensivmedizinischen Methoden die natürliche Atmung und den Kreislauf unterstützen kann, auch wenn das Gehirn seine Steuerungsfunktion bereits verloren hat. Das Hirntodkriterium wird also nur im Kontext der Intensivmedizin überhaupt relevant. Es stellt daher keineswegs eine Umdefinierung dessen dar, was als Tod eines Menschen gilt. Diese Klarstellung ist wichtig, weil in der öffentlichen Diskussion bisweilen unterstellt wurde, dass am Konzept des Todes herumdefiniert werde, um zum Nachteil von Sterbenden (also noch Lebenden!) schneller an bessere Organe für Kranke heranzukommen (vgl. aber [90] und [94]; dagegen [84], [93], [92]).

Neben der Definition und den Kriterien für den Tod sind die Testverfahren für die Todesfeststellung relevant. Hier spricht man vom sogenannten Hirntodprotokoll. Dabei handelt es sich um eine Reihe von medizinisch begründeten Testkriterien, anhand deren man in der Intensivmedizin das Vorliegen des vollständigen und irreversiblen Verlustes der gesamten Hirnfunktion feststellen kann. Als Beispiele können eine 30-minütige Nulllinie der Hirnströme oder die Weite der Pupillen und ihre fehlenden Reflexe angeführt werden. Das Hirntod-Protokoll muss von zwei Ärzten unabhängig durchgeführt und dokumentiert werden. In der Praxis der Organtransplantation ist gesetzlich vorgeschrieben, dass die Ärzte, die den Tod feststellen, nicht an der Vorbereitung und Durchführung der Organentnahme an dem Toten identisch sind.

Der Tod:

(1) *Todesdefinition:* Tod ist der irreversible Verlust der Integrationskraft des Organismus.
(2) *Todeskriterien:* Dieser Verlust wird im Normalfall mit dem irreversiblen Verlust der Kreislauffunktion identifiziert und in der Intensivmedizin mit dem irreversiblen Verlust der gesamten Hirnfunktion.
(3) *Testverfahren:* Es muss auf der Basis medizinischer Testkriterien ein Verfahren ermittelt werden, auf dessen Basis das Vorliegen des Todeskriteriums festgestellt wird.

Der Tod ist nur eine notwendige Bedingung für die Organentnahme am Leichnam. Er ist nicht hinreichend. Über den Tod hinaus wirken Persönlichkeitsrechte fort, die eine Organentnahme vom Leichnam unmöglich machen können. Denn es bedarf zusätzlich der expliziten Bekundung der Spendebereitschaft durch die noch lebende Person, beispielsweise durch einen Organspendeausweis. In der Regel werden aber auch die Angehörigen bei der Entscheidung mitherangezogen.

(2) Lebendspende

Mangelnde Spendebereitschaft führt dazu, dass Organe von Toten knapp sind. Man kann jedoch Spendeorgane wie z. B. die Niere auch von Lebenden bekommen, da Nieren paarig vorkommen und eine gesunde Person in der Regel auf eine von ihnen verzichten kann. Auch die Leber kann man lebend spenden. Hierzu wird ein Teil der Leber entnommen und einem Empfänger implantiert; das Gewebe der Spenderleber wird regeneriert. Die Lebendspende stellt ein ethisches Problem dar, weil die nötige Explantation einen gravierenden Eingriff in den Spenderorganismus darstellt. Auch kann es beispielsweise bei einem Nierenspender vorkommen, dass später die verbliebene Niere versagt und die Person somit dialysebedürftig wird.

Bedingungen der Lebendspende:

(a) Die Lebendspende muss vollkommen freiwillig sein.
(b) Die Spender müssen über die Risiken aufgeklärt werden.
(c) Eine Gefährdung des Spenders muss weitgehend ausgeschlossen werden.
(d) Es muss gewährleistet werden, dass auf der Empfängerseite besonders gute Umstände vorliegen, die den Erfolg der Implantation als sehr wahrscheinlich erscheinen lassen.

Gefahren für Freiwilligkeit

Auch wenn die Lebendspende kein grundsätzliches ethisches Problem darstellt, sollte grundsätzlich die Leichnamspende bevorzugt werden. Die Freiwilligkeit der Lebendspende ist vor allem aufgrund dreier Gefahren zu gewährleisten:

(1) Der Lebendspender wird zwar über die Risiken aufgeklärt und gibt seine Zustimmung zur Operation auf der Grundlage von Informationen (*informed consent*), aber abgesehen von akuten Gefahren sind besonders die fernliegenden Risiken für den Spender relativ abstrakt und damit in ihrer praktischen Relevanz für das Leben unbestimmt. Hier bedarf es eingehender und individueller Beratung. Aber kein Lebender kann für sich in die Zukunft sehen, und so bleibt seine Zustimmung immer von Unwägbarkeiten geprägt: Was passiert in einem möglichen Krankheitsfall mit dem Spender, und wie reagiert er emotional?
(2) Lebendspende kann zu Organhandel führen. Dies gilt zwar im Prinzip auch für die Leichnamspende, aber in geringerem Umfang. Allgemein als unmoralisch erachtet wird die kommerzielle Lebendspende, die die wirtschaftliche und soziale Not der Spender ausnutzt, wie dies z. B. im Organhandel in der sogenannten Dritten Welten geschieht. In der Regel wird die Lebendspende daher auf Angehörige beschränkt. Im Transplantationsgesetz von 1997 heißt es jedoch, dass auch „andere Personen, die dem Spender in besonderer persönlicher Verbundenheit offenkundig nahestehen" (§ 8, Abs. 1), spenden dürfen. Damit ist verdeckter Organhandel nicht wirklich ausgeschlossen, insofern ‚offenkundige Verbundenheit' ein dehnbarer Begriff ist und derartige Beziehungen relativ kurzfristig oder in Täuschungsabsicht angebahnt werden können – man denke an Scheinehen im Kontext der Gewährung von Aufenthaltsgenehmigungen.
(3) Auch im familiären Umfeld kann die Lebendspende den Charakter der Freiwilligkeit verlieren. Denn emotionale Verbindungen oder offene und verdeckte Einflussnahme können potenzielle Zwangsmechanismen darstellen. Nicht nur kommerzieller Organhandel kann also möglicherweise die Freiwilligkeit der Spende beeinträchtigen, sondern auch emo-

tionale Erpressungsmechanismen wie beispielsweise das Ausnutzen eines ‚Helfersyndroms'.

Jedoch könnte man auch unter Voraussetzung ihrer Freiwilligkeit ethische Gründe gegen die Lebendspende anbringen, wenn man mit dem traditionellen Arztethos argumentiert: Der Hippokratische Eid verbietet es Ärzten, dem Patienten Schaden zuzufügen. Ohne Zweifel fügt die Lebendspende dem Spender aus medizinischer Sicht erheblichen Schaden zu. Bereits der Explantationseingriff selbst ist medizinisch unnötig. Sodann hat die fehlende Organfunktion zunächst zwar keine Folgen für den Spender, stellt aber dennoch eine erhebliche Schädigung dar, insofern etwa eine Niere oder ein Teil der Leber und damit deren Leistungskraft fehlen. Es können aber immer Umstände eintreten, die gerade diese fehlende Leistungskraft für den Spender schädlich werden lassen. Dennoch wird man dies in der Regel nicht als gravierenden ethischen Einwand gelten lassen. Dies ist ein konkretes Indiz dafür, dass das traditionelle Arztethos durch medizinischen Fortschritt einem substanziellen Veränderungsdruck unterliegt. Die autonome Entscheidung des Spenders, für sich erhebliche Risiken und Schädigungen in Kauf zu nehmen, kann das ärztliche Schädigungsverbot partiell außer Kraft setzen. Aber auch wenn es somit gegen die Lebendspende keine grundlegenden ethischen Einwände gibt, ist ihre Praxis in erheblichem Maße anfälliger für ethisch bedenkliche Fehlentwicklungen als die Leichnamspende, weil die Freiwilligkeit nur sehr schwer zu überprüfen und zu gewährleisten ist.

(3) Allokation

Organknappheit ist tödlich. Jedes Jahr sterben Kranke, die auf transplantierbare Organe warten. Dabei sind solche Kranken im Nachteil, deren organischer Funktionsverlust gar nicht oder nur kurze Zeit technisch ausgeglichen werden kann (beispielsweise schwer Herz oder Leberkranke). Dennoch sterben auch Nierenkranke, während sie auf die Transplantation warten, weil die Dialyse keinen optimalen Ersatz für den Funktionsverlust darstellt. Bei Leber und Herzkranken ist die Situation noch dringender, weil der technische Ersatz der Funktionen nur kurze Zeit möglich ist. Aus medizinischen (Gesundheit) und ethischen (Lebensqualität) Gründen – und bei der Niere zudem aus Kostengründen – sollte man daher die Organtransplantation bevorzugen. Aus ethischen Gründen ist die Leichnamspende der Lebendspende vorzuziehen. Aufgrund mangelnder Spendebereitschaft müssen die knappen Organe angemessen verteilt werden. Hierfür gibt es zunächst *medizinische Kriterien.* So sind Patienten für die Transplantation ausgeschlossen, die weitere, den Transplantationserfolg gefährdende Krankheitsbilder vorweisen, d. h. jede Form bösartiger und nicht-kurativ behandelbarer Krankheiten, AIDS, Herz, Gefäß, Lungen, Nieren, Lebererkrankungen, Infektionen usw. Weitere Kriterien für die Zuteilung eines Spenderorgans sind die Dringlichkeit auf Seiten des Empfängers (Krankheitszustand) sowie des Spenders (Konservierungsdauer des Organs für Transport usw.), die Blutgruppenverträglichkeit und weitere Kompatibilitätsmerkmale (Humane-Leukozyten-Antigene: HLA) zwischen Spender und Empfänger.

Die Relevanz dieser und anderer medizinischer Kriterien bei der Verteilung knapper Organe ist jedoch nicht ethisch neutral bzw. eine reine Faktenfrage. Ganz grundsätzlich ist die Allokationspraxis in Europa, die durch die gemeinnützige Stiftung ‚Eurotransplant' logistisch gesteuert wird (www.eurotransplant.nl), von konsequenzialistischen Erwägungen geleitet. Unter Allokation vesteht man Verteilung (vgl. lateinisch *allocare* = verteilen).

Ziel ist es, die zur Verfügung stehenden Organe so zu verteilen, dass dabei der größtmögliche Nutzen im Sinne von medizinischem Erfolg und Lebensqualität für *Individuen* erreicht wird. Dahinter – und somit hinter den aktuell geltenden ‚medizinischen' Kriterien – verbirgt sich die Wertvorstellung, dass der *Gesamtnutzen* der Transplantationspraxis kein ethisch vertretbares Ziel darstellt. Man könnte nämlich die Organe auch so verteilen, dass junge Personen bevorzugt würden, wenn gleiche Organverträglichkeit besteht im Vergleich zu älteren Personen. Hierdurch würde in Bezug auf die Gesamtzahl der dialysebedürftigen Patienten die Zahl der komplikationsärmeren Jahre in der Dialyse vergrößert, und zugleich würden gesellschaftliche Kosten im Vergleich zur jetzigen Praxis verringert, insofern ältere Dialysepatienten eher sterben als jüngere Transplantierte, weil jüngere eine bessere Grundkonstitution haben, was den Transplantationserfolg positiv beeinflusst. Doch dieser statistische und kollektive Nutzen ist für die gegenwärtige Transplantationspraxis irrelevant, weil sie Organempfänger als Individuen betrachtet. – Ethisch bedenklich, wenn auch keineswegs vollkommen unplausibel und in jeder Hinsicht moralisch irrelevant, sind weitere nicht-medizinische Kriterien für die Organverteilung.

Ethische oder gerechte Kriterien für die Verteilungspraxis?

(1) Das Alter von Patienten ist nicht unbedingt ein bloß medizinisch relevantes Kriterium der Organverteilung. Auch wenn das Leben alter Menschen genauso wertvoll ist wie das junger, könnte man doch geneigt sein, ein Organ einem Kind, einem Jugendlichen oder einer Mutter mit Kind eher zuzuteilen als einem achtzigjährigen Kranken. Auch die gesellschaftliche Stellung oder die wirtschaftliche Ertragskraft einer Person könnten Kriterien sein, welche die Zuteilung eines Organs wahrscheinlicher machten. Man könnte auch der Auffassung sein, dass ein Alkoholsüchtiger selber Schuld ist am Versagen seiner Leber.

(2) Eine andere Klasse von Kriterien könnte die Spendebereitschaft selbst sein: Jemand, der sich selbst bereit erklärt hat zu spenden (beispielsweise durch einen Organspendeausweis und Äußerungen gegenüber Angehörigen), kommt bei gleicher Verträglichkeit des Spendeorgans eher als Organempfänger in Frage als jemand, der sich nicht oder gar ablehnend geäußert hat. Es wird auch die so genannte Widerspruchslösung diskutiert. Hier wird die Spendebereitschaft grundsätzlich vorausgesetzt: Sofern nicht explizit zum Ausdruck gebracht wurde, dass *keine* Spendebereitschaft vorliegt (beispielsweise als Widerspruch bekundet in einem Organspendeausweis), kann man davon ausgehen, dass ein Toter für eine Spende zur Verfügung steht. Weil dies als Organ*enteignung* erachtet werden könnte, wird die Widerspruchslösung oft als widerrechtlich und mit dem Grundgesetz unvereinbar erachtet.

Wenn in der gegenwärtigen Praxis derartige Verteilungskriterien abgelehnt werden, dann ist das ein Indiz dafür, dass zwei Werte als zentral erachtet werden: Nicht nur hat (a) der entscheidungsfähige Spender in seiner Relation zur Empfängergemeinschaft keine *Pflicht* zur Spende, sondern (b) der Empfänger hat in Bezug auf die Spendergemeinschaft kein besonderes *Anrecht* auf ein Organ. Nicht nur Krankheit, sondern auch Gesundheit werden in dieser Hinsicht als schicksalhaft akzeptiert werden müssen. (Zu Allokationsprinzipien in der Transplantationsmedizin vgl. [89] Beiträge in [84], [88] f. und grundsätzlich [91].)

(4) Veränderung des Selbstverständnisses

Jede Organtransplantation rettet nicht nur Menschen, sondern kann bei Mangel an Spenderorganen auch für andere Kranke, die ebenfalls als Empfänger in Frage kommen, tödlich sein. Die medizinische Option der Organtransplantation trägt im Wesentlichen in drei Hinsichten zu einer Veränderung des menschlichen Selbstverständnisses bei:

(1) Der Tod als Phänomen im Leben von Menschen verändert sein Gesicht. Insbesondere die lebensweltliche Erfahrung des Todes tritt auf der Intensivstation in einen teilweise als bedrohlich erlebten Gegensatz zum naturwissenschaftlich-medizinischen Umgang mit dem Tod. Es gibt warme Tote mit Herzschlag und rosiger Haut; der Tote ist nicht mehr immer fahl, wächsern und steif. Obwohl der Tod an sich unverändert das ist, was er immer war (Definition), wird sich aufgrund der medizinisch begründeten Veränderung der Todeskriterien die praktische Bedeutung des Todes verändern.

(2) Menschen haben nicht einen Körper, so wie sie alle möglichen Dinge besitzen und sich von ihnen trennen bzw. neue hinzubekommen können. Zudem ist der menschliche Organismus eine organische und keine mechanische Einheit. Aber die medizinische Option der Organtransplantation verändert diese Wahrheiten partiell: Soll in mir das Herz eines anderen schlagen? Mein Herz soll in einem anderen schlagen? Der eigene Körper wird teilweise ersetzbar und dient teilweise der Ersetzung von Funktionalitätsdefiziten in anderen Körpern. Die Vorstellungen von körperlicher und organischer Integrität geraten durch die Transplantationsmedizin ins Wanken. Hieraus resultieren in der Transplantationspraxis teilweise erhebliche psychologische Probleme bei Transplantierten.

(3) Die mangelnde Spendebereitschaft ist sicherlich in einem gewissen Maße auf die beiden ersten Punkte zurückzuführen. Die moderne Medizin eröffnet also eine Notwendigkeit für ein bisher unbekanntes, aber bedeutendes Betätigungsfeld mitmenschlicher Solidarität. Haben aber alle Menschen die Pflicht, ihren Leichnam – sofern er für eine Spende in Frage kommt – anderen Menschen zur Verfügung zu stellen? Weder die Reichweite der Verpflichtung noch ihre praktischen Folgen sind bisher ethisch und im gesellschaftlichen bzw. rechtlichen Kontext klar umrissen. Die Sorge der Lebenden für ihren künftigen Leichnahm, beispielsweise die Bestattungsform, sieht traditionell nicht die Organentnahme vor dem Begräbnis vor.

Selbst wenn der Wert des menschlichen Lebens oder die Menschenwürde als unantastbar und absolut oder zumindest als Güterabwägungen weitestgehend enthoben gelten, wird sich durch derartige Veränderungen des Selbstverständnisses die praktische Bedeutung und die orientierende Kraft dieser zunächst abstrakten Prinzipien verändern. So könnte man beispielsweise das Verständnis der Persönlichkeitsrechte, die nach dem Tode fortwirken, korrigieren. Denn repräsentative Umfragen belegen, dass die Mehrheit der Bevölkerung einer Organspende nach dem Tod zustimmt. Aber nur eine verschwindend geringe Minderheit bekundet dies in einem Organspendeausweis. Vielleicht sollte man daher das Verständnis des über den Tod hinaus fortwirkenden Persönlichkeitsrechts in dem Sinne korrigieren, dass man den in einem Organspendeausweis bekundeten Widerspruch gegen eine Organentnahme fordert und ansonsten die Spendebereitschaft voraussetzt. Aus einer solchen Korrektur ergäbe sich eine Modifikation des konkreten Würdeverständnisses, weil die Grundrechte in einer wechselseitigen Abhängigkeit und Beziehung zueinander gesehen werden müssen.

2.3.3 Aktive Sterbehilfe: Euthanasie

Das Wort ‚Euthanasie' stammt aus dem Griechischen und bedeutet ‚schöner Tod' oder ‚auf gute Weise sterben' (von griech. *eu* = gut und *thanatos* = Tod). Ähnlich wie im Kontext der Debatte um Forschung an embryonalen Stammzellen und das therapeutische Klonen ist Euthanasie ein Reizthema. Es geht darum, ob es erlaubt sein kann, dass es

(1) Patienten unter bestimmten Umständen möglich ist, zu wünschen, zu erbitten oder zu fordern, von einem Arzt auf sanfte Weise und im Sinne einer medizinischen Leistung getötet zu werden, und
(2) Ärzte unter bestimmten Umständen als Teil ihrer ärztlichen Kunst ansehen dürfen, einem entsprechenden Wunsch eines Patienten nachzukommen, indem sie ihr Wissen zum Nachteil des *Lebens* eines Patienten einsetzen.

Der Anfang und das Ende des Lebens sind in der öffentlichen Diskussion deshalb so bedeutsam, weil Vertreter des abstrakten Würdekonzeptes den Würdegrund aus dem während ihrer Existenz unveränderlichen Wesen (kognitive Autonomie, vernünftige Selbstzwecklichkeit) der Würdeinhaber entlehnen. Aller empirisch reichhaltigen und daher kontingenten Merkmale des Lebens von menschlichen Personen beraubt, werden Würdigkeit und Lebendigkeit austauschbar: Lebendigkeit ist hinreichend für Würdigkeit, und da der Würdeschutz kategorisch gilt und Lebendigkeit eine Frage des Alles oder Nichts zu sein scheint, muss auch der Lebensschutz als kategorisch erachtet werden. Der Anhänger eines konkreten Würdekonzeptes kann die konkrete Vorstellung über das, was die Würde einer Person ausmacht, zu verschiedenen Zeiten im Leben menschlicher Personen in einem Beziehungsgeflecht unterschiedlicher Wertgesichtspunkte sehen. Dabei ist das Leben selbst einer dieser Wertgesichtspunkte, Lebensqualität jedoch möglicherweise ein anderer. Menschenwürdiges Sterben kann bedeuten, dass Personen für sich wünschen, von anderen Menschen getötet zu werden. Der Europarat hat sich 2003 mit dem Thema der Euthanasie beschäftigt und in einem Dokument Folgendes festgehalten:

„Der Berichterstatter [in diesem Fall: Dick Marty] ist der Auffassung, dass niemand das Recht hat, unheilbar Kranken und Sterbenden die Pflicht aufzuerlegen, ihr Leben in unerträglichem Leid und Qual zu Ende zu bringen, während sie selbst beharrlich den Wunsch zum Ausdruck gebracht haben es zu beenden. Dieses Recht impliziert auf Seiten der Beschäftigten im Gesundheitswesen keine Verpflichtung, sich an Euthanasie-Handlungen zu beteiligen. Eine solche Handlung darf aber auch nicht als Ausdruck geringerer Achtung vor dem menschlichen Leben angesehen werden" (Europarat, Report on *Euthanasia*, Dokument 9898, 10. Sept. 2003, assembly.coe.int).

Gegner der Euthanasie

In den Niederlanden und in Belgien wurden in diesem Sinne Gesetze in Kraft gesetzt, die unter gewissen Bedingungen zulassen, dass ein Arzt einen Patienten auf dessen Wunsch hin töten darf. Gegen diese Positionen gibt es erhebliche Bedenken. Als ein Beispiel sei eine Reaktion der Kirchen auf Plädoyers für aktive Sterbehilfe (Euthanasie) angeführt:

„Wir stehen hier vor einem der alarmierendsten Symptome der ‚Kultur des Todes', die vor allem in den Wohlstandsgesellschaften um sich greift, die von einem Leistungsdenken gekennzeichnet sind, das die wachsende Zahl alter und geschwächter Menschen als zu belastend und unerträglich erscheinen läßt. Sie werden sehr oft von der Familie und von der Gesellschaft isoliert, deren Organisation fast ausschließlich auf Kriterien der Produktion und Leistungsfähigkeit beruht, wonach ein hoffnungslos arbeitsunfähiges Leben keinen Wert mehr hat" (Johannes Paul II., *Evangelium vitae*, 25. März 1995, § 64, www.vatican.va).

„Immer wieder wird versucht, die Frage nach dem Sinn des Leidens durch die Forderung nach aktiver Sterbehilfe zu beantworten. Der Ruf nach dem erlösenden Tod ist jedoch nicht selten ein Schrei nach Nähe und Begleitung sowie die Bitte, nicht allein gelassen zu werden. Gerade das Verhältnis zwischen Arzt bzw. Ärztin und Kranken ist von dem Vertrauen getragen, daß der ärztliche Auftrag unbedingt gilt: menschlichem Leben nicht zu schaden, sondern es zu erhalten und zu fördern. Dieses Vertrauen würde erheblich gefährdet, wenn dieser Auftrag infrage gestellt wird. Deswegen setzen sich die Kirchen für eine Ablehnung jeder Form von aktiver Sterbehilfe und für eine Förderung von menschlich-christlicher Sterbebegleitung ein" (Evangelische Kirche in Deutschland und Deutsche Bischofskonferenz, *Im Sterben: Umfangen vom Leben*, Gemeinsame Texte 6, Bonn/Hannover: 1996, www.ekd.de).

Die Kirchen sehen aktive Sterbehilfe als falschen Weg an. Sie betrachten den zunehmenden Wunsch nach ihr als Indiz für eine mangelnde Sterbebegleitung und sehen ihn als Ausdruck von Tendenzen der säkularisierten Gesellschaften, den Tod und das Sterben aus dem individuellen und gesellschaftlichen Bewusstsein zu verdrängen. Demgegenüber steht die Auffassung, dass eine schwerkranke Person selbstbestimmt aufgrund einer zutreffenden Bewertung ihrer Lebensqualität zu der Entscheidung kommen darf, dem Leiden und Sterben vorzeitig ein Ende zu setzen. Wer gegen aktive Sterbehilfe ist, kann dennoch für indirekte Sterbehilfe sein. – Schon in den kurzen Zitaten werden eine Reihe relevanter Gesichtspunkten erkennbar. (Vgl. für die gesellschaftliche Diskussion [102], [104], [110] und darüber hinaus [103], [105], [109], [111], [119].) Zunächst müssen aber zwei grundsätzliche Unterscheidungen dieser Debatte erläutert werden.

Alternativen zur aktiven Sterbehilfe:

(1) *passive Sterbehilfe:* Das Beenden außerordentlicher medizinischer Maßnahmen in Kombination mit solchen, die lediglich auf die Grundbedürfnisse konzentriert sind, führt dazu, dass der Patient entweder an seinem Krankheitsgeschehen stirbt oder an Beleiterkrankungen wie beispielsweise auftretenden Infektionen. Die Idee der Passivität beruht auf der Vorstellung, dass man dem, was ohnehin geschieht, seinen natürlichen Gang lässt. Man darf also nicht tun (nämlich töten), sondern lediglich unterlassen.

(2) *indirekte Sterbehilfe:* Wenn die medizinische Versorgung nur noch palliativmedizinisch auf das Ziel der Schmerzlinderung ausgerichtet wird, dann werden eventuelle tödliche Nebenwirkungen der Medikamente akzeptiert. Ziel der ärztlichen Handlung ist aber Schmerzlinderung und nicht die Tötung. Die Idee der Indirektheit beruht auf der Vorstellung, dass man im Interesse der direkt intendierten Leidensminderung indirekt die lebensverkürzenden Nebenfolgen der Leidensminderung akzeptiert. Man darf also nicht beabsichtigen (nämlich zu töten), wohl aber in Kauf nehmen.

Euthanasie: aktive und freiwillige Sterbehilfe

In der Antike war Euthanasie fast durchweg positiv konnotiert. Der ‚gute Tod' galt als gewollte positive Beendigung eines gelungenen Lebens. Philosophische Reflexionen hierüber waren ebenso üblich, wie ihre medizinische Realisierung möglich war. Durch die christlich abendländische Kultur, aber mehr noch durch die Pervertierung der Euthanasie im Dritten Reich wurde die Idee der Euthanasie diskreditiert. Auf Befehl Adolf Hitlers wurden etwa 70.000 Menschen ermordet – darunter behinderte Kinder und anderes sogenanntes ‚lebensunwertes Leben'. Hitlers Befehl autorisierte eine Behörde und deren Ärzte, nach Aktenlage Personen in der Psychiatrie, in anderen Pflegeanstalten und in Konzentrationslagern dahingehend zu beurteilen, ob deren Leben noch lebenswert sei. Im Falle des negativen Urteils wurden die betreffenden Personen ohne deren Zustimmung oder Einwilligung ermordet. In den Nürnberger Ärzteprozessen wurden diese Verbrechen zumindest teilweise rechtlich abgeurteilt (vgl. [103]).

Wer Euthanasie praktiziert, schwingt sich auf, Gott zu sein: „Ich bin es, der tötet und der lebendig macht" (Bibel, 5. Buch Mose, 32, 39). Doch in der Debatte um aktive Sterbehilfe geht es nicht um niederträchtige Ärzte, die Gott spielen, weil ein Staat sie aufgrund niederträchtiger ideologischer Auffassungen dazu ermächtigt hat. Es geht darum, dass unheilbar Kranke, deren Prognose mit medizinischer Eindeutigkeit aussichtslos ist, für sich freiwillig zu dem Ergebnis kommen, sterben zu wollen. Hierfür erwarten sie kundigen Beistand von Ärzten, deren Wissen einen ‚sanften Tod' ermöglicht. Sie wollen ärztliche Hilfe beim guten Sterben. Aus darstellungstechnischen Gründen soll hier vorausgesetzt werden, dass die kranke Person nicht mehr in der Lage ist, selbst für ihren Tod zu sorgen. Es soll weiterhin vorausgesetzt werden, dass es dem Sterbenden nicht reicht, passiv, d. h. durch Behandlungsabbruch im Sinne des Abstellens der Beatmung oder Unterlassung der künstlichen Ernährung getötet zu werden.

Euthanasie: Gelingendes Leben oder Mord?

Niemand würde bestreiten wollen, dass manche Sterbende eine elende und für alle Beteiligten von Entsetzen geprägte Phase ihres Lebens durchmachen. Einer solchen Phase positive Lebensqualität zu unterstellen setzt religiöse Hoffnungen oder andere psychologische Quellen voraus, die Kraft verleihen. Es kann nicht bestritten werden, dass mancher medizinisch hoffnungslos Kranke auf andere Quellen der Hoffnung und des Vertrauens zurückgreifen kann. Aber man muss ebenso akzeptieren, dass es auch Leidende gibt, die keine dieser Quellen als plausibel erachten. Solche Menschen kommen für sich selbst begründet zu dem Ergebnis, dass der Wert ihres Lebens dem Wert ihrer aktualen und nach medizinischen Standards erwartbaren Lebensqualität unterliegt. Wenn ein Arzt in dieser Situation, weil ein Patient es nachvollziehbar wünscht, sein Wissen so einsetzt, dass er durch eine Maßnahme den Patienten tötet, dann stellt sich die Frage, ob es sich bei diesem Akt der Euthanasie um Beihilfe zu einem gelingenden Leben handelt oder um Totschlag (§ 212 des Strafgesetzbuches) bzw. Mord (§ 211 StGB). Die Euthanasiedebatte stellt also einen Sonderfall von zwei grundsätzlichen Problemen der modernen Medizin dar:

(1) Welche konkreten ärztlichen Handlungen werden sich als künftig mit dem Arztethos vereinbar erweisen?
(2) Wie weit reicht die Patientenautonomie gegenüber dem Arzt und den rechtlichen und kulturellen Gegebenheiten?

Tod und Sterben als untrennbar mit dem Leben verbunden

Gegner der Euthanasie als einer Form der freiwilligen aktiven Sterbehilfe für irreversibel Sterbende und schwer Leidende betonen die Schicksalhaftigkeit des Sterbens. Sie haben konsequenzialistische (1) und deontologische (2) Argumente. (Zu 1:) Schwerkranke und Sterbende könnten zunehmend unter sozialen Druck geraten und dazu aufgefordert werden, den Sterbeprozess durch die Anwendung aktiver Sterbehilfe zu beschleunigen, um beispielsweise Behandlungskosten zu sparen. Es droht also letztlich doch wieder unfreiwillige Sterbehilfe. Außerdem wird das traditionelle Arztethos durch legal tötende Ärzte zutiefst erschüttert. (Zu 2:) Die verständliche Forderung von schwerstkranken Sterbenden nach aktiver Sterbehilfe ist ein Indiz für fehlende oder falsche medizinische oder persönliche Fürsorge. Der Respekt gegenüber dem Kranken gebietet also nicht, dem Wunsch nach Sterbehilfe nachzukommen, sondern dem unbedingten Achtungsgebot für das Leben gerecht zu werden und sich solidarisch zu zeigen. Dies involviert zwei Dinge: (a) Wenn das Sterben medizinisch unabwendbar ist, dürfen außerordentliche medizinische Maßnahmen (künstliche Beatmung, künstliche Ernährung usw.) ausgesetzt werden. Die Ablehnung von aktiver Sterbehilfe soll nicht gnadenlosen Zwang zum Leben bedeuten. (b) Euthanasiegegner lehnen die medizinische Tötungshandlung ab, anerkennen aber, dass das Leiden erleichtert werden sollte. Hierzu haben sie zwei Wege der Sterbebegleitung: Zum einen die palliativmedizinische Versorgung (von lat. *palliatus* = verhüllt), zum anderen intensive sozial-psychologische Betreuung. Das Leiden soll dadurch erträglich werden, dass es durch Medikamente ‚verhüllt' wird, indem Schmerzmittel verabreicht werden. Eine verbesserte persönliche Betreuung kann beispielsweise durch Sterbebegleitung in Hospizen gewährleistet werden, die auf besondere Weise geschultes Personal besitzen und eine Atmosphäre der Geborgenheit und Angenommenheit vermitteln können, die in Krankenhäusern kaum herstellbar. Es ist unbestritten, dass bezüglich dieser beiden Wege der Leidensminderung in Deutschland erhebliche Defizite bestehen, die es auszugleichen gilt. – Sterbebegleitung soll also nicht *aktiv* werden, sondern *passiv* oder *indirekt* bleiben. Man könnte also folgende Argumente gegen Euthanasie vorbringen.

Vier Argumente gegen Euthanasie:

(1) Achtung vor dem menschlichen Leben.
(2) Solidarität mit Leidenden und Sterbenden.
(3) Schutz des Arzt-Patient-Verhältnisses.
(4) Schutz der Gesellschaft vor unfreiwilliger Sterbehilfe.

Slippery Slope/ Schiefe Ebene

Das letzte Argument ist vom Typ her ein *‚slippery-slope'*-Argument. Es beruht darauf, dass eine Handlung womöglich nicht als solche unmoralisch ist, aber notwendig moralisch verwerfliche Folgen nach sich zieht. Wenn daher Euthanasie auch nicht prinzipiell moralisch inakzeptabel sein mag und zunächst nur auf freiwilliger Basis (also nach Willensäußerung) vollzogen wird, so führt sie aber notwendig dazu, später immer mehr auch auf unfreiwilliger Basis, beispielsweise durch gesellschaftlichen Druck oder durch andere womöglich subtile Einflüsse, durchgeführt zu werden. Die Last solcher Argumente der schiefen Ebene (*slippery slope*) besteht in der Behauptung der Notwendigkeit einer Eigendynamik der Praxis hin zu unakzeptablen Zukunftsszenarien.

Gegenargumente von der Seite der Befürworter

Die Argumente der Euthanasiegegner gegen die autonome Entscheidung von Patienten sind so lange problematisch, wie die genannten Defizite in der Sterbebegleitung bestehen. Ein Schwerkranker, der gezwungen wird zu leiden, könnte die Argumente zu Recht als zynisch ansehen. Auf die einzelnen Punkte könnte ein Befürworter der Euthanasie aber auch folgendermaßen antworten:

(1) *Die Achtung vor dem menschlichen Leben.* Das menschliche Leben *schlechthin* zu achten bedeutet nicht, in jeder Hinsicht ein Tötungsverbot auszusprechen. Gegenbeispiele sind das Töten in Notwehr, der Finale Rettungsschuss, das Handeln von Soldaten im Krieg. Warum soll Achtung vor dem Leben also im Falle der Euthanasie zu einem Verbot dieses Handlungstyps führen? Hier können kaum andere Argumente vorgebracht werden als die Betonung der ‚Heiligkeit des Lebens'. Die Vorstellung, dass sich niemand (kein Arzt, kein Patient) zum Herren über (s)ein Leben und Sterben machen dürfe, scheint unplausibel, sobald man den Freitod als bedauerlich, aber ethisch akzeptabel ansieht. Heiligkeit des Lebens als Unantastbarkeit scheint eher in religiös fundierten Vorstellungen begründet zu sein, die heute nicht mehr von jedem geteilt

werden. Das Leben *qualifiziert* zu achten, beispielsweise im Sinne einer annehmbaren Lebensqualität eines autonomen Lebewesens, kann unter bestimmten Umständen sehr wohl bedeuten, beim Sterben aktiv Beihilfe zu leisten. Eine aufmerksame Bewertung der eigenen Lebensqualität kann begründet und nachvollziehbar zu ungunsten des eigenen Lebens ausfallen.

(2) *Solidarität mit Leidenden und Sterbenden.* Selbstverständlich kann auch ein Befürworter aktiver Sterbehilfe Solidarität als Wert akzeptieren und für die Schaffung angemessener Bedingung ihrer Realisierung plädieren, beispielsweise durch die Förderung der Palliativmedizin und der Hospizbewegung. Aber er wird bestreiten, dass man autonomen Patienten einfach vorschreiben darf, mit welcher Art von Solidarität sie sich zufrieden geben sollen. Es gibt Krankheitsbilder, bei denen bisher keinerlei Schmerzbehandlung erfolgreich war. Ein Schwerstkranker kann an seinem Zustand auch leiden, wenn seine Scherzen betäubt sind – einfach weil er hilflos ist (‚Furcht vor Kontrollverlust', vgl. [106]). Und nicht jeder empfindet die Atmosphäre und die Art des Sterbens und seiner Begleitung in Hospizen als erträglich. Euthanasiegegner zwingen Schwerstkranken ihre Vorstellungen von einem würdigen Sterben und damit von einem Leben in Würde auf.

(3) *Der Schutz des Arzt-Patient-Verhältnisses.* Dieser Einwand unterstellt, dass durch Ärzte, die Euthanasie praktizieren, generell das Arzt-Patient-Verhältnis beeinträchtigt wird. Denn Ärzte, die Patienten töten, zerstören die Vertrauensbasis zwischen Ärzten und Patienten im Allgemeinen. Auch dies ist ein *slippery-slope*-Argument. Man könnte diesen Einwand auch erweitern auf Angehörige des Gesundheitswesens. Denn immer wieder erfährt man, dass Ärzte und Pflegende aus angeblichem Mitleid Patienten ohne deren Einwilligung töteten. Würde dies häufiger vorkommen, so wäre tatsächlich ein Vertrauensverlust die plausible Folge. Aber das Gesundheitssystem und die Strafverfolgung scheinen relativ erfolgreich in der Aufdeckung, Verfolgung und Verhinderung solcher Verbrechen zu sein, die daher nicht zu einer Erschütterung des allgemeinen Vertrauens in das Gesundheitswesen als Institution führen. Doch aktive Sterbehilfe hat nichts mit diesen Verbrechen zu tun. Und es ist auch nicht einzusehen, warum eine Tötungshandlung, die im Arzt-Patientverhältnis nach gewissen Kriterien statt findet, die Vertrauensgrundlage zerstören sollte, wenn sie auf dem ernstlichen, ausdrücklichen und informierten Patientenwillen beruht.

(4) *Schutz der Gesellschaft vor unfreiwilliger Sterbehilfe.* Der Missbrauch der Stebehilfe ist tatsächlich eine Gefahr, die jedoch nicht grundsätzlich ihr Verbot rechtfertigt. In den Niederlanden scheint der Missbrauch sogar eher rückläufig zu sein (vgl. [113], auch [108], [106]). Die Missbrauchsvermutung wird im Falle der aktiven Sterbehilfe noch dadurch bestärkt, dass die Freiwilligkeit der Willensbekundung, mit der ein schwerkranker Leidender im unabwendbaren Sterbeprozess seinem Wunsch Ausdruck gibt, getötet zu werden, nur schwer eindeutig zu erkennen ist. Ob eine Entscheidung wirklich authentisch ist, kann keine Frage apodiktischer Gewissheit sein, sondern lediglich eine praktischer Gewissheit (vgl. [89]). Zweifelsfrei und apodiktisch kann man Freiwillig-

keit in keiner Beziehung feststellen, und zwar nicht einmal für sich selbst: Man denke nur an sein Einkaufsverhalten, das oftmals subtil von Werbung oder kulturellen Einflüssen geprägt ist. Es gibt aber im Kontext medizinischer Beratungskonzepte und aufgrund der Erfahrungen mit informierter Zustimmung durchaus Kriterien dafür, wann eine Entscheidung selbstbestimmt ist (vgl. [107]).

Euthanasie in den Niederlanden

In Abwägung der Argumente für und wider Euthanasie wurde in den Niederlanden eine an Bedingungen geknüpfte Zulassung der Euthanasie gesetzlich verankert. Euthanasie wurde jedoch nicht *erlaubt*, sondern es wird in Hinsicht auf den Arzt von Strafverfolgung abgesehen, wenn er klar definierte Sorgfaltspflichten beachtet hat und eine regionale Kommission über die (erfolgte) Euthanasie informiert (die niederländische Lösung gleicht also der bundesdeutschen Regelung der Abtreibung, StGB § 218). Der Arzt bleibt im Sinne des Niederländischen Sterbehilfegesetz straffrei, wenn er aktive Sterbehilfe leistet, nachdem er:

„(a) zu der Überzeugung gelangt ist, dass der Patient seine Bitte freiwillig und nach reiflicher Überlegung gestellt hat,
(b) zu der Überzeugung gelangt ist, dass der Zustand des Patienten aussichtslos und sein Leiden unerträglich ist,
(c) den Patienten über dessen Situation und über dessen Aussichten aufgeklärt hat,
(d) gemeinsam mit dem Patienten zu der Überzeugung gelangt ist, dass es für dessen Situation keine andere annehmbare Lösung gibt,
(e) mindestens einen anderen, unabhängigen Arzt zu Rate gezogen hat, der den Patienten untersucht und schriftlich zu den unter den Buchstaben a bis d genannten Sorgfaltskriterien Stellung genommen hat, und
(f) bei der Lebensbeendigung oder bei der Hilfe bei der Selbsttötung mit medizinischer Sorgfalt vorgegangen ist" (vgl. [112], Artikel 2, Abs. 1, 470).

Stellt die von der Euthanasie-Handlung unterrichtete Kommission fest, dass Zweifel bezüglich dieser Sorgfaltspflichten bestehen, so hat sie die Staatsanwaltschaft zu informieren. Diese Konstruktion greift einen aus ethischer Sicht wichtigen Punkt auf: Das Dokument des Europarates betonte, dass eine kranke Person gegenüber ihrem Arzt kein Anrecht auf das Getötetwerden hat. Der Arzt ist verantwortlich für sein Handeln und wird gegebenenfalls rechtlich zur Verantwortung gezogen. Zudem kann nicht jeder Arzt es mit seiner Auffassung vom Arztberuf vereinbaren, sein Wissen zum Töten einzusetzen. Auch dies muss ein Patient hinnehmen. Sieht man davon ab, dass Euthanasiegegner die Praxis in den Niederlanden als Fehlentwicklung erachten, hat es bisher weder eine Ausweitung der Euthanasie gegeben noch Missbrauch in relevanter Hinsicht.

Das zentrale argumentative Problem der Euthanasiegegner

Gegner der Euthanasie sind keineswegs unempfindlich gegenüber dem Leid der Patienten, und man darf ihnen nicht unterstellen, dass sie medizinische Behandlung um jeden Preis fordern. Sie sind gegen *aktive* Fremdtötung eines Patienten durch eine andere Person. Sie sind aber oft durchaus Befürworter der indirekten oder passiven Sterbehilfe. Beide – oben erläuterten – Formen der Sterbehilfe beruhen auf den jeweils zentralen Unterscheidungen von (1) Tun und Unterlassen und (2) Beabsichtigen und Inkaufnehmen. Einige Gegner und viele Befürworter der Euthanasie lehnen diese Unterscheidungen ab (vgl. [114], [115] und [105]).

(1) Wenn man etwas tut, dann hat die Handlung im Sinne eines Ereignisses kausale Folgen. Eine Unterlassung ist dagegen das Ausbleiben eines Ereignisses, nämlich der Handlung, und bleibt damit ohne kausale Folgen. Es ist jedoch offensichtlich, dass ‚passive Sterbehilfe' *nicht* wirklich ohne kausale Folgen bleibt, denn auch Unterlassungen haben kausale Folgen. Dann jedoch wird die Unterscheidung zwischen aktiver und passiver Sterbehilfe fraglich.

(2) Wenn man etwas beabsichtigt (z. B. Schmerzlinderung), so nimmt man in der Regel zugleich die Möglichkeit bestimmter Nebenfolgen in Kauf, die man zwar nicht will, von denen man aber weiß, dass sie eintreten können (z. B. der Tod). Was man genau mit einer bestimmten Handlung beabsichtigt, hängt aber immer auch davon ab, von welchen Folgen der Handlung man weiß. Wollen und Wissen derart strikt voneinander zu trennen, fällt schon dem Handelnden selbst schwer, sicher aber den Beobachtern einer ‚indirekten Sterbehilfe': Die Unterscheidung zwischen direkter und indirekter Sterbehilfe wird fraglich.

Das Prinzip der doppelten Wirkung

In diesem Zusammenhang wird auch das so genannte Prinzip der doppelten Wirkung einschlägig. Es beruht darauf, dass eine Handlung nicht nur gute, sondern auch schlechte Folgen hat. Ein Medikament beispielsweise lindert Leiden (gute Folge), macht dabei jedoch abhängig oder schädigt Organe und führt so frühzeitig zum Tode (schlechte Folge). Das Prinzip der doppelten Wirkung besagt nun, dass eine Handlung moralisch akzeptabel ist, wenn sie (a) an sich moralisch gut oder zumindest neutral ist (Medikamentenverabreichung), (b) die guten Folgen intendiert und die schlechten bloß geduldet werden, (c) die schlechten Folgen kein Mittel zur Erreichung der guten sind und (d) gute und schlechte Folgen in einem angemessenen Verhältnis zueinander stehen (vgl. [117]).

Eine soziale Praxis, die auf den Unterscheidungen von Tun/Unterlassen und Beabsichtigen/Inkaufnehmen beruht, ist von Gegnern und Befürwortern der Euthanasie erheblichen Einwänden ausgesetzt. Der eigentliche Dissens aber besteht darin, ob der Wert des menschlichen Lebens aufgrund einer Lebensqualitätsbewertung mit praktischen Konsequenzen unterliegen darf. Damit erweist sich die Diskussion um die Euthanasie als eine Bestimmung der Reichweite und Ausgestaltung des Lebensschutzes vor dem Hintergrund der individuellen Autonomie.

2.4 Zusammenfassung, Lektürehinweise, Fragen und Übungen

Zusammenfassung

Medizinethik hat grundsätzlich zwei Bedeutungen. Zum einen hat die Medzin selbst eine ethische Dimension, zum anderen stellen bestimmte medizinische Handlungsoptionen für sich genommen ethische Probleme dar. – Die ethische Dimension der Medizin zeigt sich zunächst im Arztethos, dessen Entwicklung untrennbar mit der Geschichte der Medizin verbunden ist (2.2.1). Diesbezüglich hat sich ein Kanon von Pflichten herauskristallisiert: Schweigepflicht, Lebenserhaltung, Sorge für das Wohl des Patienten, Kollegialität. Diese ärztliche Deontologie gerät zunehmend unter Veränderungsdruck. Ein Grund hierfür ist die Erschließung neuer Handlungsoptionen in der Medizin durch ihren Fortschritt. Leben, Gesundheit und Lebensqualität als Ziele medizinischen Handelns treten teilweise in Widerspruch zu einander. Die Medizin wird zudem damit konfrontiert, dass Patienten nicht mehr nur leidende Schutzsuchende sind, sondern autonome Kunden, die gewohnt sind selbst zu entscheiden. Beide Probleme der ärztlichen Deontologie für die Medizin selbst, aber auch für ihre Stellung in der Gesellschaft führen zu Irritationen der praktischen Orientierung (vgl. hierzu konkret 2.3.1, 2.3.2 und 2.3.3). Diese Irritationen haben neben dem technischen und dem wissenschaftlichen Fortschritt in der Medizin (Hochleistungsmedizin) weitere Ursachen. So führen individuelle und kulturelle Aspekte des Gesundheitsbegriffes heute zur Diskussion über medizinischen Paternalismus im Gegensatz zur Medizin als Dienstleistung. Der Gesundheitsbegriff ist jedoch auch noch in anderer Hinsicht ethisch bedeutsam (2.2.2). Zum einen tritt immer häufiger ein naturwissenschaftliches in Konkurrenz zu einem lebensweltlichen Konzept von Gesundheit. Grundlegend ist überdies der Gegensatz zwischen Krankheit als einem schicksalhaften Naturphänomen, das akzeptiert werden muss, und als etwas, das durch die Medizin beherrschbar wird.

Generell verweisen viele Diskussionsfelder der Medizinethik darauf, dass kontroverse Auffassungen bezüglich der Konkretisierung des unbestritten hohen Wertes menschlichen Lebens bestehen (2.2.3). Die Medizin ist mit diesem Wert insofern befasst, als Leben und Gesundheit zusammenhängen. Der Wert des menschlichen Lebens wird ethisch und rechtlich durch Verweis auf die Würde des Menschen begründet. Man versteht den Dissens nur, wenn man einerseits drei Fragestellungen und andererseits zwei grundsätzliche Konzeptionen der Menschenwürde unterscheidet. Die Fragestellungen lauten: (1) Warum soll in unserer Gesellschaft Würde ein regulativ bedeutsamer Wert sein? (2) In welcher Weise gilt dieser Wert in unserer Gesellschaft? (3) In welcher Beziehung steht dieser Höchstwert zu anderen hohen Werten, insbesondere dem Lebensschutz? Die Antworten auf diese Fragen fallen unterschiedlich aus, je nachdem, ob man sich auf ein (A) konkretes oder ein (B) abstraktes Konzept der Menschenwürde beruft. Ein Würdekonzept ist konkret, wenn es die Zuschreibung von Würde, die Achtung und Respekt verdient, an empirische Bedingungen knüpft. Käme man daher bspw. auf den Gedanken, die Würde einer Person abhängig zu machen von der Eigenschaft ‚schwarzhaarig', die konkret im Sinne von empirisch nachweisbar ist, dann verliert eine solche Person *per definitionem* ihre Würde, wenn ihre Haare ergraut sind. Wenn somit die aktuale Vernunftfähigkeit als einziger Würdegrund angesehen wird, dann sind aktuale Alzheimerdemente würdelos. Ist man daher der Auffassung, dass solche Menschen trotz des Verlustes ihrer Vernunftfähigkeit als würdige Wesen zu erachten und behandeln sind, so muss man entweder zusätzlich andere konkrete Eigenschaften ins Feld führen – die allerdings ihrerseits wiederum kontingent sind –, oder man muss auf ein abstraktes Würdekonzept ausweichen. Erläuterungen zum Würdekonzept sind insbesondere für die Beantwortung der Fragestellungen (1) und (2) wichtig.

Die Diskussionen in den Abschnitten über therapeutisches Klonen/embryonale Stammzellen, Organtransplantation und Euthanasie zeigen die Schwierigkeiten auf, dem Wert des menschlichen Lebens praktische Bedeutung zu verleihen. Was es heißt, ihn zu respektieren, ist oft Gegenstand heftiger Diskussionen. Sie zeigen, dass die gegensätzlichen Würdekonzepte den Dissens weltanschaulich prägen. Unterschiedliche Antworten auf eine Fragestellung (3) entziehen sich also teilweise einem Ausgleich durch rationale themenbezogene Diskurse (2.3). Für die Lösung von Konflikten muss man dann in liberalistischen und pluralistischen Gesellschaften andere Lösungsstrategien anstreben als eine argumentative Auflösung des Dissenses zugunsten einer einzigen Position. Eine Konsensbildung erweist sich aber oft als schwer erreichbar:

(2.3.1) Wenn es um Embryonen im weitesten Sinne geht, betrifft der Dissens das Problem des absoluten oder graduellen Lebensschutzes menschlicher Lebewesen. Ergibt sich aus dem unzweifelhaften kategorischen Lebensschutz erwachsener Personen ein ebensolcher für befruchtete Eizellen, die nicht zum Zwecke der Fortpflanzung hergestellt wurden? Hier kreist die Debatte um Argumente aus der Identitäts-, Kontinuitäts- und Potenzialitätsbeziehung zwischen verschiedenen Stadien des menschlichen Lebens.

(2.3.2) Die medizinische Option der Organtransplantation stellt die Frage nach der Konkretisierung des Lebensschutzes vor zwei Probleme: Zum einen verändert sich durch diese medizinische Option der Umgang mit dem Tod, zum anderen führt der Lebenschutz neue Solidaritätspflichten der Lebenden vor Augen. Der Tod als Phänomen im Leben von Individuen und in einer Kultur verändert im Kontext der Intensivmedizin seine Bedeutung. Seine Definition, die Kriterien seiner Feststellung und die Testverfahren für diese Kriterien werden hinterfragt. Neben dem Todesverständnis fordert die Organtransplantation auch das Verständnis mitmenschlicher Solidarität heraus: Müssen sich Lebende mit Lebenden in dem Sinne solidarisch zeigen, dass sie sich im Todesfalle zur Organ- und Gewebetransplantation zur Verfügung stellen?

(2.3.3) Euthanasie bzw. aktive Sterbehilfe ist eine Herausforderung für die ethische Urteilsbildung am Lebensende. Auch hier gibt es die zentrale Frage: Kann es ein angemessener Umgang mit dem Wert des menschlichen Lebens sein, es unter bestimmten Bedingungen durch Fremdtötung zu beenden? Das traditionelle Arztethos ebenso wie Gesellschaften kennen nur sehr wenige Ausnahmen des Fremdtötungsverbotes. Die im Kontext der Hochleistungsmedizin gegen Ende des Lebens Schwerkranker aufkommende Frage nach der Lebensqualität fordert positiv ebenso wie negativ eine Neubestimmung der praktischen Relevanz des Wertes menschlicher Leben heraus.

Lektürehinweise

- Zur Ethik der Medizin vgl. grundsätzlich [51] und [68] f.
- Zum Gesundheitsbegriff vgl. [52], [60] und [67].
- Zum sich verändernden Selbstverständnis der Medizin vgl. [60].
- Zu kulturellen Aspekten der Medizin vgl. [63].
- Zur Diskussion über Patientenautonomie und informierter Zustimmung vgl. [57].
- Zum Wert menschlichen Lebens und Menschenwürde vgl. [20] und [21] (in Verbindung mit den Stellenangaben auf den Seiten 70–71), [178] und [71].
- Zur Forschung an embryonalen Stammzellen vgl. [78] und [76].
- Zur ethischen Dimension der Organtransplantation vgl. [85].
- Zum Todeskonzept vgl. die gegensätzlichen Positionen in [84] und [90].
- Zur Dimension der Solidarität im menschlichen Leben vgl. [86].
- Zur Beurteilung der gesellschaftlichen Problematik der Euthanasie in Deutschland vgl. [104] und grundsätzlich [109].
- Zur Geschichte der Euthanasie vgl. [103].

- Zur Problematik der aktiv/passiv- bzw. der direkt/indirekt-Unterscheidung in Bezug auf Sterbehilfe vgl. [114]f.

Fragen und Übungen

- Was versteht man unter dem Arztethos?
- Inwiefern wird die traditionelle ärztliche Deontologie im Kontext der modernen Medizin problematisch?
- Worin besteht die ethische Dimension des Gesundheitsbegriffes?
- Welche grundsätzlichen Fragestellungen muss man in Hinsicht auf die Menschenwürde als dem zentralen Wertgesichtspunkt menschlichen Lebens unterscheiden?
- Erläutern Sie die Unterscheidung eines konkreten und abstrakten Würdekonzeptes.
- Erläutern Sie, warum gemäß dem abstrakten Würdekonzept Autonomie den Kern des Menschenwürdeverständnisses ausmacht.
- Inwiefern ist in Verbindung mit dem abstrakten Würdekonzept unklar, wer oder was Träger der Würde ist?
- Wodurch unterscheiden sich embryonale Stammzellen von Embryonen?
- Wodurch unterscheiden sich reproduktives, therapeutisches und Forschungsklonen voneinander?
- Der Umgang mit menschlichen Embryonen ist Gegenstand moralischen Dissenses. Aufgrund des moralischen Status menschlicher Embryonen gibt es Vertreter, die für einen absoluten Lebensschutz und solche, die für einen graduellen Lebensschutz plädieren. Argumentieren Sie für beide Positionen.
- Der Vertreter eines absoluten Lebensschutzes menschlicher Embryonen wird gegen eine Konzeption einer gradualistischen Abstufung des Lebensschutzes einwenden, dass die Stufen willkürlich gewählt sind. Wie kann der Vertreter eines graduellen Lebensschutzes hierauf reagieren?
- Inwiefern liegt der Diskussion zwischen Vertretern eines graduellen bzw. eines absoluten auf den Embryo bezogenen Lebensschutzes neben dem argumentativen ein weltanschaulicher Hintergrund zugrunde?
- Im Kontext der Transplantationsmedizin hat man über den Hirntod im Gegensatz zum Herztod diskutiert. Worum geht es bei dieser Diskussion?
- Inwiefern hat die Transplantationsmedizin Auswirkungen auf das menschliche Selbstverständnis?
- Diskutieren Sie Argumente für und gegen ethische Kriterien bei der Verteilung der knappen Spendeorgane.
- Worum geht es in der Euthanasiedebatte? Worum geht es nicht?
- Lehnen Sie Euthanasie ab? Beantworten Sie diese Frage mit ‚Ja' und mit ‚Nein' und begründen Sie das jeweils.
- Erläutern sie am Beispiel der Euthanasie, was man unter einem *slippery-slope*-Argument versteht.
- Euthanasiegegner akzeptieren teilweise die so genannte passive oder indirekte Tötung. Was versteht man darunter? Warum sind beide Varianten der Sterbehilfe konzeptionell problematisch?
- Was versteht man unter dem Prinzip der doppelten Wirkung?
- Ziehen Sie nach der Lektüre dieses Kapitels wieder Ihre nach dem Lesen der Einleitung formulierten Erwartungen heran und formulieren Sie Erkenntnisfortschritte, die Sie gemacht haben. Worin sind Ihre Erwartungshaltungen zum Thema ‚Medizinethik' enttäuscht worden?

3 Tierethik

Ziel dieses Kapitels ist es zu zeigen, wie in der modernen Ethik der Bereich des moralisch Relevanten auf Tiere ausgeweitet wird. In der kantischen Ethik gibt es gegenüber Tieren keine direkten Pflichten, weil Kant bezüglich Rechten und Pflichten eine Symmetrie sieht: Nur moralische Subjekte, die Pflichten haben, können auch als Inhaber von Rechten angesehen werden. Mit verschiedenen Strategien versuchen Tierethiken, Tiere in den Bereich moralischer Wesen einzubeziehen. Gemeinsam ist ihnen, dass sie das Leiden von Tieren als einen Faktor ansehen, der direkte Pflichten gegenüber Tieren begründet. Denn wenn Tieren von Menschen Leid zugefügt wird, kann eine Tierethik dieses Leid als theoretischen Ansatzpunkt nehmen, der intuitiv konsensfähig ist: tierliches und menschliches Leiden sind gleichermaßen moralisch relevante Gesichtspunkte. Tierethiken unterscheiden sich in ihren begründenden Konzepten und in der Frage, inwieweit moralische Relevanz von Leid im Einzelfall auch ausschlaggebend für Ge- und Verbote ist (Vegetarismus, Veganismus).

3.1 Einleitung

Der Wert des Lebens soll nun im Rahmen der Tierethik betrachtet werden. In diesem Kontext ist der Wert menschlich-tierlichen Lebens, der im vorangehenden Kapitel dargestellt wurde, einer unter *vielen*. Auf den ersten Blick scheint klar, dass der Wert von Menschen(tieren) ein besonderer ist; auf den zweiten Blick ist es schwer, diese hervorgehobene Stellung des Menschen konzeptionell klar zu begründen. Theologische Schöpfungsvorstellungen (der Mensch als Krone der Schöpfung) sind dabei ebenso wenig hilfreich wie der Lobgesang auf die Vernunft (der Mensch als spontanes und autonomes Wesen). Dass der Mensch *ganz* aus dem Reich der Natur herauszuragen vermag, ist in beiden genannten Hinsichten eine problematische These. Sie ist mit einem aufgeklärten Weltbild nicht vereinbar, auch wenn man nicht bereit ist, den Naturwissenschaften (insbesondere der Physik) das *Monopol* auf Wissenschaftlichkeit zuzuerkennen. Unter einem aufgeklärten Weltbild soll im Folgenden keine positivistische naturwissenschaftliche Weltanschauung verstanden werden. Was genau als wissenschaftlich akzeptabel gelten kann, ist auch abhängig von kulturell veränderbaren Vorstellungen über rationale Argumente und Begründungen. Die Tierethik ist daher einer der Diskussionskontexte, in dem es um ein entzaubertes Selbstverständnis des Menschen geht. Denn es gibt gute Gründe, im Reich der Natur keine absolute moralische Grenze zwischen Menschen und anderen Tieren zu postulieren. Naturwissenschaftliche Gründe liefern Biologie und insbesondere Evolutionstheorie, als kulturelle Gründe lassen sich der Verlust der gesellschaftlichen Verbindlichkeit religiöser Vorstellungen hinsichtlich der ‚Gottesebenbildlichkeit des Menschen' oder philosophischer Interpretationen des Gegensatzes zwischen Vernunft und Begierden im Menschen nennen.

Ebenso wie die Medizinethik ist die Tierethik nicht nur ein Bereich philosophischer Diskussion, sondern es geht um heftig diskutierte Fragen der individuellen und gesellschaftlichen Orientierung im Handeln. Ist es moralisch vertretbar, wenn man Kosmetika für Menschen ungefährlich und sicher anwendbar macht, indem man Tiere quält? Aus philosophischer Sicht könnte man sich mit einigem Recht fragen: Kann man Tiere überhaupt quälen? Selbst bei einem so hohen Wert wie der menschlichen Gesundheit kann man sich fragen: Ist es vertretbar, wenn man in dem Bestreben, negative Nebenwirkungen von Medikamenten bei Menschen zu minimieren, diese zunächst an Tieren ausprobiert? Und weiter: Darf man Tiere als frei verfügbare Fleisch-, Rohstoff- und Leistungs-Ressourcen ansehen, so wie man die Bodenschätze der unbelebten Umwelt nutzt? Darf man Tiere aus ökonomischen Gründen eng zusammengepfercht in Lastwagen durch halb Europa transportieren, nur um sie verschiedenen Orten zu mästen und zu schlachten? Die unvollständige Reihe der Fragen soll mit einer weiteren abgeschlossen werden, die in die Zukunft weist: Ist es erlaubt, die genetische Konstitution von Tieren zu verändern, um sie beispielsweise für neue Formen der Medikamentenproduktion oder der Lebensmittelherstellung einzusetzen?

Verschiedene Abstraktionen innerhalb der Diskussion

Bezüglich dieser und anderer Fragen kann man leicht einen Konsens erreichen, wenn man konkrete Bilder von Tierexperimenten, aus der Tierproduktion oder der zentralisierten Tiertötungs und Tierverwertungsindustrie betrachtet. Sofern man von diesen Bildern – im Sinne von Erfahrungen im Einzelfall – *abstrahieren* kann, zerrinnt der Konsens (von lateinisch *abstrahere* = wegziehen).

Es gibt verschiedene Formen der Abstraktion, die im Umgang des Menschen mit Tieren moralisch relevant sind. Die wichtigste ist, dass tierliches Leid aus dem unmittelbaren Erfahrungsbereich verbannt wird. Unmoralische Tierhaltungs- und Tierverwertungsformen sind auch deshalb möglich, weil die Produktion und der Konsum von Fleisch zwei voneinander getrennte Erfahrungswelten sind. Die vermutlich in großen Teilen unmoralische Praxis des Umgangs mit Tieren wird durch eine solche ‚Abstraktion' aufrechterhalten. Eher zweitrangig ist die Frage, wer diesbezüglich Schuld auf sich lädt: Der Produzent, der unter Kostendruck wirtschaften muss auf Kosten von Tieren; der Konsument, der Kostendruck bewirkt, indem er billige Sonderangebote bei Fleisch und Eiern bevorzugt; ein Politiker, der Rahmenbedingungen unverändert lässt; oder der Wissenschaftler, der Tierleid wissenschaftlich verharmlost.

Tiermoral, Tierethik

In diesem Kapitel werden *tiermoralische* Fragen nur eine untergeordnete Rolle spielen. Behandelt werden *tierethische* Fragen, für die eine ganz andere Art von Abstraktion kennzeichnend ist: Es gibt in der Ethik Tendenzen, Tiere aus dem Bereich des moralisch Relevanten auszugrenzen (z. B. bei Kant). Dies ergibt sich aus bestimmten Konzeptionen in der Ethik.

Wenn man eine solche Ethik vertritt, in der Tiere nicht nur keine moralischen Subjekte, sondern nicht einmal Objekte moralischen Handelns darstellen, dann muss man kontraintuitive Unterscheidungen in der Ethik einführen. Kant tut dies, indem er direkte moralische Pflichten gegenüber Tieren ablehnt, indirekte hingegen anerkennt. Was das bedeutet wird in Abschnitt 3.2.1 erläutert. Eine solche Korrektur der Intuitionen kann man als Abstraktion bezeichnen, weil man Bereiche der wertenden Erfahrung von Personen, die auf den ersten Blick nicht getrennt sind und in der bestimmte

Unterscheidungen nicht vorgenommen werden, aufgrund einer Position in der Ethik *trennt.* Die Tierethik stellt demgegenüber einen Versuch dar, die Ablehnung der Vorstellung, dass Tiere direkt Objekte moralischen Handelns sind, rückgängig zu machen. Diese Versuche werden in den Abschnitten 3.2.1 bis 3.2.3 diskutiert.

Insgesamt wird in Abschnitt 3.2 gezeigt, dass tier*ethische* Diskussionen vor allem durch bestimmte Auffassungen in der *Ethik* motiviert sind, die zu inakzeptablen tiermoralischen Konsequenzen führen wie etwa der Vorstellung, dass Tiere eher ‚Sachen' vergleichbar sind – als wären sie Steine. Für das Verständnis dieses Kapitels ist es nützlich, sich die Unterscheidung zwischen Ethik und Moral aus der Einleitung in Erinnerung zu rufen. Es sei an dieser Stelle betont, dass das eigentliche Problem der Tierethik die Ethik ist und nicht die Moral im Umgang mit Tieren. Dieses ‚eigentliche' Problem wird in 3.2 im Wesentlichen in zwei Hinsichten diskutiert: (1) Warum ist es überhaupt notwendig, den Bereich des moralisch Relevanten auf Tiere auszuweiten? Denn intuitiv erscheint es unplausibel, dass es notwendig wird, darüber nachzudenken. (2) Wie sehen in der Tierethik diese theoretischen Ausweitungsstrategien aus?

In Abschnitt 3.3 wird anhand des tier*moralischen* Beispiels der Xenotransplantation gezeigt, dass der Umgang mit Tieren eine Reihe von moralisch relevanten Gesichtspunkten aufweist, die kaum in eine einfache und widerspruchsfreie Praxis überführt werden können. Solche praktischen Widersprüche sind nicht notwendig ein Indiz für Unmoral: Der Bauer kann seine Tiere hegen und pflegen und einen moralisch vertretbaren Umgang mit ihnen haben, auch wenn er ihr Fleisch oder ihre Produkte zu seinem ökonomischen Nutzen verwendet. Diese Darstellung richtet sich gegen einfache Ge- und Verbote der Tierethik (in 3.2). Als ein Beispiel für ein solches vereinfachendes moralisches Gebot, an dem Tierethiker interessiert sind, dient im Folgenden das *Vegetarismusgebot.*

Inkohärenzen der Tiermoral?

Man kann Tiere als Wesen, gegenüber denen bestimmte Handlungen gefordert oder moralisch geboten sind, akzeptieren und sie dennoch für menschliche Ernährungszwecke töten. Man kann sich außerstande sehen, ein Tier selbst zu töten (sieht man von Fliegen und Mücken ab, die man tötet, weil sie lästig sind), aber dennoch Fleischgenießer sein. Man kann überzeugter Vegetarier sein, aber sein heranwachsendes Kind nicht-vegetarisch ernähren. Man kann aufrichtig für artgerechte Tierhaltung in Zoos und in der Landwirtschaft eintreten und dennoch für tierschädigende Versuche in der Medizin plädieren oder sich selbst zu Hause ein verzogenes Schoßhündchen halten. Das wiederholte ‚man kann' verweist in der alltäglichen Erfahrung nicht notwendig auf moralisch bedenkliche Brüche im individuellen oder gesellschaftlichen Handeln. Es zeigt vielmehr zunächst lediglich, dass im Umgang des Menschen mit Tieren viele verschiedene Wertgesichtspunkte relevant sind. Diese Wertgesichtspunkte machen deutlich, dass eine Pluralität von Positionen denkbar ist, die mehr oder weniger, d.h. inferenziell, explanatorisch, deliberativ, analogisch oder perzeptiv kohärent sind. Für die in 3.2 behandelten Tierethiken ist das wiederholte ‚man kann' ein Skandal. Im Folgenden soll untersucht werden, warum das so ist und was daraus folgt.

Terminologische Klarstellung

An dieser Stelle ist terminologisch kurz festzuhalten, dass im Folgenden von Menschen gesprochen wird, wenn menschliche Tiere gemeint sind, und von Tieren, wenn es um nicht-menschliche Tiere geht. Die im Alltag vertraute Ausdrucksweise erscheint durchaus als haltbar. Der Begriff ,Tier' hat sowohl eine biologische Dimension, insofern Menschen und andere tierliche Lebewesen eben Tiere sind, als auch eine lebensweltliche, insofern Menschen sich von Tieren abgrenzen, obwohl sie selbst Tiere sind. Demgegenüber wird der umgangssprachliche Wortgebrauch in dem Sinne korrigiert, dass dem Adjektiv ,menschlich' das entsprechende gegensätzliche Adjektiv ,tierlich' (und nicht, wie es üblich ist, ,tierisch') gegenübergestellt wird. Der Grund hierfür liegt darin, dass der Ausdruck ,tierisch' abwertend ist: Menschen können sich ,tierisch verhalten' und werden so dem normativen Anspruch an ihr Mensch-Sein nicht gerecht, oder sie geben dem ,Tier in sich' nach, wie Tiere das ohnehin nicht anders können.

3.2 Tiere in der Ethik

Zentral für die Tierethik ist die Frage nach dem Wert tierlichen Lebens. Es ist intuitiv einleuchtend, dass man Tiere achten soll. Denn intuitiv reagiert man auf wirkliches oder vermeintliches Leiden von Tieren mit moralischer Empörung gegen die Handelnden, die Ursache des Leidens sind. Aber es ist einerseits schwer, dies philosophisch zu begründen, und andererseits bleibt unklar, wie weit dieses Achtungsgebot reicht. Das Ziel der folgenden Darstellung soll eine Argumentation in Hinsicht auf einen Ethikansatz sein, der den alltäglichen moralischen Intuitionen am nächsten kommt. Es ist theoriestrategisch relativ leicht, Tiere aus dem Bereich des moralisch Relevanten auszuschließen, beispielsweise indem man Pflichten nur gegenüber Entitäten anerkennt, die Rechte haben – d. h. gegenüber moralischen Subjekten. Es ist ebenso leicht, Tiere in den Bereich des moralisch Relevanten so einzubinden, dass Tiere den gleichen Schutz genießen wie Menschen, indem man beispielsweise die gleichen Pflichten gegenüber allem postuliert, was leidensfähig ist. Beides ist jedoch kontraintuitiv. Denn dass Tiere Wesen darstellen, die dem Menschen nach seiner Willkür zur Verfügung stehen, ist ebenso unplausibel wie die These, dass Tiere gleiche Schutzrechte genießen wie Menschen. Eine Position in der Ethik zu begründen, die dazwischen liegt, ist relativ schwer. Der Grund hierfür ist, dass eine solche Position zentrale Prämissen neuzeitlicher Ethikansätze aufgeben muss. (Die in diesem Kapitel diskutierten Tierethiken beruhen auf *fundamentistischen* Prämissen. Vgl. zum Fundamentismus oben Kapitel 1.)

3.2.1 Der Wert tierlichen Lebens: Methodologische Bemerkungen

Spätestens seit David Hume fordern wesentliche Strömungen der philosophischen Ethik zu einer Korrektur der evaluativen Erfahrung auf (vgl. [5], Kap. 6). Gutheit oder Schlechtigkeit, Schönheit oder Hässlichkeit sind nicht (Wert-)Eigenschaften der Dinge, sondern sie entstammen dem empfindenden oder vernünftigen Subjekt und werden allenfalls auf die Welt projiziert. Wer den Dingen Werteigenschaften zuschreibt, unterliegt dem Verdacht, überkommene Metaphysik zu betreiben oder illiberal zu sein (vgl. die Diskussion in [177]). In der Ethik muss man dann theoretische Konstruktionen anbieten, durch die die alltäglichen moralischen Intuitionen entweder bestätigt oder kritisiert werden. In jedem Fall sollte man zwei grundlegende Werte respektieren: (a) eine tierethische Position sollte ohne unwissenschaftliche metaphysische Lasten auskommen, z. B. ohne die These, dass der Mensch als moralisches Wesen ganz aus dem Reich der Natur herausragt, und sie sollte (b) grundsätzlich vereinbar sein mit einer liberalen mitmenschlichen Haltung. Was das bedeutet, soll im Folgenden an einer Tierethik auf der Basis Immanuel Kants einerseits und Ursula Wolfs andererseits deutlich gemacht werden. Ausgangspunkt ist die intuitiv plausible Auffassung, dass man Tiere aus moralischen Gründen nicht unnötig quälen darf. Kant rekonstruiert diese Intuition folgendermaßen:

> „In Ansehung des lebenden, obgleich vernunftlosen Teils der Geschöpfe ist die Pflicht der Enthaltung von gewaltsamer und zugleich grausamer Behandlung der Tiere der Pflicht des Menschen gegen sich selbst weit inniglicher entgegengesetzt, weil dadurch das Mitgefühl an ihrem Leiden im Menschen abgestumpft und dadurch eine der Moralität im Verhältnisse zu anderen Menschen sehr diensame natürliche Anlage geschwächt und nach und nach ausgetilgt wird; obgleich ihre behende (ohne Qual verrichtete) Tötung, oder auch ihre, nur nicht bis über Vermögen angestrengte Arbeit (dergleichen auch wohl Menschen sich gefallen lassen müssen) unter die Befugnisse des Menschen gehören." ([21], 443)

Grundzüge einer kantischen Tierethik

Die moralische Norm ‚Man darf Tiere nicht unnötig quälen' bezieht sich intuitiv auf *Tiere*. Menschen haben Tieren gegenüber die Pflicht zu bestimmten Verhaltensweisen, weil Tiere (in irgendeinem Sinn) Träger moralischen Wertes sind. Nach Kant handelt es sich um eine Pflicht eines (oder des) Menschen ‚gegen sich selbst' – die moralische Norm bezieht sich also gerade nicht auf *Tiere*. In der kantischen Ethik sind vernünftige Wesen oder Lebewesen, insofern sie vernünftig sind, Träger von Wert.

Diese Konzeption ergibt sich aus der Bedeutung der Vernunft in Kants Ethik (vgl. Kapitel 1), und der Wert, den der Mensch hat, heißt ‚Würde' (vgl. Kapitel 2). Eine gewisse Plausibilität kann die Prämisse Kants beanspruchen, dass Tiere nicht vernünftig sind. Es ist an dieser Stelle dabei unerheblich, ob es eventuell auch andere vernünftige Tierarten außer dem Menschen gibt. Die These, dass Tiere nicht vernünftig sind, ist mit der wohlbelegten These vereinbar, dass manche Tiere zu höheren kognitiven Leistungen fähig sind als beispielsweise menschliche Kinder. Auch Kinder sind nicht (aktual) vernünftig. Weil also Tiere nicht vernünftig sind, haben sie keine Pflichten; man tadelt sie nicht, wenn sie töten oder Menschen angreifen, und bestraft sie nicht. Aus demselben Grund hat der Mensch ihnen gegenüber keine direkten Pflichten. In drei Schritten soll eine kantische Tierethik skizziert werden.

(1) Direkte versus indirekte Pflichten

Direkte Pflichten haben nur Wesen, die Achtung für das Vernunftgesetz empfinden können. Solche Wesen haben nur gegenüber denjenigen Dingen in der Welt Pflichten, die ihrerseits Achtung für das Vernunftgesetz empfinden können. Tiere haben keine subjektiven Pflichten, weil sie keine vernünftig denkenden Personen sind (Subjekte). Sie sind aber auch keine Objekte von Pflichten, weil das einzig Werthafte in der Welt die Vernunft ist: Nur sie nötigt vernünftigen Wesen Achtung im Sinne eines moralischen Gefühls ab. Daher sind lediglich vernünftige Personen Subjekte und Objekte von Pflichten. Das Mitgefühl mit Tieren ist ein menschliches Gefühl, aber eines des tierlichen Menschen:

(1) Mitgefühl ist eine Erfahrung, die eine Person von außen und durch Beobachtung empfängt (sinnlich).
(2) Es ist eine Erfahrung, die das Lust- und Unlustempfinden berührt (triebhaft).
(3) Es ist keine durch Urteilen empfangene Erfahrung (arational).

Achtung ist dagegen ein nicht-tierliches und reines Vernunftgefühl; es ist nicht-sinnlich, nicht-triebhaft und rein rational. Insofern direkte Pflichten nur aus der Achtung resultieren, haben Vernunftwesen gegenüber Tieren nur indirekte Pflichten.

(2) Intrinsischer versus abgeleiteter Wert

Tiere haben Kant zufolge keinen inneren Wert, sondern einen von anderen intrinsischen Werten abgeleiteten, insofern sie für die Realisierung eines (eigentlichen) Wertes nützlich bzw. notwendige Voraussetzung sind. Der eigentliche Wert sind menschliche Personen als Vernunftwesen. Tiere sind keine Vernunftwesen und haben somit keinen inneren Wert. Sie haben aber abgeleiteten Wert, den man auch als ‚derivativ' bezeichnet (von lateinisch *derivare* = ableiten). Der Grund ist, dass die Moralität vernünftiger Personen, sofern sie Menschen sind, bestimmter Voraussetzungen bedarf: Damit eine vernünftige Person vernünftig urteilen kann, muss ihre tierliche Natur (also ihre Triebe, ihre Sinnlichkeit, ihre Emotionen usw.) ihr dies *ermöglichen* (vgl. [21], 427). Durch äußere Not oder durch mangelnde Bildung und Erziehung kann eine im Prinzip vernunftfähige Person ‚abgestumpft' werden. Sie ist dann nicht in der Lage, dem vernünftigen Denken, zu dem sie prinzipiell fähig wäre, den ihm gebührenden Platz in ihrem Leben zuzuweisen.

(3) Indirekte bzw. abgeleitete Pflichten

Mitgefühl mit einer leidenden Kreatur ist keine Pflicht, sondern eine unmittelbare sinnliche Reaktion des Tiers im Menschen auf das Dasein oder das Verhalten anderer Tiere. Achtung gegenüber der Vernunft ist Pflicht im Sinne einer unmittelbaren Reaktion des Vernunftwesens im Menschen gegenüber der Vernunft. Aber das Mitgefühl ist der Achtung dienlich, da menschliche und tierliche Tiere im abgeleiteten Sinne moralisch wertvoll sind, insofern sie mögliche Objekte des Mitgefühls sind. Wenn man als menschliche Person tierliches Leiden beobachtet, das durch menschliches Handeln bewirkt wurde, so bewirkt das Mitgefühl Billigung und Tadel der jeweiligen Behandlung von Tieren. Hieraus kann eine Mäßigung des Handelns resultieren, weil Mitgefühl unser Handeln beeinflusst. Das Mitgefühl als natürliche Anlage ist der Moralität also dienlich, weil es eine Vorstellung der *Pflicht* im Sinne eines *Maßes* des Handelns vermittelt (vgl. analog das Gewissen, [21], 437–440) und weil es im Gegensatz zur Vernunft unmittelbar zu *pflichtgemäßem* Handeln zu motivieren vermag (vgl. [21], 457). Auf dem Mitgefühl aufbauend kann die Vernunft dann tätig und wirksam werden, indem sie die Vorstellung eines guten Willens und somit des Handelns *aus Pflicht* vermittelt.

Die im vorangehenden Kapitel so zentrale Frage nach dem ‚Moralischen Status von x' ist im Rahmen der kantischen Philosophie für ‚x = Mensch' eindeutig positiv und für ‚x = Tier' eindeutig negativ zu beantworten. Dennoch folgt daraus nicht, dass es im Umgang von Menschen mit Tieren keine Pflichten gäbe. Tierrechte und Pflichten gegenüber Tieren sind allerdings Rechte und Pflichten zweiter Klasse. Kants Konzeption kann also durchaus der Intuition faktisch gerecht werden, insofern der Wirkung nach Tierschutz praktiziert werden *sollte*. Und Tierschutz ist auch moralisch begründet. Er beruht aber nicht auf moralischen Gründen, die man in Tieren findet. Tierschutz ist eine Pflicht des Menschen gegen sich selbst: Jede vernünftige menschliche Person schuldet sich selbst Tierschutz.

Alternative Positionen?

Die alltäglichen moralischen Intuitionen legen jedoch eine andere Begründung des Tierschutzes nahe. Wenn eine solche andere Begründung möglich ist, muss sie die alltäglichen Intuitionen soweit aufgreifen, dass es möglich ist, Tiere begründet als intrinsisch wertvoll auszuzeichnen. (Zum Gegensatz intrinsische vs. relationale Eigenschaften vgl. [2], Kapitel 6.) Peter Singer hat dies als ‚Ausweitungsstrategie' bezeichnet (vgl. [136], 28f., [135], 318). Da in der kantischen Ethik nur moralische Subjekte intrinsisch wertvoll sind, kann man zunächst im Rahmen dieser Ethik für eine andere Begründung keinen konzeptionellen Beistand erwarten. Eine Pluralität von intrinsisch wertvollen Lebewesen setzt entweder mehrere wertgebende Prinzipien voraus oder ein wertgebendes Prinzip, das mehrere Arten von Werten umfasst. Man könnte demgemäß entweder der Auffassung sein,

(1) dass die Vernunft und *zusätzlich* eine oder mehrere Eigenschaften von Entitäten wertgebend sind, oder
(2) dass es eine Eigenschaft gibt, die Entitäten Wert verleiht und die sowohl Vernunftwesen als auch Tieren zukommt.

Unter Entitäten versteht man Dinge, die in der Welt existieren (von lateinisch *ens* = das Seiende, das Existierende). Man verwendet diesen neutralen Kunstterminus, um nicht im Vorhinein etwas über Dinge vorauszusetzen, über deren Konzeption man sich klar werden möchte – im vorliegenden Fall also Menschen und andere Tiere und ihr Verhältnis untereinander.

Wenn man nur moralische Subjekte als moralisch wertvolle Entitäten konzipiert, dann sind alle anderen Entitäten moralisch bedeutungslos oder allenfalls indirekt moralisch relevant: dies betrifft Tiere, aber vielleicht auch alzheimerdemente oder komatöse Menschen. Wenn man nur Dinge in der Welt als moralisch wertvolle Entitäten konzipiert, die mehr als fünf Gramm wiegen, dann sind alle Dinge in der Welt unter fünf Gramm moralisch irrelevant: Embryonen ganz sicherlich, aber auch bestimmte kleine Kieselsteine, Amöben usw. Manche Entitäten werden dann im Verlaufe ihrer Existenz moralisch relevant: Menschliche Embryonen, wenn sie heranwachsen, aber auch viele pflanzliche Sprösslinge. In aller Regel ist die Eigenschaft ‚mehr als fünf Gramm wiegen' moralisch irrelevant. Alternative Positionen in der Tierethik müssen selbstverständlich relevante Eigenschaften als Basis für eine Ausweitungsstrategie ins Feld führen.

Eine mögliche moralisch relevante Eigenschaft kann man aus dem oben angeführten Kantzitat erschließen: Menschen haben *Mitgefühl* mit dem *Leiden* von Tieren. Leidensfähigkeit ist sicherlich eine geeignetere Eigenschaft als ‚fünf Gramm wiegen'. Wenn man also sagt, dass alles, was leidensfähig ist, als moralisch relevant erachtet werden sollte, dann werden Menschen und zumindest viele Tiere eingeschlossen in den Bereich der moralisch relevanten Entitäten, aber Bakterien, Viren, Amöben, Milben, Kieselsteine, Ökosysteme, Landschaften usw. (vermutlich) nicht.

Methodisches Intermezzo

An dieser Stelle müssen zwei methodische Bemerkungen gemacht werden. (A) Die beiden zuvor genannten Auffassungen (1 und 2) stellen unterschiedliche Varianten der Ausweitungsstrategie des Bereiches moralisch relevanter Entitäten dar. Durch die Vernunft als wertverleihendes Prinzip und das Leiden als ein zusätzliches Prinzip entsteht eine Pluralität von wertgebenden Prinzipien in der Ethik. Sofern beide (oder mehrere) Prinzipien dieser Art nebeneinander stehen, spricht man in der philosophischen Ethik von Intuitionismus: In der Weise, wie Personen evaluativ auf Erscheinungen der Welt reagieren, sind verschiedene Gesichtspunkte moralisch relevant. Da bei mehreren gleichrangigen Prinzipien, die miteinander in Konflikt geraten können, Abwägungsprobleme entstehen, neigen Philosophen dazu, lieber ein Prinzip auszuwählen und zu rechtfertigen, das ausschlaggebend ist. Man kann daher zwei Varianten der Ausweitungsstrategie unterscheiden:

Zwei Ausweitungsstrategien:

(1) Die Mehr-Prinzipien-Strategie: Die erste Ausweitungsstrategie erweitert den Bereich moralisch relevanter Entitäten durch eine Mehrzahl von wertverleihenden Prinzipien um den Preis möglicher Konflikte zwischen diesen. Wenn Vernunft und Leidensfähigkeit solche Prinzipien darstellen und der Wert moralischer Subjekte gegen das Leiden von Wesen steht, die keine moralischen Subjekte sind, muss man sich Rechenschaft darüber ablegen, wie man diesen Konflikt entscheiden soll.

(2) Die Strategie des umfassenderen Prinzips: Die zweite Ausweitungsstrategie erweitert den Bereich moralisch relevanter Entitäten durch die Auswahl eines entsprechenden wertverleihenden universalen Prinzips. Wenn die Vernunft als wertgebendes Prinzip zu viele Entitäten in der Welt ausgrenzt, dann stellt das Prinzip der Leidensfähigkeit einen möglichen Kandidaten für die erfolgreiche Einbeziehung einer größeren Zahl von Entitäten dar. Wenn Leidensfähigkeit als ein solches Prinzip gerechtfertigt werden kann und somit alle leidensfähigen Entitäten ethisch relevant sind, dann entsteht die Frage, wie man entscheiden soll, wenn menschliches gegen tierliches Leid steht.

Beide Strategien bringen also Probleme mit sich: Wie kann man Ungleiches gleich oder Gleiches ungleich behandeln? Man will Tiere einerseits als moralisch relevante Entitäten in der Ethik erfassen, andererseits aber zumindest in gewissen Situationen Wertunterschiede rechtfertigen. Beispielsweise wäre es moralisch falsch, im Rettungsboot ein Tier gegenüber einem Menschen zu bevorzugen. Hieraus kann man eine zweite methodische Bemerkung ableiten. (B) In der Tierethik tritt erneut ein Problem auf, das sich bereits in der Medizinethik als zentral erwies. Es herrscht in der philosophischen Ethik die Vorstellung vor, dass es ein spezifisches Merkmal moralischer Geltung ist, universal zu sein. Wenn man nun den Bereich des moralisch Relevanten ausdehnt und gleichzeitig am Modell universaler Geltung festhält, dann entsteht folgendes Problem: Tiere und Menschen sind leidensfähige Wesen. Wenn nicht Vernunft-, sondern allein Leidensfähigkeit konstitutiv für moralische Relevanz ist, dann gilt die Norm der Leidensvermeidung universal. Es wird dann schwer, zwischen Tieren und Menschen eine unterschiedliche Behandlung (beispielsweise im Rettungsboot) moralisch zu rechtfertigen.

Das Problem liegt jedoch nicht in der Ausweitungsstrategie, sondern in Grundannahmen über das Wesen des Moralischen. Man muss also, um den alltäglichen Intuitionen gegenüber Menschen und Tieren gerecht zu werden, *de facto* die Vorstellung akzeptieren, dass nicht alles, was immer *moralisch relevant* ist, auch immer *moralisch ausschlaggebend* sein muss. Als relevant mag dabei alles gelten, worauf Personen normalerweise und aufrichtig zumindest *prima facie* mit moralischer Billigung oder Missbilligung reagieren. Reflexionen mögen *prima facie* Relevantes als irrelevant erweisen. Intuitiv erscheint somit vieles als relevant, wobei manches dabei widerstreitend ist, so dass man sich fragen muss, was, insofern es nach Reflexionen weiterhin relevant ist, ausschlaggebend sein könnte.

Wer an universaler Geltung von Normen festhält, sieht beides zumindest in enger Verbindung miteinander. Etwas kann in dem Sinne immer moralisch relevant sein, dass es *prima facie* immer in die Betrachtung einzubeziehen ist, auch wenn es sich auf den zweiten Blick manchmal als zwar relevant, aber nicht ausschlaggebend herausstellt. Wenn etwas sich mit Gründen in einer Situation als nicht-ausschlaggebender moralischer Wert erweist, so heißt das nicht, dass er nicht trotzdem moralisch relevant ist. Man kann diesen Unterschied nur schwer mit einer Vorstellung des Moralischen und des Normativen als etwas, das kategorisch oder universal gilt, vereinbaren. Daher wird ein solcher Ansatz eher dazu neigen, zu begründen, warum ein moralischer Wert in einer Situation *ausnahmsweise* nichtrelevant ist – denn wenn er relevant wäre, wäre er immer auch ausschlaggebend.

Tierethik des generalisierten Mitleids

Als ein Beispiel für eine Tierethik, die den alltäglichen Intuitionen auf den ersten Blick mehr gerecht wird als die kantische, kann der Ansatz von Ursula Wolf dienen. Doch auch dieser weist die skizzierten Schwierigkeiten der zweiten Ausweitungsstrategie auf.

> „Wenn wir uns als Personen nicht mehr auf die eine wertverleihende Eigenschaft hin verstehen [sc. die Selbstzwecklichkeit eines Vernunftwesens, insofern es im Sinne einer Würdeverletzung erniedrigt werden kann – A. V.], an der sich unser Leben misst, dann bleibt, dass wir Wesen sind, die in verschiedenen Bereichen nach ihrem guten Leben suchen und entsprechend in verschiedenen Hinsichten leiden bzw. an ihrem guten Leben gehindert werden können. Zu diesen Wesen, die leiden können, denen es subjektiv gut oder schlecht gehen kann, gehören ebenso Tiere, auch wenn ihr Bezug auf das eigene Wohl weniger reflektiert ist. Es gibt daher innerhalb dieser Konzeption keinen Grund, die Moral

> auf Personen zu beschränken. Denn die Eigenschaft, die Wesen zu Objekten der Moral macht, wäre jetzt, dass sie leiden können bzw. dass es ihnen gut/schlecht gehen kann. [...] Die Moralkonzeption, die sich ergibt, ist also die eines generalisierten Mitleids." ([140], 75f.)

Das Konzept des „generalisierten" (vgl. [140], 75–79) oder „universalisierten Mitleids" (vgl. [139], 58]) wird von Wolf aus dem Mitleid als einem natürlichen Affekt hergeleitet. Auf ihm beruhen unsere alltäglichen philosophisch, wissenschaftlich und ökonomisch unverbildeten Intuitionen. Dieser Affekt reagiert auf fremdes Leiden missbilligend und mit einem unmittelbaren Antrieb, Hilfe zu leisten. Das Wolf'sche „generalisierte Mitleid" ist jedoch kein allgemeines Mitleiden, sondern eine universale Norm: Alles in der Welt, was leiden kann, soll in Hinsicht auf dieses Merkmal gleich behandelt werden ([139], 60). Es ist ein moralisches Grundgebot, dass man alles in der Welt, was leiden kann, so behandelt, *als ob* man mit ihm Mitleid empfindet. Die Universalisierung ist nötig, weil der Mitleidsaffekt auf den Nahbereich beschränkt ist (vgl. [139], 57). Wolf schließt aufgrund des universalistisch-egalitaristischen Charakters der Norm aus, dass es einen Unterschied gibt, der eine Ungleichbehandlung von Menschen und Tieren in Hinsicht auf die Tötung zu Nahrungszwecken und die Verwendung in Versuchen zu beispielsweise medizinischen Zwecken rechtfertigen könnte ([140], 110–115, 116–120, [139], 73, 75).

Leiden kein absoluter Unwert

Die Leidensfähigkeit ist aber keine wertkonstituierende Eigenschaft in Entitäten in der Welt, sondern das universale Mitleid ist die aus der konkreten Mitleidserfahrung im Nahbereich verallgemeinerte Motivation zur Hilfeleistung. Es gibt eine Leidmilderungsmotivation, die nicht formal ist wie die kantische Selbstzwecklichkeit von Vernunftwesen. Sie ist inhaltlich auf das Leid ausgerichtet. Aber sie stellt keinen absoluten Wert im Sinne eines inhärenten Wertes von leidensfähigen Wesen dar. Es gibt im Wolf'schen Ansatz – im Gegensatz zum kantischen – Tieren gegenüber also direkte Pflichten, obwohl weder Tiere noch Menschen intrinsische Werte darstellen.

Absolute Werte unterliegen in der Neuzeit – und auch bei Wolf – einerseits dem Verdacht, in religiösen, metaphysischen oder ideologischen Weltbildern begründet zu sein. Sie gelten heute als nicht mehr konsensfähig. Darüber hinaus unterstellt man Positionen, die absolute Werte postulieren, Engherzigkeit und Borniertheit, insofern moralische Liberalität die Einstellung erfordert, andere Lebensentwürfe zu akzeptieren. Der Verweis auf Werte gehört in ein religiöses, vormodernes und nicht-pluralistisches Selbstverständnis. Im Wolf'schen Ansatz gibt es nur eine grundlegende inhaltliche Norm – die des Respekts vor dem Leid. Sie setzt der Liberalität zumindest *prima facie* Grenzen, ist aber akzeptabel, weil sie auf einem anthropologischen Grundprinzip, nämlich dem Empathie-Affekt beruht.

Der Wolf'sche Ansatz – der hier ebenfalls nur kurz skizziert werden kann – erweitert erfolgreich den Bereich der moralisch relevanten Entitäten und bindet durch das Kriterium der Leidensfähigkeit zumindest eine Vielzahl von Tieren in moralische Überlegungen mit ein. Man muss jedoch zwei Probleme dieses Ansatzes festhalten:

(1) Zum einen sind Tiere zwar – nach Wolf – nicht moralisch neutral, aber sie haben keinen intrinsischen Wert. Zwei Interpretationen sind möglich: (a) Der Wert eines tierlichen Lebens ist nicht objektiv, sondern er ist ‚für es' in dem Sinne, dass leidensfähige Wesen im Leiden ihr Leiden *subjektiv* nicht als für sich selbst wünschenswert erachten. Moralische Subjekte bzw. Menschen verfügen im Mitleidsaffekt über eine ‚epistemische Brücke', die ihnen hilft zu erkennen, wann einem Wesen etwas als für es selbst nicht wünschenswert erscheint. Mitleid bewirkt Rücksicht. Das ist zunächst eine anthropologische Tatsache. Die Haltung der Rücksicht gegenüber dem Leiden anderer begründet aber eigentlich keine direkten Pflichten gegenüber *anderen* Wesen, insofern ein Mensch durch Rücksichtslosigkeit gegenüber Tieren *seine eigenen* Vernunftanlagen nicht verwirklicht. *Wertgesichtspunkte* ergeben sich nur aus dem subjektiven Erleben, zu dem das Mitleid aber gerade keinen direkten Zugang hat, insofern es nur das Leiden als objektive Tatsache erfasst. (b) Daher könnte der Wert tierlichen Lebens in einer Mitleidsethik bloß abgeleitet sein, weil nicht das Leid als Objekt des Mitleids die relevanten Wertgesichtspunkte darstellt, sondern die hedonische Qualität des Mitleiderlebnisses der mitleidenden Person (vgl. griechisch *hedone* = Lust; Mitleidempfindung ist aber als Unlust ein negativer Wertgesichtspunkt). Aus der Tatsache des Leidens anderer schließt ein mitleidendes Wesen aufgrund seines eigenen Leidens im Mitleidaffekt auf bestimmte Pflichten (Rücksicht). Insofern der Mitleidende seine Unlust zu minimieren versucht, schützt er mittelbar auch Tiere. – Beide Interpretationen einer Mitleidsethik korrigieren jedoch die Intuitionen. Denn intuitiv erachtet man das Leiden von etwas als Unwert, der auch da wäre, wenn es niemanden gäbe, der mitleiden könnte. Problematisch ist diese Korrektur, weil eine Wolf'sche Tierethik gegen Kant alltägliche auf Tiere bezogene Intuitionen ins Feld führt (vgl. [140], 76).

(2) Der Argumentationsschritt vom Mitleid zum generalisierten Mitleid ist im Wolf'schen Ansatz darin begründet, dass zum einen Normen nur als universale zugelassen werden, und zum anderen Werte als intrinsische unzulässig sind. Für die Theorie ist also die konkrete Relation des Mitleidens nur ein Ausgangspunkt. Die Haltung des Mitleids, aus der in der Ethik praktische Normen abgeleitet werden, darf nicht mit aktualem Mitleiden verwechselt werden. Warum ist aber der Schritt zur Generalisierung überhaupt nötig? Kinder erzieht man doch offenbar zu empathischem Verhalten, damit sie im erzieherischen Erfolgsfalle immer dann, wenn es nötig ist, Mitleid empfinden. Ohne die Einführung des Konzeptes des generalisierten Mitleids jedoch bleiben die normativen Schlussfolgerungen unbegründet. Denn der konkrete Mitleidsaffekt schließt nicht aus, dass man ein Tier tötet oder in der Forschung bestimmte Dinge zunächst an ihnen erforscht, weil andere Wertgesichtspunkte als relevant erachtet und höher gewichtet werden. Es sind also lediglich die Auffassungen über das Wesen der Moral und nicht der Affekt des Mitleides, die argumentativ zwingend dazu führen, dass aus der Ethik das moralische Verbot von Tierversuchen und eventuell ein Tötungsverbot zu Nahrungszwecken abgeleitet werden kann. Empirisch führt der Mitleidsaffekt hingegen keineswegs direkt zur generellen und ausnahmslosen

Ablehnung von Tierversuchen. Zusätzlich kann man Tierpräparatoren nicht grundsätzlich unterstellen, dass sie gewissenlos sind (vgl. [121]f., [124]).

Der tierethische Ansatz von Ursula Wolf basiert auf der zweiten Ausweitungsstrategie. Der Ansatz ist jedoch sowohl begründungstheoretisch als auch inhaltlich anthropozentrisch: (1) Der universalistische Charakter des Ethischen ist interpersonalen Ethiken entlehnt, insofern Universalisierung eine Fähigkeit des Denkens und der Kommunikation rationaler Wesen ist. (2) Inhaltlich wird das wertgebende Prinzip zwar vom Menschen aus gedacht, aber soweit entleert, dass es schließlich auch Tiere umfasst. Tierliches Leid ist nur relevant, weil es menschliches Mitleid erregt bzw. analog zu menschlichem Leiden gedacht wird. Die Probleme des Ansatzes sind offensichtlich: Obwohl mit dem konkreten Mitleidsaffekt eine Intuition den Ausgangspunkt bildet, ist die Schlussfolgerung in dem Sinne kontraintuitiv, dass Tieren, gerechterweise aber auch Menschen ein intrinsischer moralischer Wert aberkannt und sogar das Töten von Tieren zu Nahrungszwecken offenbar weitgehend untersagt wird.

Zwischenresümee

Ausgehend von der kantischen Position konnten in diesem Abschnitt verschiedene für die Tierethik relevante Aspekte herausgearbeitet werden. Zunächst kann man in der Tradition der philosophischen Ethik grundsätzlich verschiedene Arten von Wert für verschiedene Arten von Entitäten in der Welt unterscheiden.

Vier Stufen moralisch wertvoller Entitäten:

(1) Moralische Subjekte, insofern sie absolute Werte darstellen (in der Regel zumindest aktual rationale Personen).
(2) Intrinsisch wertvolle Entitäten, denen gegenüber direkte Pflichten von Seiten Handelnder bestehen (Menschen, vielleicht Tiere oder auch Pflanzen usw.).
(3) Abgeleitet bzw. derivativ wertvolle Entitäten, denen gegenüber indirekte Pflichten von Seiten Handelnder bestehen (alles, insofern es nützlich ist oder von etwas wertgeschätzt wird, das selbst intrinsisch wertvoll ist).
(4) Moralisch neutrale Entitäten (was auch immer als Rest übrig bleiben mag).

In einer Ethik kann man diesen Stufen unterschiedliche Klassen von Entitäten in der Welt zuordnen. Immanuel Kant hat die beiden ersten Stufen zusammengefasst und auf menschliche Personen beschränkt. Damit sind Tiere jedoch nicht automatisch als irrelevant aus dem Bereich der Moral ausgegrenzt. Man kann ihnen, auch wenn das den alltäglichen und weit verbreiteten Intuitionen widerspricht, derivativen Wert zuschreiben. Der Ansatz von Ursula Wolf anerkennt direkte Pflichten gegenüber Tieren, weil der Gleichbehandlungsgrundsatz erfordert, dass man das, was in einer Hinsicht moralisch gleichwertig ist (menschliches und tierliches Leid), zumindest auf den ersten Blick gleich behandeln muss. Aber auch sie lehnt es ab, Tiere als intrinsisch oder inhärent wertvoll zu bezeichnen (vgl. [2], Kapitel 6). Zudem unterliegt ihr Ansatz der Gefahr, normativ über vertretbare Ziele hinauszuführen. Dies ergibt sich aus der Konzentration auf *ein* Ausweitungsprinzip (Leidensfähigkeit), das so konzipiert wird, dass es universal gilt. Viele Menschen würden ein universales Vegetarismusgebot als illiberalen Eingriff in ihre Lebensführung ansehen. Indes muss jeder, der Tierprodukte nutzt und insbesondere Fleisch verzehrt, Rechenschaft darüber ablegen können, wo der Unterschied zwischen dem Vegetarismusgebot und beispielsweise dem Verbot der Sklaverei liegt. Denn Letzteres galt den Sklavenhaltern der US-amerikanischen Südstaaten auch als illiberaler Eingriff in ihre Freiheit.

Der verpflichtende Charakter einer Tierethik:

(1) Direkte Pflichten: Man schuldet Tieren Respekt in seinem Handeln, soweit Tiere davon betroffen sind. Der Respekt gebührt den Tieren direkt.
(2) Indirekte Pflichten: Der Menschen schuldet es sich selbst, Tiere respektvoll zu behandeln. Der Respekt ist auf den Menschen selbst gerichtet und erst sekundär (und daher indirekt) auf Tiere.

Man kann unterschiedliche Ausweitungsstrategien unterscheiden, nämlich die Mehr-Prinzipien- und die Das-Umfassendere-Prinzip-Strategie. Wer aber wie Kant Ausweitungsstrategien ablehnt, ist nicht genötigt, Tiere im Bereich des menschlichen Handelns als moralisch neutral anzusehen. Sie können abgeleitet relevant sein. Man hat ihnen gegenüber dann indirekte Pflichten. Welche der beiden genannten Strategien man auch immer wählt, man kann Tieren gegenüber direkte Pflichten anerkennen, ohne sie als intrinsisch relevant anzusehen. Dass jedoch nur (aktual) rationale Personen als moralische Subjekte ethisch relevant sind, ist kontraintuitiv und erscheint schon aufgrund der Diskussion in der Medizinethik unplausibel.

3.2.2 Ungleichbehandlung von Menschen und Tieren: Speziesismus?

Es spricht vieles für eine Ausweitung des Bereiches moralisch relevanter Entitäten. Es scheint, dass eine Ethik ein Defizit aufweist, wenn sie keine direkten Pflichten gegenüber Tieren formulieren und begründen kann. Häufig jedoch, etwa in Fragen der Verwendung von Menschen und Tieren als Nahrungsmittel, wird in der gesellschaftlichen Praxis ein Unterschied zwischen Menschen und anderen Tieren gemacht. Wie ist ein solcher Unterschied zu rechtfertigen, wenn man Tieren gegenüber direkte Pflichten anerkennt?

Speziesismus

Vernunftethiken gelten in dem Sinne als anthropozentrisch, dass zunächst nur menschliche Personen vernunftfähig sind und insofern als moralische Subjekte gelten. Einer solchen Ethik wird bisweilen unterstellt, sie sei *speziesistisch* bzw. ein Fall von *Speziesismus* (vgl. insgesamt [120] Kap. 4, [136], Kap. 1 und 6, [24], Kap. 3, [134]). Eine biologische Art wird auch als *species* bezeichnet, und so wurde analog zum *Rassismus*, der unzulässig die Rassezugehörigkeit, und dem *Sexismus*, der unzulässig die Geschlechterzugehörigkeit als relevant für Ungleichbehandlung ansieht, der Ausdruck *Speziesismus* geprägt. Der Vorwurf lautet: Ebenso wie Geschlecht und Rasse keine moralisch relevanten Grenzen darstellen und Ungleichbehandlung rechtfertigen, darf man auch durch eine Ethik den Bereich der moralisch relevanten Entitäten nicht durch die Artzugehörigkeit einschränken. Vernunftfähigkeit ist aber eine Eigenschaft, die nicht notwendig auf den Menschen als Tierart begrenzt ist. Die Beschränkung der Objekte direkter Pflichten auf vernünftige Wesen ist also nicht notwendig speziesistisch.

Das Problem der Gewichtung

Der tierethische Ansatz von Ursula Wolf vertritt einen universalistischen Egalitarismus, der den Antispeziesisten gerecht wird (vgl. [140], 115). Nicht jede Bevorzugung menschlicher Entitäten gegenüber anderen tierlichen Entitäten ist jedoch von vornherein moralisch ungerechtfertigt. Eine Ungleichbehandlung von Menschen und Tieren kann aber schwerlich unter *ein Prinzip* gebracht werden: Für die Gradualisierung der Gewichtung menschlichen und tierlichen Wertes müssen entweder neben dem Leid andere Prinzipien angeführt werden, oder das Leidensprinzip muss durch andere Prinzipien intern komplex werden, beispielsweise durch die Unterscheidung des Leidens höherer und niederer Tiere.

Der Wolf'sche Ansatz reagiert darauf positiv mit einem sehr weitreichenden Tötungsverbot gegenüber Tieren und negativ mit einschränkenden Bedingungen für die Rechtfertigung von Ungleichbehandlung. Einen gewissen Dezisionismus lässt Ursula Wolf für weniger hoch entwickelte Tiere zu, wenn nicht klar ist, ob es wirklich plausibel ist, dass sie „weiterleben wollen" (vgl. [140], 120, 80f., 85). Weiterhin gibt es gewisse einschränkende Bedingungen für die Rechtfertigung einer unqualifizierten und stark-speziesistischen Ungleichbehandlung (vgl. [140], 77f.):

(1) Leiden und das Gebot, es zu respektieren, überwiegt grundsätzlich die Geltungskraft von Konventionen. Eine bestehende kulturelle Praxis des Umgangs mit Tieren oder interne Zwänge in einem Rechtssystem, durch die Tieren Leid zugefügt wird, sind grundsätzlich nicht ausschlaggebend. Eine Ungleichbehandlung, die konventionell ist, wird als bloß ‚subjektiv begründet' bezeichnet. Es wäre also vielleicht nicht zu rechtfertigen, Tiere durch Schächten zu töten, wenn diese Form der Schlachtung Leiden verursacht und allein durch kulturelle Konventionen oder religiöse Vorschriften begründet ist.

(2) Eine Ungleichbehandlung darf elementares Leiden nicht übergehen. Lediglich die Verursachung nicht-elementaren Leidens ist moralisch akzeptabel. Es wäre also vielleicht erlaubt, Tiere z. B. durch Stallhaltung in ihrer Bewegungsfreiheit einzuschränken und sich durch die Schur ihres Fells zu bemächtigen, weil beides Tieren nur nicht-elementares Leid verursacht, eine derartige Nutzung von Tieren hingegen elementares menschliches Wohlbefinden erheblich fördert. Tiere in der medizinischen Forschung zu quälen, ignoriert dagegen elementares Leiden und ist nicht zu rechtfertigen.

Entscheidungen in Gewichtungs- und Abwägungsfragen, bei denen tierliche Angelegenheiten unterliegen, geraten nur allzu leicht unter Speziesismus-Verdacht. Aber die beiden zuvor genannten Bedingungen sind ihrerseits problematisch: Zum einen wäre ein Verbot historisch kontingenter und daher auf Konventionen beruhender Formen industrieller Massentierhaltung seinerseits mit Leid verbunden, beispielsweise dem Verlust der ökonomischen Existenzgrundlage von Landwirten. Inwiefern ist dieses Leid nicht-elementar? Zum anderen ist die Unterscheidung zwischen elementarem und nicht-elementarem Leid zwar auf den ersten Blick plausibel, aber wie hängt sie mit dem Ansatz des generalisierten Mitleids zusammen? Ergibt der konkrete Mitleidsaffekt in Menschen diesen Unterschied? Ein generalisiertes Mitleid bezieht sich der Definition nach auf jedes Leid und ließe Abwägungen nicht oder allenfalls in Analogie zu Notwehrsituationen zu. Abwägungsprobleme dieser Art machen es nötig, den Vorwurf des Speziesismus genauer zu definieren.

Man kann verschiedene Formen des Speziesismus unterscheiden.

Absoluter, starker und schwacher Speziesismus

Varianten des Speziesismus:

(1) *Absoluter Speziesismus:* Menschen mögen eine Tierart sein, aber vor allem gilt, dass Mitglieder anderer Tierarten keine Menschen sind. Und nur Menschen als Mitglieder einer biologischen Art sind moralisch relevante Entitäten. Es kann keinen moralischen Konflikt zwischen menschlichen und tierlichen Angelegenheiten geben.

(2) *Starker Speziesismus:* Auch wenn Menschen Mitglieder einer bestimmten Tierart sind und wenn andere Tierarten moralisch relevante Individuen haben, genießen menschliche Angelegenheiten grundsätzlich einen moralisch begründeten Vorrang vor tierlichen, weil es menschliche Angelegenheiten sind.

(3) *Schwacher Speziesismus:* Ebenso, wie Menschen moralisch relevante Mitglieder einer bestimmten Tierart sind, können andere Tierarten moralisch relevante Individuen vorweisen. Im Konfliktfalle sind gleichrangige oder höherrangige menschliche Angelegenheiten zumeist einfach nur deshalb ausschlaggebend, weil sie menschliche sind. Es kann jedoch auch vorkommen, dass bedeutende und hochrangige tierliche Angelegenheiten den Ausschlag geben, wenn sie mit mehr oder weniger bedeutenden menschlichen konfligieren.

(4) *Egalitarismus:* Wer jede Relevanz des Artkriteriums für eine praktische Ungleichbehandlung ablehnt, ist ein ‚negativer Speziesist' oder ‚Egalitarist' und vertritt eine gleiche Berücksichtigung der Individuen über Artgrenzen hinweg.

Es sei an dieser Stelle betont, dass die kantische Ethik, obwohl sie anthropozentrisch ist, nicht als speziesistisch bezeichnet werden sollte. Denn der Bereich moralisch relevanter Entitäten wird durch das Kriterium der Vernunftfähigkeit eingegrenzt. Dass wir nur menschliche Tiere als Wesen dieser Art kennen, ist bloß zufällig. Es mag andere Tiere geben, die vernünftig sind. Nach Kant wäre auch diesen Würde zuzuschreiben, weshalb sie von Menschen respektiert werden müssten. Ob die kantische Ethik speziesistisch ist, hängt davon ab, wie man die tierliche und die rationale Natur des Menschen zueinander in Beziehung setzt. In der Medizinethik wird – wie oben gezeigt – dieser Ethikansatz speziesistisch gewendet, wenn menschliches Leben schlechthin und menschliche Würde ohne weiteres miteinander identifiziert werden.

Qualifizierter und unqualifizierter Speziesismus

Die zuvor genannten Varianten des Speziesismus sind *unqualifiziert*. Allein die Artzugehörigkeit gilt als Kriterium für eine ausschlaggebende moralische Relevanz von Individuen einer Art. Man kann jedoch qualifizierte Versionen des Speziesismus entwickeln, indem man die moralische Relevanz der Grenze zwischen menschlichen Tieren und sonstigen Tieren inhaltlich rechtfertigt. Hierzu führt man von der Artzugehörigkeit verschiedene Eigenschaften x an. Beispiele für x können ein oder mehrere der folgenden Merkmale sein: Menschen haben Präferenzen, sie kommunizieren mit Symbolen und sind selbstbewusst, sie respektieren andere und fordern ihre Rechte ein, sind autonom usw. Menschen sind Tiere, aber eben x-Tiere.

Humesches Gesetz, naturalistischer Fehlschluss

Unqualifiziert speziesistische Ansätze haben die biologische Artzugehörigkeit zum Ansatzpunkt. Qualifiziert speziesistische Ansätze leiten eine besondere moralische Relevanz des Menschen zusätzlich von inhaltlich reichhaltigen Merkmalen ab. Es gibt nun zwei Möglichkeiten, die qualifizierenden Eigenschaften zu deuten: Entweder stehen diese Merkmale zur Artzugehörigkeit in einer synthetischen oder analytischen Beziehung:

(1) Synthetisch-qualifizierter Speziesismus: Der biologische Artbegriff des Menschen im Gegensatz zu anderen Tieren hängt begrifflich nicht mit den qualifizierenden Merkmalen zusammen, sie bilden keine qualitative Einheit, sondern sind bloß eine ‚Zusammen-Stellung' (griechisch: *synthesis*). Beide Elemente des Speziesismus bilden bloß ein ‚Amalgam': Mensch-Sein (Mensch als Tierart) und x-Sein (Vernunftwesen) werden beispielsweise durch kulturelle Wertschätzung der Vernunft in enger Beziehung zueinander gesehen.
(2) Analytisch-qualifizierter Speziesismus: Menschen als eine bestimmte Tierart sind Lebewesen mit den qualifizierenden Eigenschaften. Diese Eigenschaften sind begrifflich mit dieser Art von Leben verbunden: Mensch-Sein bedeutet x-Sein, so wie Schimmel-Sein bedeutet, ein ‚weißes Pferd' zu sein. Wenn man also Mensch-Sein analysiert, kommt man auf x-Sein.

Diese Unterscheidung zeigt nun, dass der Artbegriff unterschiedliche Rollen in Argumentationen erfüllen kann. Dem Speziesismus wird oft unterstellt, er sei ungerechtfertigt, weil er gegen das Humesche Gesetz verstoße und einen naturalistischen Fehlschluss begehe (vgl. [5], 121–123).

(a) Das Humesche Gesetz besagt, dass man aus einer Menge (rein) deskriptiver Aussagen nicht auf eine normative Aussage schließen kann. Aus der Tatsache, dass viele Menschen Fleisch essen, darf und kann man nicht auf die Norm schließen, dass man Fleisch essen soll oder darf. David Hume war zu Recht der Auffassung, dass man aus (deskriptiven) Fakten nicht auf (normative) Ge- bzw. Verbote schließen darf. Vielmehr muss man einen normativen oder moralischen Gesichtspunkt zu den Fakten hinzuzunehmen oder wenigstens die Norm zu akzeptieren, dass man beispielsweise so leben soll, wie eine Beschreibung der Fakten es darstellt. Kann man aus der Tatsache der Artzugehörigkeit eine moralisch unterschiedliche Behandlung ableiten? Ein unqualifizierter Speziesismus ist im Humeschen Sinne fehlschlüssig, weil er nur die biologische Artgrenze als Kriterium der Ungleichbehandlung benutzt. (1) Wenn der Speziesismus synthetisch-qualifizierend ist, kann man eine Ungleichbehandlung nicht aus der Artzugehörigkeit herleiten. Denn der biologische Artbegriff gilt als rein deskriptiv. Da die qualifizierenden Merkmale x begrifflich nichts mit dem biologischen Menschsein zu tun haben und biologisches Menschsein rein deskriptiv verstanden wird, sind diese Varianten des Speziesismus analog zum Rassismus und Sexismus zu beurteilen. (2) Wenn der Speziesismus analytisch-qualifizierend ist, dann liegt es an den qualifizierenden Merkmalen, ob der Speziesismus ‚rassistisch' oder ‚sexistisch' ist. Merkmale wie die Hautfarbe oder das Geschlecht begründen keine gerechtfertigte Ungleichbehandlung, weil sie keine evaluativen, sondern deskriptive Merkmale von Lebewesen darstellen. Man kann in dem Fall, dass x ‚autonom' bedeutet, der Auffassung sein, dass das qualifizierende Merkmal nicht rein deskriptiv ist. Wenn Mensch-Sein und Autonom-Sein analytisch miteinander zusammenhängen und wenn Autonom-Sein kein rein deskriptives Merkmal der Individuen einer Art ist, dann wäre der Artunterschied (Mensch vs. andere Tiere) möglicherweise moralisch bedeutsam. Denn der Speziesbegriff ‚Mensch' wäre dann aufgrund der Analytizität des Speziesismus nicht rein deskriptiv (vgl. [75], 199–209).

(b) Der naturalistische Fehlschluss besagt, dass man nicht durch Verweis auf ein Naturobjekt oder eine natürliche Eigenschaft eine moralische Eigenschaft begründen kann. Wenn Lust ein physiologischer Zustand eines Lebewesens ist, dann kann man nicht ‚gut' durch ‚lustvoll' definieren. Natürliche Eigenschaften und Naturobjekte sind objektiv: Lust könnte beispielsweise physiologisch identisch mit bestimmten Hormonen im Blut sein, die man identifizieren kann, ohne die Lust zu empfinden. Objektiv heißt hier ‚aus der reinen Beobachterperspektive vollständig erfassbar'. Naturalistisch gesehen ist Lust objektiv in diesem Sinne. Dass wir sie subjektiv erleben, kommt vielleicht hinzu, ist aber irrelevant. Kann man aus der Artzugehörigkeit eine moralisch unterschiedliche Behandlung ableiten, ohne naturalistisch fehlschlüssig zu sein? Ein unqualifizierter Speziesismus ist naturalistisch, weil der Artbegriff nur dann *nicht* auf reine Naturobjekte verweist, wenn über qualifizierende Eigenschaften die reine Beobachterperspektive durch die Teilnehmerperspektive, also das Erleben oder das emphatische Mitvollziehen eines Subjektes, ergänzt wird. (1) Wenn der Speziesismus synthetisch-qualifizierend ist, liegt ebenfalls ein Fehlschluss vor. Denn die biologische Art und ihre Individuen sind naturalistisch und objektiv und die qualifizierenden Merkmale sind subjektiv. Autonomes Handeln setzt ein bestimmtes subjektives Erleben voraus. Beides ist voneinander begrifflich getrennt und der zugrunde liegende Artbegriff somit naturalistisch. Der entsprechende Speziesismus ist also fehlschlüssig. (2) Wenn der Speziesismus analytisch-qualifizierend ist, liegt nicht notwendig ein Fehlschluss vor. Denn wenn Mensch-Sein mit Autonom-Sein identisch ist und wenn die Eigenschaft, autonom zu sein, etwas darstellt, das nicht ausschließlich objektiv bzw. naturalistisch ist, dann ist es auch Mensch-Sein nicht. Daraus folgt, dass der Begriff des Mensch-Seins nichts wäre, was naturalistisch vollständig erfassbar wäre, und Menschen wären keine reinen Naturobjekte im Sinne der Naturwissenschaften. Das

> Gleiche könnte übrigens ohne weiteres auch für Tiere gelten. Also wäre der entsprechende Speziesismus nicht in dem genannten Sinne fehlschlüssig.

Wenn man eine Ungleichbehandlung zwischen Menschen und Tieren speziesistisch rechtfertigt, so ist dies nicht zwingend in jedem Falle analog zum Rassismus oder Sexismus zu sehen. Ein analytisch-qualifizierender Speziesismus muss nicht moralisch bedenklich sein.

Das hilft aber nicht wirklich weiter. Denn Tierethiker werden darauf verweisen, dass die qualifizierenden Eigenschaften (also x = …) auch im tierlichen Tierreich zu finden sind. Höhere Primaten sind möglicherweise Kandidaten für rationale oder autonome Lebewesen, die keine Menschen sind – jedenfalls scheint die Annahme zumindest plausibel, dass sie in gewissem Maße selbstbewusst sind. Wie auch immer man diese Fragen entscheidet, Tierethiker verweisen jedenfalls darauf, dass moralisch relevante Eigenschaften von Entitäten von biologisch-naturwissenschaftlichen Eigenschaften zu unterscheiden sind. Sie bestreiten also, dass es eine analytisch-qualifizierende Variante des Speziesismus gibt. Der Analytiker wird an diesem Punkt feststellen, dass tierliche Autonomie und menschliche Autonomie, die der Tierethiker als identisch ansieht, zu unterscheiden sind. An diesem Punkt muss der Analytiker argumentativ plausibel machen, dass es Autonomie$_m$ und Autonomie$_t$ gibt (wobei m = menschlich und t = tierlich). Kann er das nicht, ist er ein absoluter Speziesist. Denn worin auch immer die Autonomie$_m$-Autonomie$_t$-Differenz liegen könnte, es bleibt vermutlich nur die bloße unqualifizierte Artzugehörigkeit. Auch ein analytisch-qualifizierender Speziesismus wäre also seinerseits analog zum Rassismus bzw. Sexismus zu sehen. Es scheint also doch keinen gerechtfertigten Speziesismus zu geben.

Verwirrung und Auflösung

An diesem Punkt mag die Diskussion verwirrend erscheinen. Zwei Punkte sind hier jedoch relevant, und die Verwirrung beruht vermutlich auf problematischen Auffassungen über Ethik:

(1) Tierethiker (vgl. Wolf, Singer, Regan) benutzen den Vorwurf des Speziesismus, weil sie sagen: Wir stimmen darin überein, dass x (also z.B. Autonomie) eine Eigenschaft ist, die gerechtfertigt moralisch relevante Entitäten von moralisch nicht-relevanten Entitäten unterscheiden lässt. Aber zumindest *manche* Tiere sind aktual mindestens ebenso autonom wie *manche* Menschen (beispielsweise: aktual alzheimerdemente, komatöse, geistig behinderte usw.). Nur ein unqualifizierter und damit naturalistischer Speziesismus, der zudem gegen das Humesche Gesetz verstößt, könnte eine Ungleichbehandlung rechtfertigen. Den Tierethikern ist auf jeden Fall darin zuzustimmen, dass sie diese Option ablehnen. Denn eine solche speziesistische Ungleichbehandlung ist willkürlich und verweigert sich letztlich dem Begründungsanspruch des moralischen Diskurses.

(2) Die alltäglichen Intuitionen stehen jedoch gegen die scheinbar unausweichlichen Folgen des Speziesismusvorwurfes vieler Tierethiker. Eine Ungleichbehandlung ist mit den alltäglichen Intuitionen nicht nur vereinbar, sondern manchmal sogar geboten, etwa im Fall des Rettungsbootes mit zu rettenden Tieren und Menschen. Gegen die Folgen des Speziesismusvorwurfes der Tierethiker halten die alltäglichen Intuitionen

fest an der Vorstellung einer gerechtfertigten Ungleichbehandlung von Tieren und Menschen. Die Norm einer egalitaristischen Nivellierung der Bedeutung der Artgrenzen zwischen Menschen und anderen Tieren erscheint ihrerseits, zumindest in einigen Situationen, als unmoralisch.

Wenn man den alltäglichen Intuitionen weitestgehend gerecht werden möchte, sollte man also am besten einen schwachen-qualifizierten Speziesismus vertreten. Denn er ermöglicht es, die überzeugenden Aspekte eines (1) synthetisch-qualifizierenden und eines (2) analytisch-qualifizierenden Speziesismus miteinander zu vereinen. Die eine Position (1) relativiert die naturalistische und deskriptive Artgrenze moralisch. Die moralische Nivellierung der Artgrenzen wird so möglich. Die andere Position (2) betont die besondere Relevanz des Menschen. Eine intuitive Präferenz für das Menschliche wird so nicht zu einem unakzeptablen Fremdkörper in der (Tier-)Ethik. Ein in dieser Weise schwacher Speziesismus ist sowohl analytisch als auch synthetisch qualifizierend. Er entspricht zum einen den alltäglichen Intuitionen und ist zum anderen *in sich widersprüchlich:* Moralisch relevante Entitäten und Kriterien dafür, wann etwas ausschlaggebend für moralische Entscheidungen wird, können nicht unter *ein Prinzip* gebracht werden. Egalitaristische Tierethiken schaffen – so eine denkbare Kritik – Klarheit und Widerspruchsfreiheit, wo widerstreitende Intuitionen irreduzibel sind.

Zwei Prinzipien tierethischer Intuitionen:

(1) Das Einschlussprinzip: Menschen sind auch bloß Tiere. Ein naturwissenschaftlich aufgeklärtes Weltbild lässt eine normative Überhöhung des Menschen als unangemessen erscheinen.
(2) Das Ausschlussprinzip: Menschen sind besondere Tiere. Es ist es eine praktisch-evaluative und lebensweltlich zentrale Erfahrung, dass Menschen *besondere Tiere* sind. Eine grundsätzliche Nivellierung der Mensch-Tier-Differenz in der Ethik würde gemeinhin als unmoralisch erlebt.

Egalitarismus versus Familialismus

Die Mensch-Tierdifferenz ist in ihrer moralischen Bedeutung ambivalent. Eine egalitaristische Tierethik schafft hier durch einen einfachen Test Klarheit:

Der Relevanztest des Egalitarismus:

(1) x ist ein Prinzip, das moralische Relevanz begründet.
(2) Wir finden bei Menschen und Tieren empirische Indizien, die zeigen, dass x für beide gilt.
(3) Eine Handlung H ist (a) gegenüber Tieren moralisch vertretbar (z.B. Töten), wenn sie (b) auch gegenüber Menschen vertretbar ist (also nicht gegen x verstößt).
(4) Trifft das (3, b) für die fragliche Handlung H zu?

Die Antwort auf (4) lautet in den meisten Problemfällen: Nein! Denn die Handlung H ist gegenüber Menschen nicht vertretbar (beispielsweise ihr Fleisch für Nahrungszwecke zu verwenden). Also ist die gleiche Handlung auch gegenüber Tieren nicht vertretbar. Dieses egalitaristische Resultat ist ein wichtiger Grund dafür, dass ein universales Vegetarismusgebot von vielen als *illiberal* aufgefasst wird, selbst wenn es aus einer Ethik wohlbegründet folgt. Zunächst lassen viele Egalitaristen außer Acht, dass man Speziesismus durchaus rechtfertigen kann, wenn man auch Mitgliedern anderer Spezies ein Recht auf entsprechende Ungleichbehandlung zugesteht (vgl. [99], 25). So einfach das egalitaristische Argument scheint, es ist voraussetzungsreich.

Die zuvor hergeleitete Verwirrung ist also ein Grundproblem der Gewichtung menschlichen und tierlichen Leidens, das man als irreduzibel erachten könnte. Das Problem besteht darin, dass ein naturwissenschaftlich ‚entzaubertes' Menschenbild gegen ein lebensweltliches steht. Menschen haben zu sich selbst zwei grundlegende Zugänge der Erfahrung: einen naturwissenschaftlichen und einen lebensweltlichen (vgl. [1], Kap. 1, [180]). Eine vom Standpunkt mancher Tierethiken ungerecht erscheinende Ungleichbehandlung von Menschen und anderen Tieren könnte ein intuitiv gesehen gerechtfertigter *Familialismus* sein, wenn man neben einem szientistischen ein erweitertes Menschenbild akzeptiert.

Im Sinne eines schwachen Speziesismus ist der Familialismus eine Bevorzugung von Menschen gegenüber Tieren, die zu rechtfertigen ist. Die Zugehörigkeit zu einer Familie ist weder eine rein deskriptive Eigenschaft einer Entität, indem man sie zum Beispiel nicht auf eine biologische Abstammung reduzieren kann, noch ist eine Familie eine ‚natürliche Entität'. So kann z. B. ein Fremder aus einer Menge von Menschen Familienmitglieder nicht einfach so herauslesen, weil Familienzugehörigkeit beispielsweise auch von kulturellen Wertvorstellungen und nicht nur von genetischen Erbfaktoren abhängt. Der Familialismus verstößt also weder gegen das Humesche Gesetz, noch ist er naturalistisch fehlschlüssig. Dennoch ist es ein konstitutives Merkmal des Familialismus, dass die Artgrenze als solche als Argument für eine Ungleichbehandlung dient: Andere Tiere mögen auch autonom sein, aber autonome Menschen bringen in bestimmten Fällen mehr Gewicht in die Waagschale.

Familialismus als mitmenschliche Solidarität

Die oben festgestellte Verwirrung ist das Ergebnis einer Argumentation, die Tierethik auf der Basis der zweiten Ausweitungsstrategie, d. h. der des umfassenderen Prinzips, konzipiert. Während die erste Ausdehnungsstrategie sachlichen Erwägungen gerecht wird, vereinfacht die zweite, d. h. die Mehr-Prinzipien-Strategie, das Abwägungsproblem, weil Familialismus nicht-universalisierbare Kriterien für eine Ungleichbehandlung voraussetzt. Diese werden von der zweiten Ausweitungsstrategie abgelehnt. In der Tierethik erscheint der Familialismus als ungerechtfertigte Ungleichbehandlung, weil die Bevorzugung von Familienmitgliedern einen *parteilichen Standpunkt* voraussetzt. Der Familialismus muss sich aber rechtfertigen: Sein Argument könnte sein, dass Menschen als Wesen, die eines sozialen Zusammenhaltes bedürfen, eine bestimmte Solidarität untereinander leben müssen. Es wäre eben unsolidarisch, wenn Menschen einander als Nahrungsmittel behandeln würden. Warum soll man aber diese Solidarität grundsätzlich auf Tiere ausweiten?

In diesem Sinne hat Mary Midgley für einen schwachen Speziesismus argumentiert (vgl. [129]). Die Bevorzugung der eigenen Artgenossen wird von

Mary Midgley: Rechtfertigung des Familialismus

ihr als ein wichtiger Aspekt menschlichen Glücks charakterisiert. Das heißt *nicht*, dass nur menschliches Glück zählt, aber es bedeutet, dass menschliches und tierliches Glück vorsichtiger gegeneinander abgewogen werden müssen, als Egalitaristen es tun. Man kann zunächst die kantischen Argumente für einen gewissen Respekt für Tiere aufgreifen: Um die moralischen Anlagen, d.h. einen vernünftigen Willen, zu verwirklichen, kann es hilfreich sein, zunächst bestimmte emotionale Anlangen zu entfalten, wobei die Vernunft für Unparteilichkeit und Emotionen für Parteilichkeit stehen. Im Kontext einer gelingenden Entwicklung kindlicher und heranwachsender Persönlichkeit scheint es wichtig, dass (nicht nur) Menschenkinder die Geborgenheit der Familie erfahren. Dies setzt voraus, dass Kinder zwischen ‚wir' und ‚die' unterscheiden lernen. Ein Relikt dieser konstitutiven Bedeutung familiärer Beziehungen für eine gelingende Entwicklung *menschlicher* Personalität ist die rechtliche Bevorzugung der Familie (z.B. Aussageverweigerungsrecht, wenn nahe Angehörige belastet werden könnten). Wie kann man dieses Argument aber auf die ‚Familie der Menschen' im Gegensatz zu den ‚anderen' (d.h. den Tieren) ausdehnen?

Verschiedene Clubs?

Ein denkbarer Vorwurf von Tierethikern, wie er bei Wolf, Singer oder Regan zu finden ist, kann in Form einer Gegenfrage formuliert werden: Zwischenmenschliche Parteilichkeit ist im Grunde eine Form von Clubmentalität und ähnelt damit z.B. einem ‚Club der Weißen' oder einem ‚Club der Männer'. Warum sollten wir jedoch den ‚Club der Menschen' als ethisch akzeptabel erachten? Anders gesagt: Wenn Gruppe (a) aus weißen Menschen, Gruppe (b) aus männlichen Menschen und Gruppe (c) aus menschlichen Menschen besteht, so ist zu fragen, worin der Unterschied besteht, der rechtfertigen soll, dass wir als aufrichtige Tierethiker zwar a-Clubs und b-Clubs ablehnen, aber c-Clubs akzeptieren sollen? Denn offenbar ist evident, welches Unrecht in Form von tierlichem Leiden dieser Club tagtäglich bewirkt.

Ein Unterschied besteht darin, dass der c-Club auf einer zwischenmenschlichen Tötungshemmung im Sinne eines *natürlichen Instinktes* beruht, der einfach da ist. Diese Behauptung setzt sich jedoch sogleich dem Vorwurf aus, naturalistisch fehlschlüssig zu sein oder gegen das Humesche Gesetz zu verstoßen. Aber es ist nicht gänzlich unplausibel, dass beispielsweise verschiedene Tierarten, deren Individuen vernünftige Personen sind, zwar untereinander Rechte und Pflichten anerkennen, aber dennoch gegenüber Mitgliedern der eigenen Art eine besondere Loyalität walten lassen (vgl. mit Verweis auf C. S. Lewis' „Out of the Silent Planet" [129], bes. Kap. 9). Menschliche Sozialverbände ebenso wie der familiäre Sozialverband erfordern die Ausbildung bestimmter emotionaler Bande. Soziale Bindungen und Gesellschaft (also der c-Club) bieten Sicherheit und Schutz gegen die nicht-menschliche und bisweilen feindliche Natur. Menschen gewinnen durch die Abgrenzung vom nicht-menschlichen Bereich der Natur und somit durch eine emotional und rational begründete Bevorzugung von Menschen als Mitgliedern ihrer eigenen Art Sicherheit und Geborgenheit, die sie für ihr Glück und ihre persönliche Stabilität benötigen. Praktizierter Speziesismus gehört demnach zur *conditio humana*.

Dieses Argument würde nicht gegen das Humesche Gesetz verstoßen, weil Speziesismus im Sinne eines Familialismus des c-Clubs nicht als biologische Tatsache formuliert wird, sondern als die notwendige Bedingung eines praktisch-evaluativen menschlichen Selbstverständnisses, das wiederum Vorbedingung eines gelingenden menschlichen Lebens ist. Auch ein naturalistischer Fehlschluss liegt nicht vor, weil Familie in diesem praktisch-evaluativen Sinne kein Naturobjekt ist – sie ist nicht aus einer reinen Beobachterperspektive, sondern nur aus einer Teilnehmerperspektive erfassbar. Das Argument lässt sich untermauern: (1) Frauen sind keine im starken Sinne reale Gruppe (Sexismus). Es gibt gute Gründe anzunehmen, dass Frauen, wären sie von Männern isoliert, in kürzester Zeit aussterben. Eine Ungleichbehandlung von Männern und Frauen beruht hauptsächlich auf veränderbaren sozialen Normen und Konventionen. (2) Schwarze, Gelbe, Weiße usw. (Rassismus) können durchaus *reale* Gruppen bilden; aber keine biologischen, sondern solche, die durch veränderbare soziale Normen und Konventionen veränderbar sind. (3) Die biologische Art Mensch kann man in stärkerem Maße als eine reale Entität auffassen als Frauen und menschliche Rassen. Aus der Sicht der Biologie, der Psychologie und der Sozialphilosophie spricht manches gegen einen antispeziesistischen Egalitarismus. Aber wie Menschen sich konkret von der belebten und unbelebten Natur abgrenzen, hängt auch von sozialen Normen und Konventionen ab.

Im menschlichen Tierreich scheint es ebenso wie im tierlichen eine gewisse, wenn auch keineswegs absolute Präferenz für Mitglieder der eigenen Art zu geben. Menschen entfalten ihre sozialen und emotionalen Potenziale nur durch eine besondere mitmenschliche Parteilichkeit. Zwei Argumente könnten dies untermauern:

(1) Geschichten von Wolfskindern (z.B. Romulus und Remus) erscheinen letztlich unplausibel. Vielleicht könnten Menschen in tierlichen Sozialverbänden überleben, aber ihre Menschlichkeit werden sie schwerlich ausbilden. Umgekehrt erscheint vieles an Figuren wie Tarzan und Mogli als inkonsistent.
(2) Menschen, die ihre Haustiere wie menschliche Lebenspartner behandeln, erscheinen zumindest als ‚spleenig'. Oft gehen derartige ‚Beziehungen' einher mit sozialer Vereinsamung oder der Unfähigkeit zu zwischenmenschlichen Beziehungen.

Familialismus (im Sinne eines schwachen Speziesismus) könnte daher eine notwendige Bedingung für die personale Entwicklung eines gesunden evaluativen Selbstbildes von Menschen und anderen Tieren sein. Ein radikaler Tierethiker wird lediglich das Einschlussprinzip akzeptieren. Fast jede Ungleichbehandlung von Mensch und Tier wird dann dem Speziesismusvorwurf ausgesetzt sein. Wenn eine Ethik mit Bezug auf das Verhältnis von Menschen und anderen Tieren sowohl das Einschluss- als auch das Ausschlussprinzip akzeptiert, dann erscheint dies Tierethikern oft als ausgesprochen merkwürdig.

Die Grenze zwischen Einschluss und Ausschluss ist individuell, historisch und kulturell kontingent: Viele Nicht-Vegetarier würden niemals Pferdefleisch essen. In anderen Teilen der Welt verzehrt man Katzen und Hunde, die in Deutschland nur als ‚beste Freunde' des Menschen angesehen werden. Während aber der a-Club und der b-Club durch egalitaristische Konventionen ohne moralischen Verlust aufgelöst werden können, bleibt der c-Club widerständig, weil er nicht *nur* konventionell ist.

3.2.3 Weitere Tierethiken: Der egalitäre Pathozentrismus

Pathozentrismus

Beide in 3.2.1 skizzieren Ethikansätze sehen den wesentlichen Ansatzpunkt für eine Tierethik in dem Merkmal der Leidensfähigkeit, das im Gegensatz zur Vernunft Menschen *und* Tieren zukommt. Insofern das Leiden der Ansatzpunkt einer Tierethik ist, wird sie als pathozentrisch bezeichnet (von griechisch *pathos* = Leid, Erleiden). Da man pathozentrische Ethiken von der ‚vernunftzentrierten' kantischen unterscheiden sollte, gibt es eine Minimalbedingung für pathozentrische Ethiken: Leidensfähigkeit muss ein Kriterium sein, das direkte Pflichten gegenüber leidensfähigen Entitäten begründet (vgl. [128]).

Pathozentrismus: stark – schwach

Man kann im Anschluss hieran *stark-pathozentrische* von *schwach-pathozentrischen* Ethiken dadurch unterscheiden, ob dem Leiden von Wesen intrinsischer Wert zukommt oder nicht. Utilitaristische Positionen – wie die von Peter Singer – anerkennen grundsätzlich keine intrinsischen Werte und können daher ebenso wie die von Ursula Wolf als schwach-pathozentrisch bezeichnet werden. Tom Regan hat dagegen einen stark-pathozentrischen Ansatz vorgeschlagen, insofern er Tieren inhärenten Wert zuschreibt. Die Ansätze von Singer und Regan sollen im Folgenden ebenfalls kurz skizziert werden, weil sie systematisch interessante Optionen in der Tierethik darstellen.

Peter Singer

Der Ansatz von Peter Singer eignet sich zur Darstellung einer wichtigen Diskussionslinie im Bereich der Tierethik (vgl. [136]). Singer anerkennt in seinem Ansatz direkte Pflichten gegenüber Tieren, lehnt aber die Vorstellung von intrinsischer Werthaftigkeit von Handlungen ab. Der Utilitarismus bewertet Handlungen als gut, insofern sie gute, und als schlecht, insofern sie schlechte Konsequenzen haben. Handlungen haben ebenso wenig einen intrinsischen Wert wie beliebige Entitäten in der Welt. Aus diesem Merkmal des Singer'schen Utilitarismus resultiert der *schwach-pathozentrische* Charakter seiner Tierethik. Für Singer ist überdies ein grundlegendes Merkmal der Ethik, dass man nur dann moralisch handeln kann, wenn man den „Standpunkt eines unparteiischen Betrachters oder idealen Beobachters" einnimmt ([24], 28). Das Kriterium, mit dem ein solcher Betrachter die Qualität von Handlungsfolgen bewertet, ist das „Prinzip der gleichen Interessenabwägung" ([24], 40): Alle durch eine Handlung oder einen Handlungstyp betroffenen Interessen (insofern sie positiv oder negativ beeinflusst oder vielleicht durch Tötung ausgelöscht werden) gelangen in die Waagschale des Beobachters. Diejenige Handlungsvariante ist moralisch einer anderen vorzuziehen, welche in Bezug auf die Gesamtheit der betroffenen Interessen mehr Nutzen erzielt. Begründungstheoretisch ist Singers Ansatz anthropozentrisch, weil er das Prinzip des universalen Beobachters aus interpersonalen Ethiken auf die Tierethik überträgt.

Der Begriff des Interesses

Im Gegensatz zu Ursula Wolf, die elementares von nicht-elementaren Leiden unterscheidet, um graduelle Ungleichbehandlungen zu ermöglichen, unterscheidet Singer unterschiedliche Stufen von Interessen. Allerdings ist die Leidensfähigkeit (Schmerzempfindung) auch für seinen Begriff des Interesses zentral (vgl. hierzu [120], Kap. 3). Es gibt folgende Stufen von Interesse:

(1) Unbelebte und empfindungs- bzw. bewusstlose Lebewesen.
(2) Selbstbewusste und empfindungsfähige Lebewesen.
(3) Selbstbewusste, empfindungsfähige und personale Lebewesen.

Gegenüber Entitäten der ersten Stufe gibt es keine direkten Pflichten, weil sie keine Interessen *haben*. Genauer gesagt: Sie haben zwar an sich Interessen – beispielsweise ein physiologisches Interesse an bestimmten Nährstoffen –, die aber für sie selbst nicht aus subjektiver Perspektive interessant sind. Dagegen unterscheidet sich einfaches Interesse der zweiten Stufe von personalem der dritten durch gewissermaßen höhere Eigenschaften: Personen sind Wesen, deren Tod anderen Personen elementares Leid verursacht. Ferner sind Personen Wesen, die Zukunftspläne haben. Sie werden durch ihren Tod vereitelt. Auch sind Personen autonom, so dass ihre unfreiwillige Tötung ein wesentliches Merkmal ihres Daseins nicht respektiert. Gegenüber Entitäten auf der zweiten und dritten Stufe gibt es direkte Pflichten. Der höhere Rang personalen Lebens ist aber kein *absoluter Wertgesichtspunkt:* So ist es nach Singer moralisch nicht vertretbar, Entitäten der zweiten Stufe Schmerzen zu verursachen im Interesse von Entitäten der dritten Stufe. Lediglich in Fragen der Tötung bringen personale Interessen mehr Gewicht in die Abwägung als bloß bewusste Interessen.

Strikter Egalitarismus

Singers Ansatz ist ein *Interessenutilitarismus*, der auf nicht-speziesisistische und somit streng egalitaristische Weise Interessen berücksichtigt. Er lehnt die Vorstellung ab, dass es qualifizierende Merkmale gibt, die eine Ungleichbehandlung rechtfertigen und die in irgendeinem Sinne (also entweder analytisch oder synthetisch) in Verbindung gebracht werden dürfen mit biologischen Speziesunterschieden. In diesem Sinne ordnet Singer höhere Primaten der dritten Stufe zu. Das Prinzip der gleichen Abwägung von Interessen kennzeichnet den Singer'schen Ansatz als ein Beispiel für die zweite Ausweitungsstrategie.

Psychologischer Pathozentrismus

Ein Interesse, das aus moralischen Gründen zu respektieren ist, konzipiert Singer wesentlich als *bewusstes* Interesse. Schmerzempfindungen und höhere personale Leistungen sind mentale Ereignisse. Es kann auf der ersten Stufe bei Singer Lebewesen geben, denen man objektiv ein Interesse zuschreiben würde, die aber subjektiv, d.h. aus der Binnen- oder Teilnehmerperspektive, kein Interesse haben, weil sie keine Wahrnehmungen und kein von Vorstellungen geleitetes Verhalten haben. Eine Amöbe etwa hat objektiv ein Interesse an der Nährstoffaufnahme und einer geeigneten Umwelt, aber sie hat kein entsprechendes *erlebtes* Interesse. Normalerweise setzen Interessen bewusste Wunschvorstellungen oder Präferenzen voraus, wie rudimentär diese auch sein mögen. Man könnte auch Interessen bei rudimentär oder nicht-empfindungsfähigen Wesen vermuten oder sogar bei Ökosystemen, und zwar durch Zuschreibung von Seiten rationaler personaler Wesen. Würde man den Interessenbegriff in diesem Sinne erweitern, so könnte man von einem nicht-psychologischen Pathozentrismus sprechen (vgl. Kapitel 4). Singer vertritt dagegen – wie die meisten Tierethiker – einen psychologischen Pathozentrismus.

Tom Regan

Tom Regan geht in der Tierethik einen besonderen Weg, insofern er nicht nur direkte Pflichten gegenüber Tieren rechtfertigt, sondern sie in seiner Ethik auch als inhärent wertvoll konzipiert. Dabei unterscheidet er zwischen einem inhärenten und intrinsischen Wert von tierlichem Leben.

Inhärenter versus intrinsischer Wert des Leidens

Der inhärente Wert von Tieren beruht auf ihrer Leidensfähigkeit und damit – wie bei Singer und Wolf – zunächst darauf, dass Leidenserfahrungen von leidensfähigen Wesen als unangenehm erlebt werden und zumeist zu

Verhaltensweisen führen, derartige Erfahrungen zu meiden. Leiden und Leidensvermeidung sind subjektive Grundlagen für Präferenzen, Interessen und Autonomie, die sich zwischen verschiedenen Spezies nur graduell unterscheiden. Der inhärente Wert ist jedoch nicht eine quantitative oder qualitative Eigenschaft einzelner Werterfahrungen. Ein inhärenter Wert ist bei allen empfindungsfähigen Wesen durch die Empfindung gegeben und als solcher bei allen *gleichwertig*. Wenn der Wert der Empfindungen beim Menschen ein zwischenmenschliches Tötungsverbot und die Ablehnung von Kannibalismus rechtfertigt, dann dürfen alle inhärent gleichwertigen, d. h. empfindungsfähigen Wesen ebenfalls nicht getötet werden.

Der inhärente (innewohnende) Wert von moralischen Wesen darf nicht mit dem intrinsischen (innerlichen) Wert einer Lusterfahrung verwechselt werden. Die Differenz zwischen beiden Kategorien von Werten erläutert Regan an einer Metapher: Er unterscheidet zwischen dem Wert der Tasse (des moralischen Wesens) und dem Wert ihres Inhaltes (der Lusterfahrungen). Der Wert der Tasse inhäriert ihr (von lateinisch *inhaerere* = in/an etwas hängen). Er ist entweder da oder geht mit ihr zugrunde. Empfindungsfähigkeit hängt an einem Wesen, das empfinden kann. Intrinsischer Wert ergibt sich aus dem Inhalt der Empfindungen (von lateinisch *intrinsecus* = inwendig): Empfindungsfähigkeit kann sich nicht nur inhärent als Empfindung äußeren, sondern auch als eine Empfindung, die sich intrinsisch besser oder schlechter anfühlt und bei höheren kognitiven Leistungen für ein Lebewesen mehr oder weniger ‚reichhaltig' ist. Intrinsischer Wert als evaluative Erlebnisqualität (Lust/Unlust) kann vorübergehen, wie in einer Tasse einmal Kaffee und einmal Tee sein kann, ohne dass die Tasse selbst zugrunde geht.

Diese Unterscheidung ist ein Merkmal des Regan'schen Ansatzes, das gegen ein utilitaristisches bzw. konsequenzialistisches Nutzenkalkül gerichtet ist: Mehr Lust ist für Regan nicht bessere Lust. Intrinsischer Wert ist qualitativ (höhere versus niedere Lust) und quantitativ (mehr oder weniger Lust) graduell und liefert Kriterien für bestimmte Situationen, in denen man zwischen dem (intrinsisch) gleichwertigen Wert empfindungsfähiger Wesen abwägen muss (z. B. im Rettungsboot).

Leidensfähigkeit als solche ist konstitutiv für inhärenten moralischen Wert. In diesem Sinne ist Wert streng egalitaristisch: Menschliche Leidensfähigkeit als die kultivierbarer und autonomer Wesen steht nicht über derjenigen anderer Tiere. Der strenge Egalitarismus resultiert aus der Ablehnung der Artgrenze als einer Schwelle moralischer Relevanz. Familialismus wird von Regan gleichgesetzt mit Rassismus und Sexismus. Das traditionelle Argument hierfür ist: Kinder, Komatöse und Alzheimerdemente sind auch nicht rational und autonom und werden dennoch als moralisch relevante Wesen behandelt. Also müssen Tiere gleichberechtigt behandelt werden. Regan sichert seine Schlussfolgerung durch gerechtigkeitstheoretische Überlegungen ab: Ein Prinzip, das einmal relevant ist, muss in allen vergleichbaren Fällen relevant sein. Über Artgrenzen hinweg ist Leidensfähigkeit von Lebewesen das konstante Prinzip moralischer Relevanz (vgl. [130], 235–239).

Als Prinzip wird Leidensfähigkeit von Regan in zwei Versionen angewandt: in der ersten als Grundlage der moralischen Geltung des inhärenten Wertes, in der zweiten als Prinzip des tierethischen Egalitarismus.

(1) Basis inhärenten Wertes als eines Prinzips moralischer Relevanz sind folgende konstitutive Merkmale bzw. Fähigkeiten von Entitäten: (a) etwas glauben und wahrnehmen können, (b) einen Sinn für seine Zukunft bzw. die Kontinuität der eigenen Existenz, (c) Emotionen, (d) Präferenzen und Ziele, (e) einen Sinn für das eigenen Wohlergehen haben (vgl. [130], 243). Diese Merkmale machen dasjenige aus, was man als ‚Subjekt-eines-Lebens-Sein' kennzeichnen kann.
(2) Empfindungsfähigkeit als Leidensfähigkeit (Schmerz, Schmerzfreiheit, Streben nach etwas und entsprechende Frustrationserlebnisse) ist eine zentrale Gemeinsamkeit der einzelnen Merkmale des ersten Prinzips, d. h. des ‚Subjekt-eines-Lebens-Seins'. Dieses zweistufige Merkmal stellt den Kern moralischer Relevanz dar und kann sicher auf viele Tiere übertragen werden, selbst wenn die konstitutiven Merkmale (a) bis (e) für sie wenig plausibel sind (vgl. [131], 42 f.).

Diese Unterscheidung ermöglicht es Regan, in Notsituationen eine begründete Bevorzugung von Menschen zuzulassen. Menschen und andere Tiere haben denselben inhärenten Wert (2), aber wenn in Notsituationen ein solcher Wert gegen einen anderen steht, dann kann man auf der Basis unterschiedlicher intrinsischer Werte (1) Menschen den Vorzug geben. Die in (1) genannten Merkmale sind empirisch kontingent und können faktisch in verschiedenen Graden der Reichhaltigkeit des Erlebnischarakters vorkommen. Man kann und darf also bei der Aufnahme in ein Rettungsboot einen Menschen gegenüber einem Tier bevorzugen. Dieser Ansatz kann dem Speziesismusvorwurf entgehen, da weder (1) noch (2) einen konzeptionellen Speziesbezug haben: Wenn es etwa ein tierliches Wesen gäbe, dessen empirisches Subjekt-eines-Lebens-Sein reichhaltiger wäre als das des Menschen, so müssten die Menschen im Rettungsboot dieses Wesen einem Menschen vorziehen.

Tierrechte

Alle Wesen, die inhärenten Wert haben, besitzen gegen moralische Wesen *objektive Abwehrrechte*, auch wenn sie sie nicht subjektiv geltend machen können. Im Wesentlichen heißt das, dass Tiere gegenüber Menschen Rechte haben. Praktisch bedeutet dies nach Regan:

(1) Tötung von Tieren in der Landwirtschaft und durch die Jagd zu Nahrungszwecken ist verboten. Sieht man davon ab, dass Menschen auch Aas essen könnten, folgt ein umfassendes Vegetarismus*gebot*.
(2) Kommerzielle landwirtschaftliche Tierhaltung ist verboten, also die Einschränkung der Bewegungsfreiheit von Tieren und ihre Instrumentalisierung zu menschlichen Zwecken, sofern dies voraussetzt, dass sie lediglich als erneuerbare Ressourcen betrachtet werden. Daraus folgt ein weitreichendes Veganismus*gebot* (vgl. [132], 29 f., [130], 84–86, 99).
(3) Tierversuche in der Kosmetikindustrie oder im Gesundheitswesen sind verboten.

Auch der Tierrechtsansatz von Regan ist inhaltlich und begründungstheoretisch anthropozentrisch. (Vgl. hierfür auch [127].) Das Konzept des Subjekt-eines-Lebens-Seins ist inhaltlich eng an zentralen Merkmalen des kantischen Autonomiebegriffs orientiert (Selbstzwecklichkeit, Selbstgesetzgebung). Die Ausweitung auf Tiere und die damit verbundene Behauptung direkter Pflichten ihnen gegenüber erfolgt durch die Unterscheidung eines zentralen Aspektes der Autonomie (Leidensfähigkeit und daraus resultierende Präferenzen) und eines peripheren Aspektes (Vernunftfähigkeit). Diese Ausweitung des Bereiches direkter Pflichten geht nicht einher mit einer Einschränkung der normativen Kraft des wertgebenden Prinzips in der Peripherie: Leidensfähige Wesen haben ebenso gegenüber allen moralischen Subjekten Abwehrrechte wie in klassischen Ethiken autonome Wesen. Die Tierrechtsbewegung verbietet daher nicht nur die meisten Formen der Tötung von Tieren (Vegetarismusgebot), sondern auch viele Formen der Instrumentalisierung von Tieren, z. B. durch Nutzung ihrer Produkte, auch wenn diese Nutzung nicht die Tötung bedeutet (Veganismusgebot). Der Regan'sche Ansatz ist – ebenso wie der Singer'sche – strikt egalitaristisch, und sein Pathozentrismus ist in dem zuvor umrissenen Sinne psychologisch. Insgesamt beruht die Regan'sche Konzeption der Tierrechte auf der zweiten Ausweitungsstrategie für den Bereich des moralisch Relevanten.

Sentientismus versus Hedonismus

Für das Verständnis pathozentrischer Ethiken ist eine weitere Unterscheidung relevant: die zwischen Sentientismus und Hedonismus. Das Leiden ist Grundlage moralischer Berücksichtigung von Entitäten. Es gibt jedoch sentientistische und hedonistische Varianten des Pathozentrismus.

(1) Der Sentientismus erachtet Leiden im Sinne eines mentalen Zustandes als konstitutiv für moralische Relevanz von Entitäten (vgl. lateinisch *sentire* = empfinden, wahrnehmen). Es geht um die Empfindungsfähigkeit als solche, unabhängig davon, wie Empfindungen im Empfinden bewertet werden. Empfindungsfähigkeit ist eine Qualität von Lebewesen, die über sie verfügen. (Vgl. bei Regan ‚inhärenter' Wert.) Wenn man in der Biologie zwischen höheren und niederen empfindungsfähigen Lebewesen unterscheidet, kann man auch als Sentientist graduelle Abstufungen zulassen. Denn je nach Tierart kann ein solches Bewusstsein reichhaltiger sein (z. B. komplexer bei sozial lebenden Tieren, zukunftsbezogen und nicht rein präsentisch usw.).

Diese qualitativen Aspekte der Binnenperspektive kann man von einer qualifizierenden Binnenperspektive unterscheiden:

(2) Der Hedonismus erachtet die Leiden nicht deshalb als Unwert und Abwesenheit von Leiden bzw. Lustempfindungen, weil es Empfindungen sind, sondern weil sie für die empfindenden Wesen eine Qualität haben. (Vgl. bei Regan intrinsischer Wert.) Denn Leid wird *subjektiv wertend* erfahren: Man erlebt es als unlustvoll. Abwesenheit von Leid oder Lust erlebt man als neutral oder lustvoll (vgl. griechisch *hedone* = Lust). Interessen, Präferenzen und Wünsche sind komplexere Bewusstseinszustände, die nicht nur einfach Empfindungen überhaupt, sondern qualifizierende Empfindungen darstellen.

Sowohl Sentientismus als auch Hedonismus erachten also empfindungsfähige Wesen als moralisch relevant, aber aus verschiedenen Gründen: Für Sentientisten stellen empfindungsfähige Wesen eine höhere Stufe dar, für Hedonisten ergeben sich Wert und Unwert aus dem subjektiven Erleben (vgl. [183] und [23], Kapitel 3 und Abschnitt 6.4.1.).

Der Ansatz von Wolf ist sentientistisch. Die Wolf'sche Tierethik setzt beim Erlebnischarakter bzw. der Bewusstheit an. Hierunter versteht Wolf eine unmittelbare Erlebnisqualität, die nicht notwendig mit Wertungen eines Selbst *in Bezug auf sich* verbunden sein muss (vgl. [140], 94–98). Wahrnehmungsfähigkeit ist grundlegender als Lust- bzw. Unlustempfindungen oder Leiderfahrungen. Man kann die Singer'sche Tierethik gemäß dieser Unterscheidung als ‚hedonistisch' bezeichnen, weil Lust- und Unlustempfindungen als subjektive Wertungen, insbesondere Interessen, Wünsche usw., der Ansatzpunkt seiner Ethik sind. Die Regan'sche Tierethik ist im Bezug auf die Bestimmung der moralischen Relevanz (inhärenter Wert) sentientistisch und im Bezug auf notwendige Abwägungsprobleme (intrinsischer Wert) hedonistisch.

3.2.4 Zwischenresümee

Tierethik

Man kann im Anschluss an die bisherige Darstellung folgende, für die Tierethik zentralen Fragen unterscheiden, für die Ethikansätze Antworten bereithalten müssen. Je nachdem, wie man sich in seiner Ethik diesbezüglich festlegt, kann man verschiedene tierethische Ansätze voneinander unterscheiden.

(1) Gibt es direkte Pflichten gegenüber Tieren? (Kant lehnt diese Vorstellung ab, Wolf, Singer und Regan bejahen sie.)
(2) Haben Tiere intrinsischen Wert? (Kant, Wolf und Singer lehnen diese Vorstellung ab, Regan bejaht sie.)
(3) Kann es sein, dass menschlichen Angelegenheiten zumindest manchmal weniger moralisches Gewicht zukommt als tierlichen? (Wolf, Singer und Regan bejahen diese Vorstellung; Kant lehnt sie ab, weil moralische Subjekte nicht nur immer relevant sind, sondern immer auch ausschlaggebende Gesichtspunkte darstellen.)
(4) Lässt die Ausweitungsstrategie komplexe bzw. gradualisierende Abwägungen zwischen tierlichen und menschlichen Angelegenheiten zu, wenn diese miteinander in Konflikt geraten? (Die kantische Ethik lässt dies nicht zu; der Ansatz von Wolf scheint dies zuzulassen, sofern die Ungleichbehandlung die egalitaristische Relevanz des Leids respektiert und nicht auf konventionellen Kontingenzen beruht; Singer führt mehrere Gradualisierungsprinzipien ein, Regan scheint diesbezüglich eher einen strengeren Egalitarismus zu vertreten, der Ungleichbehandlung allenfalls in Notwehrsituationen zulässt.)

Tiermoral

Während eine Tier*ethik* Konzepte für die Beantwortung dieser vier Fragen bereitstellen muss, sollte sie darüber hinaus auch Antworten auf (mindestens) fünf unterschiedliche Fragen der Tier*moral* ermöglichen. Selbst wenn man – wie Kant – jede der genannten ethischen Fragen verneint, heißt dies nicht, dass man auf die folgenden tiermoralischen Fragen ohne jede Ausnahme eine bejahende Antwort geben müsste – wie die kantische Ethik zeigt:

(1) Darf man Tiere töten (beispielsweise zu menschlichen Ernährungszwecken)?

(2) Darf man Tiere quälen (beispielsweise in der human-medizinischen Forschung)?
(3) Darf man Tiere nutzen (beispielsweise Kuhmilch zur Käseherstellung oder Pferdestärken in der Forstwirtschaft)?
(4) Darf man menschliche vor tierlichen Tieren bevorzugen (beispielsweise im Rettungsboot)?
(5) Darf man Tierarten durch Züchtung oder durch genetische Manipulation verändern (beispielsweise Lawinenhunde, Pudel oder Maultiere züchten oder genetisch veränderte Tiere für die Xenotransplantation erzeugen)?

Tierethischer Egalitarismus versus Intuitionen

Man kann im Kontext der kantischen Ethik durchaus für jede dieser Fragen eine negative Antwort begründen, indem man entsprechende indirekte Pflichten herleitet. Und man kann vermutlich davon ausgehen, dass die alltäglichen moralischen Intuitionen, für die man in allen Zeiten und in den meisten Kulturen reichhaltige Beispiele findet, jede dieser moralischen Fragen – einzelne und oft mehrere gemeinsam – bejahen: Menschen ernähren sich von Tieren, deren Fleisch sie verzehren und deren Produkte sie in vielfältiger Weise nutzen. Sie experimentieren mit Tieren in Fällen, in denen es unmoralisch wäre, mit Menschen zu experimentieren. Und Menschen haben immer Tiere nach ihren Interessen geformt. Menschentiere dagegen werden von Menschen grundsätzlich nicht zu Ernährungszwecken benutzt. Was Produkte des Menschen angeht: Haare für Perücken, Urin in der Lederverarbeitung, Blut in der Medizin und Organe für Transplantationen, so findet eine Nutzung nur unter der Bedingung der Freiwilligkeit statt. Und es wäre (auf den ersten Blick) unmoralisch, ein Tier anstelle eines Menschen in ein Rettungsboot aufzunehmen. Aber die alltäglichen Intuitionen bedürfen, auch wenn sie einen Vertrauensvorschuss genießen sollten, der Rechtfertigung durch eine Tierethik. Andererseits müssen Tierethiken Korrekturen der alltäglichen Intuitionen besonders sorgfältig begründen, wenn diese Korrekturen vornehmlich aus metaethischen Prämissen resultieren. Ein strenger Egalitarismus, der Familialismus als ‚engstirnige Kirchturmsperspektive' (Parochialismus) ablehnt, lädt in hohem Maße Begründungslasten auf sich.

Viele Tierethiken entledigen sich dieser Probleme, indem sie auf sich selbst bzw. ihre grundlegenden theoretischen Prämissen verweisen. Dies ist aber trotz der grundsätzlichen Berechtigung tierethischer Anliegen ebenso unzureichend wie der Verweis auf religiöse Anschauungen. Denn die Anhängerschaft zu einem bestimmten Ethiktyp wird zwar argumentativ untermauert, aber in der Philosophie konnte über das Gewicht der Argumente bislang kein Konsens erreicht werden.

Optionen des Pathozentrismus

In der Tierethik werden direkte Pflichten gegenüber Tieren zumeist pathozentrisch begründet. Die wesentlichen Gesichtspunkte dieses Oberbegriffes für eine keineswegs homogene Gruppe von tierethischen Ansätzen können folgendermaßen zusammengefasst werden:

(1) Starker vs. schwacher Pathozentrismus: Ein schwach-pathozentrischer Ansatz leugnet, dass dem Leiden von Tieren intrinsischer Wert zukommt. Dem Leiden kommt nur insofern Bedeutung zu, als ein menschlicher Affekt des Mitleids auf Leid reagiert oder ein Mehr an Leid infolge von Handlungen als eine Minderung des Gesamtnutzens angesehen wird.

Ein stark-pathozentrischer Ansatz sieht das Leid von Tieren als absolut, intrinsisch oder inhärent wertvoll an.

(2) Anthropozentrischer und physiozentrischer Pathozentrismus: Man kann die bisher vorgestellten Tierethiken (Kant, Wolf, Singer, Regan) als *anthropozentrisch* bezeichnen (vgl. griechisch *anthropos* = Mensch und *physis* = Natur). Es gibt also einen menschenzentrierten und einen naturzentrierten Pathozentrismus (vgl. auch unten Abschnitt 4.1.). Denn in mindestens einer der drei folgenden Hinsichten werden tierethisch relevante Schlussfolgerungen so abgeleitet, dass der Mensch das ‚Maß der Dinge' ist, auch wenn es um die Belange von Tieren geht:

(a) *Axiologischer Anthropozentrismus:* Direkte Pflichten gibt es nur gegenüber Menschen, so dass Pflichten gegenüber nicht-menschlichen Entitäten allenfalls abgeleitet sind (von griechisch *axion* = Wert und *logos* = Lehre; Axiologie = Wertlehre). Normen werden von vernünftigen Wesen erkannt (Epistemologie), und die Autonomie eines Vernunftwesens ist Geltungsgrund moralischer Pflichten (Begründungstheorie). Kennzeichnend für diese Position ist die Symmetrie von Rechten und Pflichten: Nur wer moralische Pflichten hat (moralische Subjekte), hat auch moralische Rechte.

(b) *Epistemischer Anthropozentrismus:* Pathozentrische Ethiken begründen ethische Relevanz mit dem Vorhandensein bestimmter mentaler Zustände als Basis moralischen Erkennens. Moralisch relevant sind diese Zustände, weil sie beim Menschen den Status eines moralischen Subjektes konstituieren. Weil man Tiere als moralische Entitäten erfassen möchte, werden die mentalen Zustände auf bestimmte Kerneigenschaften reduziert, die man auch bei Tieren plausibel belegen kann. Sie sind lediglich *analog* zum Menschen relevant, weil sie nur bei ihm (bzw. beim erwachsenen nicht-behinderten Menschen) moralische Subjektivität konstituieren.

(c) *Begründungstheoretischer Anthropozentrismus:* Eine Begründung von Pflichten gegenüber Entitäten, die an Universalität und Überparteilichkeit orientiert ist, kann als anthropozentrisch bezeichnet werden, weil sie als Theorieansatz aus interpersonalen Ethiken abgeleitet ist. Der Antispeziesismus bzw. Antifamilialismus als Charakteristikum tierethischer Ansätze und in Verbindung damit ihr streng egalitaristischer Charakter ergibt sich als zentrale tierethische Norm nur deshalb, weil die Begründungsverfahren eigentlich ‚menschlastig' bzw. ‚personlastig' sind.

Die kantische Tierethik ist in allen drei Hinsichten anthropozentrisch, die anderen Ethikansätze sind nur in der ersten Hinsicht bio- bzw. physiozentrisch. Dies ist insbesondere daran zu erkennen, dass Tierethik grundsätzlich als Ausweitung des Bereiches des ethisch Relevanten verstanden wird. (Vgl. zu dieser Differenzierung zwischen Anthropozentrismus und Physiozentrismus Kapitel 4.)

(3) Psychologischer und nicht-psychologischer Pathozentrismus: Man kann das Leid im Sinne einer Leidempfindung, d.h. als bloßes Wahrnehmen und subjektives Erleben von Leid, Unlust oder Frustration auffassen oder als objektiven, vom subjektiven Charakter des Erlebens zumindest teilweise unabhängigen Zustand. (Vgl. zu dieser Differenzierung Kapitel 4.)

Für den psychologischen Pathozentrismus gibt es zwei weitere Optionen:

(a) Sentientismus: Das mehr oder weniger reichhaltige oder komplexe Erleben des eigenen Lebens nötig anderen Wesen *prima facie* Achtung ab. Reichhaltigkeit und Komplexität sind an die subjektiven Aspekte des Erlebens (Binnenperspektive) gebunden.

(b) Hedonismus: Leidempfindung ist eine wie immer auch rudimentäre Form des Wertens. Wenn ein Wesen etwas für sich als leidvoll empfindet, nötigt dies *prima facie* anderen Wesen moralische Achtung ab.

Die bisher vorgestellten Tierethiken decken nur anthropozentrische bzw. psychologische Varianten der möglichen Positionen dar. Der Ort für die Behandlung nicht-anthropozentrischer und nicht-psychologischer Ansätze ist das folgende Kapitel.

3.3 Tiermoralische Fragen der Xenotransplantation

Der Behandlung eines Anwendungsthemas kommt in diesem Kapitel relativ geringe Bedeutung zu. Zentrale Diskussionsfelder in der Tierethik sind einerseits die ethische Relevanz des Leidens von Tieren. Ihr Ansatzpunkt liegt in der intuitiven Missbilligung von Leiden. Tierethiken nehmen diese Intuitionen zum Ausgangspunkt für ihr Anliegen, den Bereich des moralisch Relevanten auch auf Tiere auszudehnen. Dies ist ein genuin ethisches Anliegen. Die Norm lautet: Eine *Ethik* sollte den Intuitionen gerecht werden, indem sie direkte Pflichten gegenüber Tieren anerkennt. In der Anwendung der Tierethik auf Fragen der moralischen Orientierung sind dagegen tierethische von tiermoralischen Problemen zu unterscheiden: Soll man vegetarisch oder veganisch leben? Als moralische Normen werden beide Lebensweisen aber von vielen Menschen nicht als intuitiv *zwingend* erachtet, auch wenn sie sich *schlüssig* aus einigen Tierethiken ableiten lassen. Dabei darf man die Begriffe ‚zwingend' und ‚schlüssig' nicht auf inferenzielle Kohärenz einengen. (Vgl. oben Abschnitt 1.4)

Am Beispiel der Erforschung und einer absehbaren Praxis der Xenotransplantation in der Medizin sollen nun drei tiermoralische Fragen erörtert werden, die auch für andere Bereiche tierethischer Diskussionen grundlegend sind. Dabei erscheint Xenotransplantation als ein Weg, den bedrückenden Mangel zwischenmenschlicher Bereitschaft zur Organspende auszugleichen. Darf man Tiere für die Erforschung medizinischer Methoden *quälen*? (3.3.2) Darf man Tiere *töten*, um ihnen Organe zu entnehmen und einem Menschen zu implantieren? (3.3.3) Darf man Tiere für die Praxis der Organentnahme unter extremen Bedingungen *züchten*, *aufziehen* und *halten*? (3.3.4) Zuvor soll kurz erläutert werden, was unter dem Begriff ‚Xenotransplantation' zu verstehen ist (3.3.1). Das Ziel der Darstellung liegt in dem Nachweis, dass ein tierethischer Egalitarismus der komplexen Entscheidungssituation nicht gerecht wird. (Vgl. für das Folgende [97], [98], [100].)

3.3.1 *Was ist Xenotransplantation?*

Im vorangehenden Kapitel wurde die Transplantation von Organen und Geweben behandelt. Man unterscheidet zwischen allogener (von griechisch *allos* = ein anderer) und xenogener (von griechisch *xenos* = ein fremder) Transplantation, da man Organe und Gewebe von *anderen* Mitgliedern der eigenen Art und von Mitgliedern *fremder* Arten transplantieren kann. Xenotransplantation stellt eine prinzipielle Möglichkeit im Bereich der Transplantationsmedizin dar, die sich derzeit aber noch weitestgehend im Versuchsstadium befindet. Vor dem Hintergrund des aktuellen Kapitels soll Xenotransplantation im Sinne der Implantation tierlicher Organe (Niere, Leber, Herz usw.) in einen menschlichen Organismus betrachtet werden. Für die ethische Betrachtung und moralische Bewertung der Xenotransplantation sind die medizinischen Details nur teilweise relevant. Relevant sind *prima facie* das Leiden bzw. das Sterben von kranken Menschen und von Tieren. Denn ohne Transplantationen leiden und sterben Kranke; mit Xenotransplantation überleben vielleicht Menschen, es sterben aber Tiere, und sie werden für die Forschung und in der Tierhaltung, die zur Xenotransplantation hinführt, gequält.

Xenotransplantation: tierliche Solidarität?

Xenotransplantation könnte aus der Perspektive der Medizin als ein aussichtsreicher Weg erscheinen, die fehlende mitmenschliche Solidarität, d. h. die mangelnde Spendebereitschaft dadurch auszugleichen, den lebensbedrohlichen Mangel an transplantierbaren Organen durch artfremde Quellen zu beheben. Denn man könnte vielleicht den Bedarf an Organen in der Humanmedizin durch Zucht und Haltung geeigneter ‚Organspender' aus dem restlichen Tierreich decken. An der Xenotransplantation kann man viele konkrete Gesichtspunkte der Tiermoral verdeutlichen. Aus den *Hoffnungen*, die sich mit ihr verbinden, ergeben sich zunächst zwei tiermoralische Gesichtspunkte:

(1) Die Aussicht auf tierliche Organquellen bedeutet eine Relativierung der zwischenmenschlichen Spendebereitschaft und kann daher zunächst zu einer Reduzierung der transplantierbaren Organe führen. Die Forschung im Bereich der Xenotransplantation bestärkt die Vorstellung des menschlichen Körpers als eines Ersatzteillagers. Man besorgt sich gegebenenfalls Organe aus dem Tierstall und ist nicht auf Mitmenschlichkeit angewiesen. Xenotransplantation würde so möglicherweise zu einem wichtigen Bewährungsfeld der zwischenmenschlichen Solidarität.

(2) Es wurde oben als eine Option erachtet, dass Menschen einander gegenüber Tieren bevorzugen (Familialismus). Tierethiker werten dies als Speziesismus, wenn es sich auf Fleischgewinnung zu Ernährungszwecken bezieht. Aber wenn die Grenze zwischen Menschen und (anderen) Tieren für das evaluative Selbstverständnis des Menschen relevant ist, dann könnte man Xenotransplantation als Nivellierung dieser Mensch-Tier-Grenze erachten. Xenotransplantierte Menschen sind als ‚Chimären' entweder mehr als Menschen (d. h. göttlich) oder weniger (d. h. tierisch – vgl. [101]). Sie erweitern im Bereich der Lebewesen das Menschliche, insofern sie – wie die Chimaira der griechischen Mythologie – in sich Artgrenzen überschreiten (Chimaira selbst besteht aus löwen-, ziegen- und drachenartigen Teilen). Familialismus würde dann im Kontext

der Xenotransplantation ein wirksames Argument gegen die Tötung und gegen das Quälen von Tieren bereitstellen.

Die Hoffnungen, das Leid Kranker zu lindern, sind ein Argument für Xenotransplantation. Andererseits können konstitutive Merkmale der Xenotransplantation als ethische Gründe gegen sie sprechen.

3.3.2 Darf man Tiere im Dienste der Xenotransplantation quälen?

Drei Problembereiche der Xenotransplantation

Xenotransplantation ist momentan noch keine medizinische Praxis, sondern weitestgehend Grundlagenforschung. Bei dem Versuch, Organe über Artgrenzen hinweg – gleichgültig welche – zu transplantieren, treten im Wesentlichen drei Arten von medizinischen Problemen auf: (1) Abwehrreaktionen des Immunsystems, (2) Probleme der anatomischen und physiologischen Kompatibilität, (3) Infektionsrisiken. (Vgl. zu diesen Punkten insbesondere [97].)

(1) Immunabwehr

Xenotransplantation führt verstärkt zu Abstoßungsreaktionen, weil Organe (und Gewebe) immunologisch inkompatibel sind. Was schon innerhalb derselben biologischen Art nur mit erheblichem medikamentösem und therapeutischem Aufwand gelingt, wird über Artgrenzen hinweg noch gravierender. Xenogene Abstoßungsreaktionen gefährden den Transplantationserfolg mehr als allogene Abstoßungsreaktionen, weil sie heftiger und komplexer sind. Im Bereich der Tierwelt unterscheidet man zwischen konkordanten und diskordanten Arten. Diese Unterscheidung kennzeichnet näher und ferner verwandte Arten: Schweine und Menschen sind weniger nah verwandt und daher *diskordant*; Menschenaffen und Menschen sind näher miteinander verwandt und daher *konkordant*. Die evolutionäre Verwandtschaft von Lebewesen betrifft dabei auch ihre Immunabwehr. Konkordante (übereinstimmende) und diskordante (nicht-übereinstimmende) Immunsysteme stehen in Abhängigkeit vom Verwandtschaftsgrad von Lebewesen. Transplantiert man Organe und Gewebe zwischen diskordanten Arten, so kommt es insbesondere zur hyperakuten Abstoßung, die bei der allogenen Transplantation nicht auftritt. Xenogene Organe diskordanter Arten müssen bei der Transplantation im Zielorganismus die Barriere dreier Abstoßungsarten überwinden. Man unterscheidet zwischen hyperakuter, akuter und chronischer Abstoßung. Es handelt sich hierbei um unterschiedliche Reaktionen des Immunsystems auf implantierte Organe. Die *hyperakute* Abstoßung wird durch natürliche xenogene Antikörper ausgelöst, die im Blut schon vor der Implantation und bereits kurz nach der Geburt vorhanden sind. Die *akute* wird durch Antikörper vermittelt, die nach der Implantation gegen das Organ gebildet werden und seine Funktionalität direkt (z.B. durch Entzündungen) zu einer Abstoßung führen. Die *chronische* Abstoßung vollzieht sich schleichend durch eine allmähliche Zerstörung der Funktionalität des implantierten Organs. Xenogene Organe *diskordanter* Arten müssen alle drei Abstoßungsarten überwinden, die *konkordanter* Arten hingegen nur die Barriere der *akuten* und der chronischen Abstoßung. Aus der Sicht der medizinischen Forschung (bzw. der Immunologie) spricht also einiges für die Forschung mit näher verwandten Arten – eben Primaten. Aus tierethischer Sicht und auch ganz intuitiv gesehen spricht einiges dagegen.

(2) Anatomie, Physiologie

Hinzu kommen Probleme mit den Organen selbst: Menschenorgane kommen natürlicherweise nur in Menschen vor, Schweineorgane in Schweinen und Schimpansenorgane in Schimpansen. Es gibt bei der Transplantation über Artgrenzen hinweg daher auch anatomische und physiologische Probleme. Im Einzelnen sind sie komplex und für jedes Organ und Gewebe spezifisch. Beispielsweise müssen Organe, damit sie im Zielorganismus überleben, richtig durchblutet werden. Das menschliche Blut hat aufgrund des spezifischen Charakters seiner Bestandteile eine andere Viskosität (Zähigkeit) als das anderer Tierarten, was die optimale Durchblutung eines Organs verhindern kann (Nährstoffversorgung). Die Verbindung mit dem Zielorganismus kann das Organ aber auch mechanisch überfordern. Beispielsweise ist ein Schimpansenherz im menschlichen Körper wegen der nötigen Pumpleistung weniger geeignet als ein kräftigeres Schweineherz. Aber das Schweineherz ist (ebenso wie die Schweinelunge) auf die horizontale Daseinsweise des Schweins ausgerichtet. Es gibt eine Fülle von Problemen. Manches spricht für das dem Menschen ferner stehende Schwein und gegen Affen. Aufgrund der fehlenden Erfolge und der Erprobung der Xenotransplantation sind physiologische Probleme noch weitgehend unerforscht. Aber Organe sind Elemente in einem komplexen organischen Ganzen, in dem sie durch komplexe Wechselwirkungen in ihrer Leistung gesteuert werden. Winzige Abweichungen in den Molekülen, durch die diese Wechselwirkungen vermittelt werden, können die Funktionsfähigkeit von Organen beeinflussen. Oft genug variieren aber Enzyme, Eiweiße, Hormone, die einzelnen Blutbestandteile und andere Stoffe zwischen verschiedenen Arten in ihrer Struktur mehr oder weniger leicht. Man denke beispielsweise an die Differenzen zwischen menschlichem Insulin und dem des Schweins.

Aber selbst wenn Probleme der immunologischen, anatomischen und physiologischen Kompatibilität beherrschbar sein werden, bleibt immer noch die Frage, wie lange Tierorgane im Menschen lebensfähig sind. Man diskutiert Xenotransplantation daher oft auch als Übergangslösung, um den Mangel an allogenen Organen zeitweise zu überbrücken. Wenn die Befürchtung stimmt, dass die Aussicht auf xenogene Organquellen die allogene Spendebereitschaft unter den Menschen noch weiter reduziert, dann sind die Hoffnungen, die auf Xenotransplantation beruhen, aus anderen als medizinischen Gründen fraglich. (Vgl. die Argumentation in [99].)

(3) Infektionsgefahr

Hinzu kommen Infektionsprobleme. In den Medien werden in den letzten Jahren Szenarien diskutiert, in denen Grippeepidemien als so genannte Pandemien auftreten und ganze Länder und Kontinente erfassen. Ein Grund für solche verheerenden Epidemien besteht darin, dass durch bestimmte Lebensformen, etwa den zu engen Kontakt zwischen Menschen und Vögeln in der Landwirtschaft, artspezifische Krankheitsformen wie die Vogelgrippe auf eine andere Art, also von Vögeln auf den Menschen, überspringen. Da es sich bei den verursachenden Krankheitserregern um solche handelt, die eine lange Evolution in ihrer Ursprungsart, nicht aber im Menschen haben, sind sie für den Menschen besonders bedrohlich. Denn er hat bisher noch keine umfassende Immunabwehrreaktion entwickelt. Krankheiten werden also durch die Artgrenzen im Sinne einer physikalischen Barriere eingedämmt. Durch Xenotransplantation kommen jedoch tierliche Krankheitserreger in sehr direkten und unmittelbaren Kontakt zum menschlichen Organismus, und die Gefahr der Übertragung von Krankheiten über Artgrenzen hinweg erscheint erheblich. Diese Gefahr betrifft zunächst xenotransplantierte Personen selbst, aber auch große Teile der Tierart Mensch, wenn sie zu Pandemien führt. Xenotransplantierte können zu einer Gefahr für ihre Mitmenschen werden. Hieraus würden für Xenotransplantierte Einschränkungen resultieren. Da sie eine erhebliche potenzielle Gefahr darstellen, müssten sie sich einer lebenslangen Beobachtung unterziehen. Hierzu müsste man sowohl ihre eigenen Grundrechte als auch die ihres sozialen Umfeldes einschränken, um die Gefahr für ihre Mitmenschen zu minimieren.

Damit sind *drei* Problembereiche der Xenotransplantation angesprochen, durch die erheblicher Forschungsbedarf besteht, lange bevor eine neue therapeutische medizinische Option zur Verfügung steht. Forschung bedeutet jedoch, dass an Tieren experimentiert wird. Somit stehen verschiedene Wertgesichtspunkte einander gegenüber (die Zählung wird aus dem vorigen Abschnitt fortgesetzt):

(3) Das Leid chronisch kranker Menschen, die eines organismischen Ersatzes verlorener Organ- und Gewebefunktionen bedürfen, ist unstrittig ein gewichtiger Faktor, der grundsätzlich die Erforschung möglicher Wege, medizinische Optionen diesbezüglich zu erweitern, rechtfertigt und für die Gesellschaft sogar eine Verpflichtung begründet, hierfür ökonomische und sonstige Ressourcen bereitzustellen. Ob dies auch für die Xenotransplantation gilt, bedarf jedoch insbesondere ihrer erheblichen Risiken wegen eingehender Erwägungen.

(4) Ob die medizinische Erforschung der Xenotransplantation jedoch Forschung rechtfertigt, die Tieren Leid und Qualen verursacht, hängt – wenn man nicht einen grundsätzlichen tierethisch begründeten Egalitarismus vertritt – von verschiedenen Fragen ab: (a) Welche Lebensqualität für den Menschen ist aus immunologischer Sicht zu erwarten? Eine Reduzierung der Abwehrkräfte des Organismus ist in jedem Fall mit Einbußen an menschlicher Lebensqualität, gegebenenfalls sogar mit einer totalen Isolierung der Patienten verbunden. (b) Ist es akzeptabel, wenn anatomische und physiologische Probleme mit Xenotransplantaten die Lebensqualität der Patienten weiter einschränken könnten? Denn mit medikamentösen Behandlungen, diätetischen Vorsichtsmaßnahmen und einer Einschränkung der körperlichen Leistungsfähigkeit ist ein Verlust an Lebensqualität verbunden. (c) Welche Infektionsgefahr geht von Xenotransplantierten für sie selbst und ihre Mitmenschen aus?

(5) Die Erforschung der Xenotransplantation birgt jedoch, auch wenn sie niemals zu einer erfolgreichen therapeutischen und klinisch anwendbaren Praxis in der Transplantationsmedizin führen sollte, sicherlich auf den Gebieten der Immunologie, der Anatomie von Organen bzw. ihrer Physiologie und hinsichtlich des medizinischen Verständnisses von Infektionen und Infektionswegen ein erhebliches Erkenntnispotenzial. Freiheit der Forschung ist ihrerseits ein grundrechtlich verankerter Wert, weil das Wissensstreben – auch wenn es nicht ohne jede Begrenzung gerechtfertigt ist – ein Grundmoment der menschlichen Lebensform darstellt.

(6) In höherem Maße als die allogene Transplantation stellt die xenogene eine Gefährdung für die betreffenden Patienten selbst (Leben und Lebensqualität) dar. Hinzu kommt, dass Xenotransplantierte potenziell eine Gefahr für ihre Umwelt sind. Hier bedarf es sorgfältiger Risikoabwägung, zumal Xenotransplantation immer mit tierlichem Leiden und Tod verbunden ist.
(7) Einen ebenfalls relevanten Gesichtspunkt, der aber nur sehr schwer konkret abzuschätzen ist, stellen die Erfolgschancen der Erforschung der Xenotransplantation dar. Es handelt sich um Grundlagenforschung, die vielleicht (wenn überhaupt) in mittelfristiger bis ferner Zukunft zu erfolgreichen medizinischen Therapien beitragen wird. Dagegen steht aktuales Leid von Tieren, an denen die Forschung betrieben wird.

Es ergibt sich also, wenn man nicht grundsätzlich einen tierethischen Egalitarismus voraussetzt, kein einheitliches und klares Bild. Ein generelles Verbot des Quälens von Tieren zu medizinischen Forschungszwecken erscheint aber allein deshalb kaum plausibel, weil es voraussetzt, dass es keine ethisch relevanten Gesichtspunkte gibt, die einzeln oder in ihrer Gesamtheit die ethische Relevanz tierlichen Leids aufwiegen. Eine solche Einengung der Perspektive ist kaum anders möglich als durch eine radikale Beschränkung der Relevanzbedingungen für Gesichtspunkte: Nur wenn Leid von Tieren strikt egalitaristisch gewertet wird, kann man viele *prima facie* relevante Gesichtspunkte aus der Betrachtung ausschließen. Dies ist in der Ethik nur möglich durch eine antispeziesistische Haltung, die Familialismus ausschließt.

3.3.3 Darf man Tiere im Rahmen der Xenotransplantation töten?

Angenommen jedoch, wissenschaftlicher Fortschritt würde Xenotransplantation als medizinische Praxis ermöglichen. Dies würde zunächst voraussetzen, dass man die im vorangehenden Abschnitt (3.3.1) Abwägungsprobleme der Xenotransplantation in den Griff bekommt (vgl. 1–7). Xenotransplantation wäre dann in jedem Fall untrennbar mit der Tötung der tierlichen Organspender verbunden. Die Tötung selbst wäre zwar nicht qualvoll, weil die Organe operativ – also unter Betäubung der Tiere – vorgenommen würde. Aber die Tiere würden dann getötet werden müssen, weil sie ohne die entnommenen Organe nicht mehr lebensfähig wären.

Xenotransplantation: Tötung in Notwehr?

Die oben behandelten Tierethiken lassen die Tötung von Tieren in der Regel nur dann zu, wenn menschliches und tierliches Leben in eine Notwehrsituation zueinander geraten. Ebenso wie Menschen straffrei Menschen töten dürfen, wenn die Bedingung für eine Notwehrsituation erfüllt sind, dürfen auch Menschen Tiere unter vergleichbaren Umständen töten (vgl. [116], [118]). Notwehrsituationen sind aber sehr eng begrenzt. Weder in der medizinischen Forschung noch in der therapeutischen Praxis stehen individuelle tierliche und menschliche Leben jedoch in einer Notwehrsituation gegeneinander:

(1) *Forschung:* Forschung an Tieren, die mit der Tötung dieser Tiere verbunden ist, führt wohl nie unmittelbar zu medizinischem Fortschritt. Selbst wenn der Fortschritt künftig menschliches Leben retten würde, wäre die

zeitliche Distanz zu groß. Notwehrhandlungen werden aber damit gerechtfertigt, dass die Tötung erlaubt ist, weil ein Leben ein anderes angreift und bedroht, und die akute Situation aus der Sicht der Beteiligten nur mit dem Überleben des einen oder des anderen Lebens gelöst werden kann. Zwischen Tieren und Menschen besteht eine solche Situation aber höchstens im Fall bakterieller Infektionen, parasitärer Würmer oder eines angreifenden Wildtieres, keinesfalls aber in der medizinischen Forschung.

(2) *Therapeutische Praxis:* Tiere als Organquellen und Menschen als Empfänger stehen grundsätzlich nicht in einer anderen Beziehung zueinander als menschliche Empfänger und Spenderquellen. Zwar ist das Leben der Empfänger bedroht, aber nicht durch den potenziellen Spender. Wenn es also gerechtfertigt ist, eine spendefähige Entität (Tier oder Mensch) zu töten, dann jedenfalls nicht in Notwehr. Da man aber Menschen, die potenzielle Spender darstellen, nicht töten darf, folgt aus dem tierethischen Egalitarismus, dass Leben gegen Leben steht. Es ist egal, ob eines davon tierlich ist. Für beide gelten dieselben Normen, die gelten, wenn beide menschlich sind.

Der Ablehnung der Vorstellung, dass zwischen Tieren und Menschen eine Notwehrsituation bestünde, die eine Tötung der tierlichen Organquellen rechtfertigen würde, ist vom Standpunkt der philosophischen Ethik ohne Zweifel zuzustimmen. Ob daraus jedoch ein Tötungsverbot für tierliche Organquellen folgt, bleibt unklar. Denn viele würden – sieht man von den in 3.3.2 genannten Gesichtspunkten ab – diesbezüglich zu einem moderaten Speziesismus bzw. zu Familialismus neigen. Vermutlich trifft dies zu für Tierethiker, die Tieren gegenüber direkte Pflichten anerkennen, aber dennoch nicht der Auffassung sind, dass in Fragen der menschlichen Ernährung ein moralischer Vegetarismus ethisch zwingend ist. Eine solche Position anerkennt folgenden Gesichtspunkt für die Frage der ethischen Bewertung der Xenotransplantation:

(8) Tierliches und menschliches Leid sind gleichermaßen relevante, aber nicht in jeder Situation ausschlaggebende bzw. entscheidende moralische Gesichtspunkte. Wann ein Gesichtspunkt, der relevant ist, auch entscheidend ist, kann nicht von Vornherein und nicht nach einem einheitlichen Prinzip bestimmt werden. Auch im Falle der Xenotransplantation ist tierliches Leid ein zu berücksichtigender Faktor, der aber möglicherweise dem forscherischen Streben nach Wissen und dem Wert der (menschlichen) Gesundheit auch dann unterliegen kann, wenn keine ‚Notwehrsituation' besteht.

Leid als zwar relevanter, jedoch auch in normalen Situationen nicht immer entscheidender Gesichtspunkt ist im Kontext der bisher skizzierten Tierethiken nur möglich, wenn Relevanz- und Entscheidungskriterien jeweils auf ein oder zumindest wenige allgemeine Prinzipien wie etwa das Notwehrprinzip zurückgeführt werden können. Eine gesellschaftliche und kulturelle Praxis stellt als solche keinen entscheidungsrelevanten Faktor dar, weil sie ein komplexes und vielschichtiges Gleichgewicht von relevanten und in bestimmten Konstellationen entscheidenden ethischen Kriterien darstellt. Teilweise scheint die gegenwärtige Praxis des Quälens und Tötens von Tieren in der medizinischen (Grundlagen-)Forschung auf einem solchen Gleichgewicht zu beruhen. Man muss Tierversuche grundsätzlich rechtfertigen und sadistische verbieten, ebenso wie unverantwortbare Menschenversuche. Aber bevor medikamentöse oder therapeutische Optionen im Menschenversuch getestet werden, müssen sie in der Regel im Tierversuch getestet werden. Was im Rahmen dieser Praxis moralisch vertretbar ist, kann nicht durch allgemeine Regeln oder abstrakte Prinzipien erfasst werden.

3.3.4 Darf man Tiere in ihrer Konstitution verändern?

Man kann praktische Probleme der Xenotransplantation dadurch angehen, dass man Abwehrreaktionen, die Infektionsgefahr und physiologische bzw. anatomische Inkompatibilität im Zielorganismus ausgleicht, was in der Regel medikamentös geschieht. Der Ansatz liegt jedoch nahe, diese Probleme erst gar nicht auftreten zu lassen. Hierzu kann man sich vorstellen, Tiere genetisch so zu verändern, dass sie weniger xenogene Abwehrreaktionen und Inkompatibilität mit dem menschlichen Organismus aufweisen. Theoretisch ist dies mit den Mitteln der Genetik und der Gentechnik möglich.

Menschen haben seit Urzeiten Tiere gezüchtet und sie in ihrer Konstitution an ihre Interessen angepasst. Die Herstellung transgener Tiere, d. h. solcher, in deren Genom gezielt Veränderungen vorgenommen werden, ist zunächst eine Weiterentwicklung dieser Praxis. Dabei ist die Veränderung in dem Sinne weniger vom zufälligen Züchtungserfolg abhängig, dass die genetische Manipulation gezielt durch eine spezifische Veränderung des Genoms eines Lebewesens auf eine Veränderung von Eigenschaften des Lebewesens hinwirkt. Man würde Eigenschaften von Tieren manipulieren und die Spendeorgane so verändern, dass beispielsweise die Oberfläche oder die Stoffwechselprodukte im Zielorganismus nicht oder in nur geringerem Maße als ‚artfremde' (xenogene) Faktoren angegriffen werden. Nun können auch traditionelle Züchtungsmethoden *am Ende* zu ‚Qualzüchtungen' führen – man denke an Dackel mit notorischer Dackellähmung im Alter und Bassetts mit chronischen Schmerzen, weil ihr Rücken Überlänge besitzt.

Transgene Tiere für den Menschen?

Die Erzeugung transgener Tiere ist gerade *am Anfang* kaum möglich ohne totgeborene Tiere oder extreme Fehlbildungen, die mit Leiden verbunden sind. So wurde das geklonte Schaf Dolly erst nach dem Verlust mehrerer hundert Embryonen, vieler Fehlgeburten und dem qualvollen Sterben vieler missgebildeter Klone geboren. Und auch Dolly selbst hatte kein normales Schafsleben, weil geklonte Tiere beispielsweise oft bereits in frühen Jahren an typischen Alterskrankheiten leiden. (Vgl. hierzu aus ethischer und medizinischer Perspektive die Beiträge in [96].) Unabhängig vom Fortpflanzungsverfahren des Klonens sind genetische Manipulationen am Erbgut, durch die transgene Tiere erzeugt werden, Quellen für mitleiderregende ‚Fehlversuche', denn viele manipulierte Embryonen sind zwar nicht von vornherein lebensunfähig, leiden aber unter extremen Fehlbildungen.

(9) Man kann vor dem Hintergrund der aktuellen Diskussion der Xenotransplantation keine grundsätzlichen Schlussfolgerungen über die tierverbrauchende und tierschädigende Forschung ziehen, stehe sie nun im

Dienste der Grundlagenforschung der Xenotransplantation oder generell im Dienste der Medizin. Die Erzeugung transgener Tiere im Rahmen der Grundlagenforschung zur Xenotransplantation erscheint insgesamt jedoch vor dem Hintergrund verschiedener Gesichtspunkte (1, 2, 4, 6) als problematisch.

Es spricht vor diesem Hintergrund wohl einiges gegen die Erzeugung transgener Tiere. Ungenügend ist die Begründung, dass diese Forschung einen Beitrag zur Grundlagenforschung der Xenotransplantation liefert. Das heißt aber nicht, dass das Klonen von Tieren und ihre genetische Manipulation in anderen Bereichen der Medizin oder in der Landwirtschaft – d.h. zu anderen Zwecken und in anderen Gesamtkonstellationen – nicht doch als ethisch vertretbar erachtet werden könnte.

3.3.5 Fazit

Es wäre vermessen, an dieser Stelle ein Fazit zur Zulässigkeit oder Unzulässigkeit von Xenotransplantation bzw. ihrer Erforschung zu ziehen. Die in Abschnitt 3.2 skizzierten Tierethiken würden aufgrund ihrer Neigung zum tierethischen Egalitarismus Xenotransplantation vermutlich ablehnen. Sie haben also eine klare Antwort auf die Frage nach der Rechtfertigung der Xenotransplantation. Andererseits zeigen die neun angeführten Gesichtspunkte, dass man unabhängig von einem Bekenntnis zu einer bestimmten Ethik mehrere Aspekte eines Problembereiches als ethisch relevant ansehen kann. Diese Mehrzahl von Aspekten lässt sich nicht mehr in eine einfache Systematik von Prinzipien bringen. Vermutlich jeder ist vom Leid von Tieren und Menschen berührt. Aber nicht jeder zieht daraus die Schlussfolgerung, dass zumindest eine vegetarische Lebensweise, wenn nicht sogar eine veganische ethisch geboten sei. Wer intuitiv diese Schlussfolgerung als unplausibel erachtet, gilt diesen Ethiken zufolge *prima facie* als inkonsistent oder gar als unmoralisch. In der kantischen Ethik begründet Mitgefühl zumindest indirekte Pflichten gegenüber Tieren. Eine kantische Tierethik gilt Tierethikern als skandalös, weil sie Tiere als Sachen betrachtet. Aber vermutlich könnte Kant auf der Basis seiner Argumentation eine Tierethik ableiten, die *de facto* unserer moralisch akzeptablen Praxis nahe kommt. Kant lehnt direkte Pflichten gegenüber Tieren ab, weil er darauf beharrt, dass direkte Pflichten Rechte voraussetzen (Symmetriebedingung: Wem gegenüber es Pflichten gibt, hängt davon ab, wer Rechte hat).

Im Kontext seiner (nicht selbstverständlichen und keineswegs unbestrittenen) Ethik rekonstruiert Kant allerdings kaum mehr als den intuitiv einleuchtenden Familialismus unserer kulturellen und historisch überlieferten Praxis. Er passt seine Ethik der moralischen Praxis an und modifiziert nicht die Praxis nach dem Modell seiner Ethik. Denn das intuitive Mitgefühl begründet (freilich indirekte) Pflichten, obwohl Intuitionen eigentlich aus seiner Ethik ausgeschlossen sind, sofern moralische Erkenntnis von der Vernunft bewirkt wird.

Eine Wolf'sche Ethik des generalisierten Mitleids schafft beispielsweise durch die Generalisierung und damit verbundene Loslösung vom Mitleidsaffekt Klarheit, scheint aber die moralische Praxis unzulässig zu begradigen.

Eine Singer'sche Gleichberücksichtigung von Interessen bei der Nutzenmaximierung oder ein Regan'scher Respekt der tierlichen Autonomie fordern eine gravierende Korrektur der moralischen Praxis. Viele Tierethiken verlangen keine partielle, sondern eine grundlegende Korrektur der moralischen Intuitionen (Vegetarismusgebot oder sogar Veganismusgebot). Hierfür gibt es im Gegensatz zur kantischen Ethik keine andere Rechtfertigung als das Bekenntnis zu einer bestimmten Ethik. Eine kantische Tierethik modifiziert die evaluativen Intuitionen zwar insofern, als unsere Intuitionen uns und auch den anderen Tierethikern direkte Pflichten gegenüber Tieren vor Augen führen. Aber der Preis, dass man Tieren gegenüber nur indirekte Pflichten hat, beeinträchtigt die Intuitionen weniger als eine generelles Vegetarismusgebot oder ein Veganismusgebot.

Man kann einer kantischen Tiermoral auch dann zustimmen, wenn man seine Ethik bzw. seine Tierethik ablehnt. Zu *seiner* Tierethik gehört die Symmetriebedingung für Pflichten und Rechte und das Konzept der indirekten Pflichten. In seiner Tiermoral rekonstruiert er lediglich die moralischen Intuitionen seiner kulturellen und historischen Praxis. Für die anderen Arten von Tiermoral trifft dies nicht zu, weil sie aus den hier behandelten Tierethiken *abgeleitet* sind. Insofern diese Typen der Tiermoral auf einem *Bekenntnis* zu einer bestimmten Tierethik beruhen, können sie mit dem Wort ‚quasi-religiös' bezeichnet werden. Dies ergibt sich aus zwei Momenten: (1) Die oben diskutierten Tierethiken (Wolf, Singer, Regan) fordern im Gegensatz zu Kant zu einer grundsätzlichen Korrektur der Intuitionen vieler auf. (2) Die zentrale Begründung hierfür ist die Berufung auf fundamentistische Prinzipien im Rahmen einer pathozentrischen (hedonistischen oder sentientistischen) Tierethik. – Es gibt aber auch fundamentistische Alternativen in der Ethik (Kant) und zudem die theoretische Option einer nicht-fundamentistischen Ethik (vgl. Einleitung und 1. Kapitel), die geeignet sind, andere und vor allem weniger grundlegende Korrekturen der moralischen Praxis der Mensch-Tier-Beziehung zu rechtfertigen als beispielsweise ein Plädoyer für ein Vegetarismusgebot vorzubringen. Die moralische Vehemenz, mit der Tierethiken bisweilen für einen Vegetarismus plädieren, ist daher aus philosophischer Sicht bedenklich. Die Frage aber, welchen Platz die Xenotransplantation im Kontext einer Tiermoral ohne Bekenntnis zu einer der behandelten Tierethiken einnimmt, kann an diesem Punkt nur offen bleiben.

3.4 Zusammenfassung, Lektürehinweise, Übungen

Zusammenfassung

Das eigentliche Thema der Tierethik sind nicht das unmoralische Leiden von Tieren, sondern Begründungsprobleme innerhalb der Ethik. Während der kantische Ansatz die konzeptionelle Begründung direkter Pflichten gegenüber Tieren unmöglich macht, fordern Tierethiken diese ein und stellen hierzu die erforderlichen Konzepte bereit. Ihr Ansatzpunkt ist die überzeugende und konsensfähige Intuition, dass Tiere leiden können und dass ihr Leid ebenso einen relevanten Gesichtspunkt darstellt wie menschliches Leiden. Handlungen, die Leidempfindungen verursachen, sind *prima facie* moralisch bedenklich. Die Ablehnung bloß indirekter und die Forderung nach der Begründung direkter Pflichten gegenüber nicht-menschlichen Tieren ist daher der *Ansatzpunkt* der diskutierten Tierethiken. Sie bleiben zentralen begründungstheoretischen Prämissen einer kantischen Ethik verpflichtet. Das eigentliche Thema dieser Ethiken ist die Frage, wie Tiere als moralisch relevante Gesichtspunkte von Ethiken erfasst werden können.

Das Hauptziel der diskutierten Tierethiken besteht in der konzeptionellen Begründung direkter Pflichten gegenüber Tieren, nachdem dies durch Entwicklungen in der Ethik konzeptionell problematisch geworden war. Allzu oft wird von tierlichem Leid unangemessen abstrahiert. Allgemeine Formen des Umgangs mit Tieren beruhen darauf, dass man (1) tierliches Leiden räumlich von der alltäglichen Erfahrung von Personen trennt, die es andernfalls nicht ertragen könnten, (2) sich dadurch gegenüber tierlichem Leid immunisiert, dass man es wissenschaftlich begründet bestreitet, oder (3) einen kategorialen und ethisch relevanten Unterschied zwischen menschlichem und tierlichem Leid herleitet. Der Pathozentrismus sieht das Leiden von Tieren als ethischen Ansatzpunkt für die Begründung einer Tiermoral an, die unseren gesellschaftlichen Umgang gerechtfertigt kritisiert und gleichzeitig Wege eines angemesseneren Umganges mit Tieren aufzeigt. Er fordert auf, *konkretem* Leid ethisch und moralisch gerecht zu werden.

Wer Tieren gegenüber direkte Pflichten von Seiten moralischer Subjekte begründet, muss den Bereich des moralisch Relevanten ausweiten. Diesbezüglich wurden zwei Strategien unterschieden: (1) Die Mehr-Prinzipien-Strategie, (2) die Strategie des umfassenderen Prinzips. Die erste Strategie führt mehrere Prinzipien für moralische Relevanz ein, zwischen denen dann im Konfliktfall eine Abwägung erfolgen muss. Die in diesem Kapitel behandelten Tierethiken verfolgen die zweite Strategie. Als umfassendes Prinzip fungierte die moralische Relevanz des Leidens (Wolf), von Interessen (Singer) oder von Autonomie (Regan).

Als Tierethiken argumentieren diese Ansätze so, dass sie die moralische Relevanz des jeweiligen Prinzips für den Bereich des Menschen akzeptieren, weil es für diesen Bereich als gesichert gilt. Dann lehnen sie bezüglich dieses Prinzips die Relevanz der biologischen Grenze zwischen Menschen und Tieren ab: Auch Tiere leiden oder sie haben Interessen oder sind gar autonom. Da die behandelten Ethikansätze die moralische Geltung von Prinzipien grundsätzlich universalistisch deuten, führt das zu Problemen. Denn das Quälen von Tieren in Tierversuchen und das Töten von zumindest höheren Säugetieren erscheinen moralisch unzulässig. Für Regan folgt überdies ein weitgehendes Tierhaltungsverbot, insofern Tierhaltung beispielsweise den Bewegungsdrang von Tieren aufgrund menschlicher Zwecksetzungen einschränkt.

Generell kann man in der Ethik verschiedene Stufen unterscheiden, auf denen beliebige Entitäten moralisch wertvoll sein können: (1) Moralische Subjekte als absolute Werte (in der Regel vernunftfähige Personen, vielleicht auch höhere Primaten); (2) intrinsisch wertvolle Entitäten (in der Regel moralische Subjekte und – intuitiv gesehen – leidensfähige Wesen); (3) abgeleitet wertvolle Entitäten (prinzipiell alles, sofern es für etwas, das einen intrinsischen Wert hat, wertvoll ist); (4) moralisch neutrale Entitäten (alles, was nicht zu 1–3 gehört).

Ungleichbehandlung von Mensch und Tier wird in diesen Ethiken auf Rand- und Sonderfälle verwiesen (z. B. Notwehr). Im Normalfall gilt der Egalitarismus. Der Gleichbehandlungsgrundsatz führt zu der Frage, ob man Tieren im Normalfall antun darf, was Menschen anzutun normalerweise nicht erlaubt ist. Wenn es kein überzeugendes allgemeines Prinzip gibt, das die Ausnahmebehandlung von Tieren rechtfertigt, dann wird Ungleichbehandlung als Speziesismus abgelehnt. Es wurden verschiedene Formen des Speziesismus diskutiert: (1) absoluter Speziesismus, (2) starker Speziesismus, (3) schwacher Speziesismus und (4) ‚negativer Speziesismus' bzw. Egalitarismus. Man unterscheidet weiterhin zwischen einem (a) qualifizierten und (b) einem unqualifizierten Speziesismus. Ein unqualifizierter Speziesismus ist entweder absolut oder stark und knüpft die prinzipielle Bevorzugung des Menschen nicht an bestimmte qualifizierende Merkmale (vernünftig, leidensfähig, werkzeugherstellend, soziallebend usw.), sondern *allein* an die Artgrenze. Diese Ansätze verstoßen gegen das Humesche Gesetz und sind dem Vorwurf des naturalistischen Fehlschlusses ausgesetzt, weil die biologische Artgrenze deskriptiv aufgefasst wird.

Es bleiben als mögliche Positionen ein schwacher Speziesismus, der auch als Familialismus bezeichnet wird, und der tierethische Egalitarismus. Ein schwacher Speziesismus rechtfertigt eine Ungleichbehandlung von Menschen und Tieren, indem er qualifizierende Merkmale entweder in synthetischer oder analytischer Beziehung zur Artgrenze sieht. Ob auch ein solcher Speziesismus argumentativ stimmig vertreten werden kann, ist schwierig zu bestimmen. Aus der Sicht der Egalitaristen jedenfalls erscheint er naturalistisch fehlschlüssig und als ein Verstoß gegen das Humesche Gesetz, weil Egalitaristen die Grenze zwischen Mensch und Tier nicht als etwas ansehen, das Menschen für die Stabilität ihres praktischen Selbstverständnisses benötigen. Zwischenmenschliche Solidarität, bei der Tieren gegenüber Verhaltensweisen erlaubt sind, die zwischen Menschen nicht erlaubt sind, kann man als etwas ansehen, das ein moralisch relevanter Gesichtspunkt ist. Vor diesem Hintergrund spricht einiges für einen schwachen Speziesismus. Der tierethische Egalitarismus behält aber seine kritische Stoßkraft gegenüber dem absoluten oder starken Speziesismus.

Mitgefühl und Mitleid mit dem Leiden von Lebewesen als Ansatzpunkte von Tierethiken kennzeichnet Tierethiken als pathozentrisch. Innerhalb dieser Theoriefamilie kann man starke und schwache Positionen unterscheiden. Stark pathozentrische Ethiken anerkennen das Leid von Lebewesen als intrinsisch oder inhärent moralisch relevant; schwach pathozentrische lehnen diese Vorstellung ab. Die diskutierten Tierethiken bleiben aber in zumindest einer der folgenden Hinsichten anthropozentrisch: entweder (a) in normativ-inhaltlicher oder (b) in epistemischer oder (c) in begründungstheoretischer Hinsicht. Insofern vertreten die bisher diskutierten Autoren einen anthropozentrischen Pathozentrismus. Ferner kann man psychologisch-pathozentrische von nicht-psychologischen Ansätzen unterscheiden. Insofern die hier diskutierten Ansätze das Leiden von Lebewesen aus der Binnenperspektive (als *Erleben* oder *Bewerten* von Leid) heraus als moralisch relevant erachten, sind sie psychologisch. Nicht-psychologische Varianten werden im folgenden Kapitel skizziert. Im Kontext psychologisch-pathozentrischer Ansätze kann man zudem zwischen hedonistischen und sentientistischen Varianten unterscheiden.

Das komplexe Zusammenwirken vieler moralisch relevanter Gesichtspunkte, die in einer Tierethik nur schwer auf der Basis der Anwendung eines bestimmten moralischen Prinzips (z.B. Leidensfähigkeit) zu Antworten führen, wurde am Beispiel der Xenotransplantation skizziert. Ein strikter tierethischer Egalitarismus führt in Anbetracht dieser Komplexität bei Fragen der konkreten praktischen Orientierung zu unplausiblen Klarheiten, die nur aufgrund theoretischer Prämissen überzeugend erscheinen. Die Antworten sind beispielsweise ein klares Vegetarismusgebot oder ein Verbot von Tierversuchen. So klar sie sind, so unplausibel sind sie auch, weil sie viele *relevante* Gesichtspunkte außer Acht lassen. Begründet und alternativlos erscheinen sie nur, weil bestimmte Modelle in der Ethik dies nahe legen.

Lektürehinweise

- Einen tiefer gehenden Einstieg ermöglichen die in diesem Kapitel besprochenen Ansätze selbst; also: [140], [130], [136].
- Nützliche Übersichten über verschiedene tierethische Ansätze findet man in [133] und [128].
- Eine didaktisch gute und systematisch breite Einführung mit Anleitung zur konkreten Textarbeit bietet [126].
- Weitere Informationen und eingehendere Diskussionen ethischer, rechtlicher und naturwissenschaftlich-medizinischer Probleme der Xenotransplantation findet man in [97], [98] und [100].

Fragen und Übungen

- In welchen Hinsichten zeugt unser praktischer Umgang mit dem Tierreich von Abstraktionen? Warum ist das moralisch problematisch?
- Worauf macht die terminologische Unterscheidung zwischen tierlichem und tierischem Leben aufmerksam?
- Eine kantische Tierethik wird oft als kontraintuitiv angesehen. Verdeutlichen Sie, warum das plausibel ist.
- Warum muss eine ‚kantische Tierethik' nicht tierfeindlich sein? Entwickeln Sie eine Argumentation, die kantisch die Ablehnung von Tierversuchen begründet.
- Skizzieren sie die Unterscheidung zwischen direkten und indirekten Pflichten.
- Warum ist die Unterscheidung zwischen direkten und indirekten Pflichten nicht gleichbedeutend mit der zwischen intrinsischem und abgeleitetem Wert?
- Fassen Sie die wesentlichen Merkmale der Tierethiken von (a) Ursula Wolf, (b) Peter Singer und (c) Tom Regan kurz in Form eines Steckbriefes zusammen.
- Es wurden zwei Ausweitungsstrategien unterschieden. Erläutern Sie diese.
- *Inwiefern* und *warum* beruhen die hier behandelten Tierethiken auf der zweiten Ausweitungsstrategie?
- Ungleichbehandlung zwischen Tieren und Menschen (beispielsweise die Tötung von Tieren zu Nahrungszwecken, aber keine vergleichbare Tötung von Menschen) wird von Tierethikern oft als Speziesismus bezeichnet. Erläutern Sie, (a) was das heißt, und zeigen Sie, (b) inwiefern der Speziesismusvorwurf argumentativ plausibel ist.
- Kann man den Vorwürfen der tierethischen Egalitaristen ohne argumentative Fehler entgehen, wenn man eine familialistisch begründete Ungleichbehandlung vertritt? Begründen Sie Ihre Stellungnahme.
- Erläutern Sie den Unterschied zwischen Tier*ethik* und Tier*moral*.
- Es wurde terminologisch zwischen tierlichen und tierischen Lebewesen unterschieden. Machen Sie sich Gedanken darüber, wie dieser terminologische Unterscheidung mit dem Familialismus zusammenhängen könnte.
- Was versteht man unter tierethischem Pathozentrismus? Erläutern Sie die verschiedenen Optionen, die man als Pathozentrist hat.
- Ziehen Sie nach der Lektüre dieses Kapitels wieder Ihre nach dem Lesen der Einleitung formulierten Erwartungen heran und formulieren Sie Erkenntnisfortschritte, die Sie gemacht haben. Worin sind Ihre Erwartungshaltungen zum Thema ‚Tierethik' enttäuscht worden?

4 Umweltethik

Nach der Menschen- und der Tierethik muss nun die Umweltethik dargestellt werden. Dieses Kapitel knüpft an die Darlegungen im ersten Kapitel an. Denn die Notwendigkeit für Ausweitungsstrategien ergibt sich vornehmlich aufgrund bestimmter – nicht alternativloser – Auffassungen über die Ethik. Diese Auffassungen sind axiologischer, epistemologischer und begründungstheoretischer Natur. Im Verlauf der Darstellung werden anhand einer Landkarte umweltethischer Positionen zunächst der Humanismus und dann der Physiozentrismus behandelt. Der Unterschied ist hier axiologischer Natur. Auch der Humanismus kann im Sinne eines indirekten Physiozentrismus eine Umweltethik formulieren. Der eigentliche – d.h. der direkte – Physiozentrismus kann erneut differenziert werden: Er umfasst anthropozentrische und kosmozentrische Varianten. Hier ist der Unterschied begründungstheoretischer und epistemologischer Natur. Anhand der Umweltethik werden grundlegende Fragen nach dem Wesen der Angewandten Ethik wieder aufgegriffen.

4.1 Einleitung

Die vorangehenden Kapitel begannen jeweils mit der Formel ‚Der Wert des Lebens soll nun usw.' Aus der Abfolge der Kapitel 2 und 3 – Medizin und Tierethik – ergab sich jeweils der zentrale Wertgesichtspunkt: Menschen und Tiere. An dieser Stelle entsteht ein Problem für die Formulierung des Einleitungssatzes in dieses Kapitel. Denn der in diesem Kapitel nötige Schritt der Ausdehnung des Bereiches moralisch relevanter Entitäten unterscheidet sich von den vorangehenden. Eine Tierethik erweitert den Bereich des moralisch Relevanten über den traditionell akzeptierten Bereich des Menschlichen hinaus. Aber der dann umfassendere Bereich des moralisch relevanten besitzt im Wesentlichen eine moralisch relevante Eigenschaft, die in den Ethiken zum epistemischen und begründungstheoretischen Ausgangspunkt gemacht wird: Leidensfähigkeit. Will man nun in einer Umweltethik den Bereich des moralisch Relevanten erweitern, so hat man – gemäß den im vorangehenden Kapitel unterschiedenen Ausweitungsstrategien – zwei Optionen:

(1) Man sucht nach *einem* Kriterium, das alle Entitäten, die von der Ethik erfasst werden sollen, besitzen. Nach der Strategie des umfassenderen Prinzips handelt es sich bei einem solchen Kriterium um ein universales wertverleihendes Prinzip. Da die Umwelt im Prinzip alles umfasst (zumindest die materielle uns umgebende Welt, von der wir ein Teil sind), bleibt nur die bloße *Existenz*. (Vgl. zu kulturellen, historischen und naturwissenschaftlichen Aspekten des Umweltkonzeptes [151].) Leiden hingegen kann kein Kriterium mehr sein, dass nicht alles in der Welt leidensfähig ist. Die Ethik müsste also einsichtig machen, warum die bloße Existenz von Dingen der Umwelt ihre moralische universale Relevanz begründet.

(2) Man sucht – gemäß der Mehr-Prinzipien-Strategie – neben den Eigenschaften der Personalität, Menschenwürde, Leidensfähigkeit nach einer oder mehreren weiteren Eigenschaften. Auch hier bietet sich Existenz an, die aber im Gegensatz zu (1) zu anderen Eigenschaften hinzutritt. Eine Ethik müsste also einsichtig machen, warum die (bloße) Existenz von Dingen der Umwelt ein zusätzliches Kriterium moralischer Relevanz darstellt. Und sie müsste darüber hinaus deutlich machen, wie die verschiedenen wertverleihenden Kriterien im Konfliktfall zu gewichten sind.

An dieser Stelle gibt es eine Reihe von Problemen, aus denen sich die Struktur dieses Kapitels ergibt. Zur *Umwelt* gehören Tiere ebenso wie Pflanzen, aber auch Tier- und Pflanzenarten, Biotope, Landschaften, Ökosysteme. Ferner darf man geologische Formationen nicht vergessen. Eine Umweltethik könnte also, sofern sie theoretisch befriedigende Konzepte bereitstellen kann, über den Bereich des Lebendigen hinausgreifen. Während Tiere und Pflanzen leben, kann man für die anderen Entitäten allenfalls in einem metaphorischen Sinne sagen, dass sie lebendig sind. Existenz ist daher eine Eigenschaft, die mehr Entitäten umfasst als die der Lebendigkeit, wobei schon der Begriff der Lebendigkeit mehr Entitäten umfasst als der in tierethischen Ansätzen zentrale Begriff der Leidensfähigkeit. Steine existieren, Amöben leben, Schweine empfinden Lust und Unlust oder haben Interessen und Wahrnehmung und menschliche Personen sind in der Regel moralische Subjekte.

Existenz als Wertgesichtspunkt?

Inwiefern könnte die bloße Existenz ein Wertgesichtspunkt sein, der moralische Relevanz begründet? In der Ethik wurden viele Versuche unternommen, die unterschiedliche Ausweitungsstrategien verfolgten. Diese verschiedenen Optionen sollten im ersten Abschnitt dieses Kapitels anhand einer Landkarte diskutiert werden (4.2–4.4).

Landkarte der Naturethik

In den Abschnitt 4.2 bis 4.4 soll eine Landkarte der möglichen Positionen in der Umweltethik vorgestellt werden. Man kann zwischen Humanismus (4.2) und Physiozentrismus (4.3, 4.4) unterscheiden. Dieser Unterschied ist ausschließlich axiologischer Art, d.h. er betrifft nur die Axiologie (von griechisch *axion* = Wert bzw. *axios* = würdig, wertvoll und *logos* = Lehre). Die Wertlehre des Humanismus beschränkt Wertgesichtspunkte auf den Menschen (z.B. auf moralische Subjekte); alles andere ist nicht direkt, aber manches wenigstens indirekt moralisch relevant. Auch der Humanismus kann eine Umweltethik formulieren: den indirekten Physiozentrismus. Die Wertlehre des Physiozentrismus erweitert den Bereich des moralisch Relevanten axiologisch: Der Pathozentrismus in der Tierethik wurde bereits als ein solcher Ansatz diskutiert. Der Biozentrismus erweitert die ethische Axiologie über den Pathozentrismus hinaus. Dieser Teil der Landkarte wird in Abschnitt 4.3 diskutiert. Beide Ansätze sind physiozentrisch, aber sie bleiben ganz im konzeptionellen Rahmen anthropozentrischer Ethiken. Eine direkt physiozentrische Position, die nicht mehr in begründungstheoretischer und epistemischer Hinsicht anthropozentrisch ist, kann man als Kosmozentrismus bezeichnen. Diese Option wird in 4.4 behandelt.

Erste begriffliche Klärung

Die Begriffe Humanismus, Physiozentrismus, Biozentrismus und Kosmozentrismus sollen kurz erläutert werden. Ihre konzeptionelle Funktion wird in diesem Kapitel herausgearbeitet. Sie unterscheiden sich in der Frage der Axiologie: Was ist das bzw. was ist ein in der Ethik *wertverleihendes* Prinzip. An dieser Stelle sollen daher einige Hinweise zu ihren Wortbedeutungen genügen:

Humanismus: Der Begriff leitet sich ab vom lateinischen *humanus* = menschlich. Der Humanismus stellt den Menschen als wertverleihendes Prinzip in das Zentrum der Ethik. (Dabei leitet sich ‚Zentrum' vom Griechischen *kentron* ab, das den Stachel eines Zirkels bezeichnet.)

Anthropozentrismus: Der Begriff leitet sich vom griechischen *anthropos* = Mensch ab. Oft ist *Menschzentriertheit* gleich zu setzen mit Humanismus. Das Konzept des Anthropozentrismus hat verschiedene Dimensionen: eine axiologische, eine epistemische und eine begründungstheoretische (vgl. oben 3.2.4). Wie im Falle der Tierethiken gezeigt wurde, gibt es genuine Tierethiken, die zwar nicht-humanistisch, aber trotzdem in bestimmten Hinsichten anthropozentrisch sind. Wenn Tiere in Tierethiken als genuine Wertgesichtspunkte angesehen werden, so ist dies jedoch ein ‚anti-humanistischer' Zug.

Physiozentrismus: Der Begriff leitet sich vom griechischen *physis* = Natur. Der Physiozentrismus stellt die Natur im Sinne eines von subjektiven Erkenntnisleistungen und erlebten Vorstellungen (wie beispielsweise Leiderfahrungen) unabhängigen wertverleihenden Prinzips in das Zentrum der Ethik.

Biozentrismus: Der Begriff leitet sich vom griechischen *bios* = Leben ab. Der Biozentrismus stellt die Belebtheit der Natur als wertverleihendes Prinzip in das Zentrum der Ethik.

Kosmozentrismus: Der Begriff leitet sich vom griechischen *kosmos* = Welt, Weltordnung, Schmuck ab. Der Kosmozentrismus stellt die Geordnetheit der belebten und der unbelebten Natur als wertverleihendes Prinzip in das Zentrum der Ethik.

Der Physiozentrismus umfasst den Pathozentrismus (vgl. das vorangehende Kapitel) ebenso wie den Bio und den Kosmozentrismus. Die für dieses Kapitel grundlegenden Begriffe überschneiden sich also teilweise. Im Folgenden entsteht durch die weitere Klärung eine Landkarte der Naturethik.

Ausweitungsstrategien?

Die in den Abschnitten 4.2 bis 4.4 zu diskutierende Landkarte von umweltethischen Positionen impliziert in ihrer Darstellung eine Ausweitung des Bereiches des ethisch Relevanten. Das Problem ist bereits im vorangehenden Kapitel angesprochen worden, insofern das Leid gegenüber anderen traditionellen Kriterien moralischer Relevanz (bspw. der Vernunft als Grund moralischer Subjektivität) eine Ausweitung bedeutete. Die Frage nach der angemessenen Ausweitungsstrategie soll in Abschnitt 4.5 erörtert werden.

Ethikansätze der sogenannten Tiefenökologiebewegung sind von ihrem Geltungsanspruch her kosmozentrisch. Ihr Charakter als politische oder gesellschaftliche Bewegungen bereitet ein doppeltes Problem: Einerseits überdehnen Umweltbewegungen oft den Gegensatz zwischen Mensch und Natur und verklären einseitig letztere (vgl. [151]). Dies geht einher mit einer weiten und stark normativen Verwendung von umweltethischen Konzepten. Andererseits lässt die philosophische Ethik die berechtigten Anliegen der Umweltbewegung insofern im Stich, als die Ethik eine *Naturethik* in der Regel nur gegen die intuitiv überzeugende Vorstellung von der Welt als etwas in gewissem Sinne Wertvollem ermöglicht.

Ein Problem der Umweltethik

Eine Umwelt*ethik* sollte als Beitrag der Philosophie zur Bewältigung von konkreten Problemen einerseits den allgemeinen Sprachgebrauch präzisieren, ihn andererseits aber auch zum Ausgangspunkt nehmen. Es wurde schon in Kapitel 1 auf das Problem der philosophischen Expertise hingewiesen. Einerseits können Philosophen als Experten in Diskussionen argumentativ und konzeptionell klärend Einfluss nehmen. Andererseits sollten sie vor allem dann, wenn die Argumente für eine Revision primär aus innerphilosophisch umstrittenen metaethischen Prämissen folgen, nicht unnötig zu Revisionen des Alltagsverständnisses auffordern.

Naturwissenschaft versus Philosophie

Philosophische Expertise und Beratung unterscheidet sich daher von naturwissenschaftlicher Expertise. Denn naturwissenschaftliche Theorien haben andere Bewährungskriterien. Sie können das Alltagsverständnis von Menschen verändern, indem sie beispielsweise ein mystisch-magisches Weltbild durch ein entzaubertes Naturverständnis ersetzen. Eine solche von den Naturwissenschaften bewirkte Revision des menschlichen Selbst und Naturverständnisses kann man als ‚Aufklärung' bezeichnen. Ein vergleichbarer Anspruch von Philosophen erscheint schnell als ideologisch bedenklich. Tierethiken und Umweltethiken erwachsen oft aus gesellschaftlichen Bewegungen und nehmen manchmal radikale Züge an. Philosophen sollten dies nicht begünstigen, indem sie mit Theorien, die gegenüber dem Alltagsverständnis stark revisionär sind, zu einer Ideologisierung der Debatten beitragen. Diese Problematik wird in Abschnitt 4.6 behandelt.

Die folgende Diskussion der Landkarte umweltethischer Ansätze darf nicht verstanden werden als eine Argumentation für oder gegen bestimmte Ansätze. Es geht ausschließlich darum zu verstehen, welche theoretischen Optionen es gibt und wie man sie begründet befürworten oder ablehnen kann. Es bietet sich hierfür aus rein systematischen Gründen an, ausgehend von einem humanistischen indirekten Physiozentrismus für einen stark kosmozentrischen Physiozentrismus zu argumentieren (vgl. Abbildung 2). Die Landkarte greift also zum einen die zu Beginn kurz erläuterten Begriffe auf und systematisiert sie. Sie greift zum anderem aber auch zurück auf die Unterscheidung direkter und indirekter Pflichten (vgl. das vorangehende Kapitel). Beim ersten Blick auf die nun folgende Landkarte der Naturethik mag es irritieren, dass der Humanismus als indirekter Physiozentrismus charakterisiert wird. Denn was hat eine anthropozentrische Ethik mit der Natur im Sinne von *physis* zu tun? Aber auch eine kantische Tierethik ist eben *de facto* auch eine *Tier*ethik, weil der Mensch ein Tier ist. Ebenso ist eine humanistische bzw. anthropozentrische Ethik auch eine *Naturethik*, weil der Mensch ein Teil der Natur ist. Indirekt – d.h. über den Umweg des Humanismus – ist auch in einer solchen Ethik ein Teil der Natur, wenn auch freilich nicht *als* Teil der Natur, moralisch relevant.

Versteht man unter Umweltmoral einen ethisch begründbaren Umgang des Menschen mit der Natur, von der er selber ein Teil ist, dann trägt jede der auf der Landkarte verzeichneten Positionen wichtige Argumente vor. Eine umfassende Umweltethik kann mit guten Gründen die Stärken jeder Option aufgreifen, ohne sich von theorieimmanenten Systemzwängen beeinflussen zu lassen.

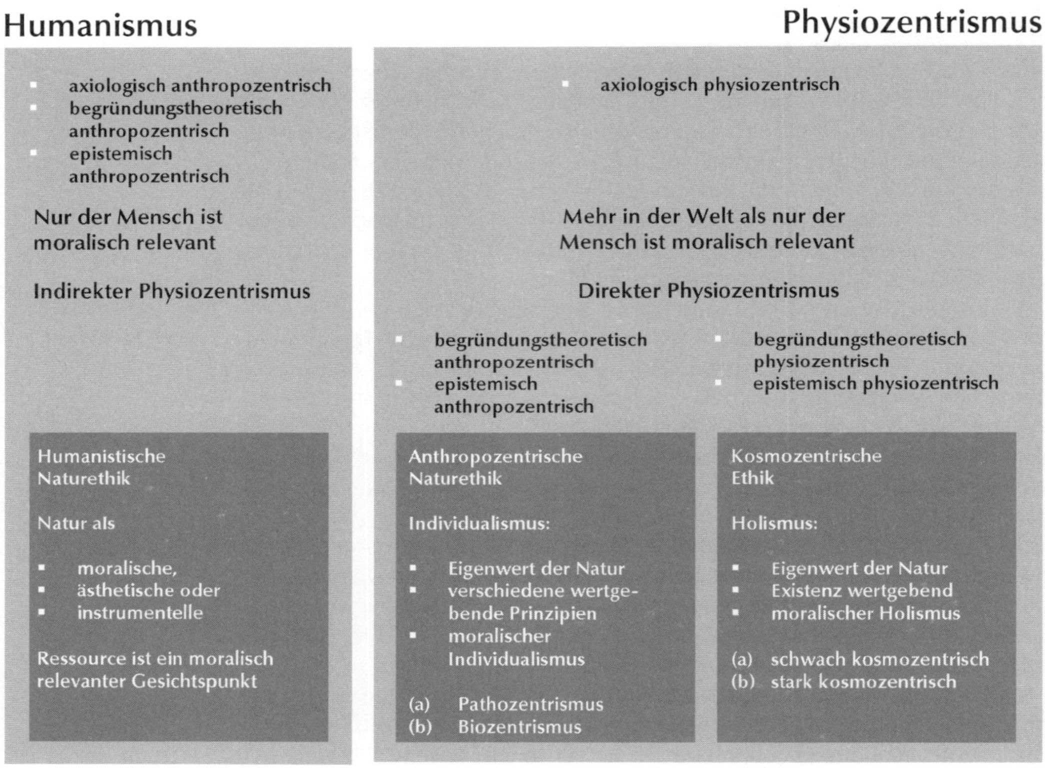

Abbildung 2: Landkarte der Naturethik

4.2 Humanismus

Humanismus als Physiozentrismus?

Den Ausgangspunkt bildet der Humanismus im Sinne einer axiologisch anthropozentrischen Position. Seine Wertlehre beruht darauf, dass nur Menschen als wertvoll anzusehen sind. Dieses Grundmerkmal des Humanismus zwingt ihn, entweder Tier- und Umwelt*ethik* als unmöglich anzusehen oder den Gegenstandsbereich der Ethik *indirekt* zu erweitern. Eine humanistische Position kann lediglich einen indirekten Physiozentrismus vertreten. Eine derartige Position wurde schon in Kapitel 3 besprochen: die kantische

Tierethik. Tieren als nicht-menschlichen Entitäten gegenüber gibt es allenfalls indirekte Pflichten. Die nicht-menschliche Natur kann im axiologischen Anthropozentrismus als Ressource moralisch relevant sein.

Umweltethik als Ressourcenschutz

In drei beliebigen Hinsichten können Entitäten moralisch relevant sein, wenn man sie als Ressourcen für den Menschen betrachtet:

(1) *Moralische Ressourcen:* Direkte Pflichten gibt es nach Immanuel Kant nur unter Vernunftwesen. Im Anschluss an Kant kann man den Bereich von Nicht-Vernunftwesen dadurch erfassen, dass es bestimmte Verhaltensweisen gegenüber diesen Entitäten (Komatösen, Alzheimerdementen, Tieren, Pflanzen, Unbelebtem) gibt, durch die eine Person verroht, brutalisiert wird oder verwahrlost. Dies führt dazu, dass solche Personen zwar als Vernunftwesen in der Lage sind, das Richtige zu erkennen und ihm entsprechend zu handeln, ihre Erkenntnisse aber nicht für sich verwirklichen können. Denn ihre tierliche Natur bzw. ihre Leidenschaften als Triebfeder behindert die Vernunft. Die Herleitung und Beachtung indirekter Pflichten schützt die Objekte solcher Pflichten, ist aber nur ein Instrument zur moralischen Vervollkommnung des Menschen.

Im Bereich der Umweltethik sind zwei weitere Typen von Ethikansätzen bedeutsam, die die Vorstellung von instrumenteller moralischer Relevanz zur Grundlage haben. Entitäten können zusätzlich auch *ästhetische* oder *instrumentelle* Ressourcen darstellen:

(2) *Natur als ästhetische Ressource:* Naturbetrachtung, etwa der Blick auf ein grandioses Alpenpanorama oder die Beobachtung raffinierter Überlebensstrategien schleimiger Amphibien im Wattenmeer, kann ergreifend sein. Beim Sonntagsspaziergang sucht der Städter oft die Natur auf, weil er ihre Ruhe genießt oder sich am Anblick von Landschaften ergötzt. Auch die sinnliche Erfahrung von Gerüchen oder haptisches Erleben (Tastsinn) führt zu Eindrücken, die ästhetisch ansprechend sein können. Ästhetische Erfahrung ist ein menschliches Grundbedürfnis. Wenn der Mensch sich durch die Zerstörung geeigneter Objekte ästhetischen Genusses um Gelegenheiten dieser Erfahrungen beraubt, dann fehlt ihm ein Glücksfaktor, der für das Gelingen des Lebens wichtig ist. Da sich aber das Gute und Richtige im Handeln als moralische Grundqualitäten auf ein gelingendes Leben beziehen, kann man Umweltzerstörung als moralisches Problem erachten. Es gibt eine Differenzierung ästhetischer Umweltethik in hedonistische und kontemplative Varianten oder Aspekte. Hedonistische Ansätze erachten die ästhetische Erfahrung als moralisch relevanten Gesichtspunkt, weil Empfindungen von Schönheit als lustvoll und von Hässlichkeit als unlustvoll erfahren werden. Kontemplative Ansätze unterscheiden sich dadurch, dass die Zweckfreiheit und Selbstzwecklichkeit des Erfahrungstyps – ähnlich wie bei theoretischem Erkenntnisgewinn etwa in der Mathematik – als solche evaluativ positiv erlebt wird. Die Betrachtung des Sternenhimmels ist ein Beispiel hierfür. Der Fixsternenhimmel mag als schön erlebt werden, auch ohne dass man ein besonderes Interesse an ihm hat oder die sinnliche Erfahrung unmittelbar angenehm

ist (wie beispielsweise die von Süßem). Kontemplative und hedonistische Aspekte ästhetischer Erfahrung können nicht absolut voneinander getrennt werden. Insofern eine ästhetische Erfahrung evaluativ ist (Schönheit, Hässlichkeit), kann man sie als eine Art des Werterlebens bezeichnen. Und insofern dieses Werterleben zwecklos bzw. das Erlebte nicht primär instrumentell wertvoll ist, könnte man zu der Vorstellung gelangen, dass ästhetische Umweltethik aus dem Eigenwert der Natur ein Fundament für moralische Gesichtspunkte herleitet. Aber nicht die ‚schöne Natur' ist der ethisch relevante Wertgesichtspunkt, sondern die Erlebnisqualität im wahrnehmenden Subjekt (vgl. die Kapitel II und III in [6]). Insofern ist die Umwelt eine ästhetische Ressource (vgl. [151], S. 29–35). Ein Beispiel für eine solche Position stellt Martin Seels Ansatz dar:

„Wenn die Ästhetik von der Schönheit oder Erhabenheit der Natur spricht, spricht sie von der Natur als einer ausgezeichneten Gelegenheit menschlicher Wahrnehmung. Sie spricht von ihrer Schönheit (oder Erhabenheit usw.) *für uns*. Schönheit ‚an sich' gibt es nicht. [...] Die Natur, der wir uns in ästhetischer Absicht zuwenden, ist für-uns und nicht für-uns in einem. Für uns ist sie in einem epistemischen Sinn: Es ist unser Verständnis von und unser Zugang zur Natur, worin sich die Dimension ihrer Schönheit eröffnet. Nicht für-uns ist die ästhetische Natur in einem praktischen Sinn: Sie ist nicht für uns da und in wesentlicher Hinsicht auch nicht von uns gemacht. Obwohl wir der Natur notwendigerweise im Zeichen eines Für-uns begegnen, muss dies keineswegs ein instrumentelles Für-uns sein" ([165], 313, 319).

(3) *Natur als instrumentelle Ressource:* Der Mensch benötigt die Natur als Bedingung für die Möglichkeit eines gelingenden Lebens. Natur ist in verschiedenen Hinsichten eine nützliche Umwelt für Lebewesen (u. a. Menschen): Das Klima ermöglicht es bestimmten Lebensformen zu überleben. Die Vielfalt der Lebensformen im Rahmen bestimmter nichtbiologischer Umweltbedingungen ist ein komplexes Netz von wechselseitigen Nutzenbeziehungen (vgl. beispielsweise die Nahrungskette oder Symbiosen usw.). Menschen sind in diesem Beziehungsgeflecht *ein* Faktor. Der Mensch beeinflusst seine Umwelt durch Kultivierung und technische Eingriffe. Dies ist nicht in jedem Fall moralisch problematisch, wird es aber dann, wenn der Einfluss des Menschen Umweltressourcen (gemäßigtes Klima, Vielfalt des Lebens usw.) in einem Maße vernichtet, dass die Natur als Ressource für ihn unverfügbar wird. Man spricht dann ganz allgemein von der einen umfassenden oder vielen kleinen Umweltkatastrophen. Die Verhinderung von Naturzerstörung ist eine Pflicht, die, sofern man sie plausibel begründen kann, die nichtmenschliche Natur zum Objekt hat, aber nur, weil sie eine Ressource für den Menschen ist. Der eigentlich relevante Wertgesichtspunkt ist der Mensch in seiner physischen Existenz. Er benötigt saubere Luft und sauberes Wasser – also müssen beispielsweise Abgasemissionen verringert und Düngemittel so verwandt werden, dass das Grundwasser möglichst

wenig belastet wird. Übermäßiger Einsatz von Antibiotika in der industriellen Tierproduktion führt zu resistenten Krankheitserregern, die eine Gesundheitsgefahr darstellen. Jeder kennt eine Fülle weiterer Beispiele. Es ist ein moralisches Gebot, die Umwelt in ihrer Funktion als Ressource zu bewahren. Die Umweltethik begründet ein solches Gebot zum einen durch die begründete Ablehnung eines *Eigenwertes* der Natur und zum anderen durch Konzepte, die den verpflichtenden Charakter der Achtung vor Ressourcen begründen. Ein hier relevanter Begründungsansatz ist der Nutzen der Umwelt für den Menschen im Sinne einer instrumentellen Ressource. Ein Beispiel für diese Position ist die Antwort Dieter Birnbachers auf die Frage ‚Sind wir für die Natur verantwortlich?‘:

„Wüssten wir mit Gewissheit, dass der Planet Erde vom Jahre 2000 bis in alle Ewigkeit für Menschen unbewohnbar wäre, gäbe es keinerlei ethischen oder ästhetischen Grund, warum wir die Welt nicht als Müllhalde hinterlassen sollten. [...] Mit alledem ist selbstverständlich nicht gesagt, dass der Naturschutz keine gute Sache wäre oder dass es keine guten Gründe dafür gibt, die Natur vor zivilisatorischen Eingriffen zu schützen. [...] [D]iese Gründe beziehen sich letztlich auf einen irgendwie gearteten Nutzen des Menschen, nicht auf einen Nutzen der Natur selbst" ([149], 13).

Diese Positionen kann man nur schwer einzelnen Personen zuordnen, da in der Regel in der Ethik Einigkeit darin besteht, dass der Natur kein Eigenwert zukommt und dass es philosophisch unsinnig ist, etwas Derartiges zu postulieren. Die auf dem Boden dieses Konsenses übrig bleibenden Optionen, zu denen Umweltethiken gehören, in denen Natur als moralische, ästhetische oder instrumentelle Ressource dient, werden dann oft in *Kombination* miteinander favorisiert. (Einen nützlichen Überblick findet man in [158].)

Wie schon im vorangehenden Kapitel betont, widersprechen diese Positionen und somit der indirekte Physiozentrismus insgesamt den Intuitionen. Dies ist der Grund dafür, dass direkt physiozentrische Positionen in der Tier und Umweltethik entwickelt wurden. Der bereits diskutierte Pathozentrismus ist eine solche Position. Es ist aber unmittelbar einsichtig, dass er unzureichend ist: Schon der Bereich der Tiere wird nur oberflächlich erfasst. Denn Tier*arten* leiden nicht, weil sie keine empfindungsfähigen Entitäten darstellen, die leben. Aber auch nicht alle Tiere leiden, weil es niedere Tiere gibt, die nicht oder in nicht relevantem Maße empfindungsfähig sind. Pflanzen*arten* bzw. Pflanzenindividuen werden ebenfalls nicht vom Pathozentrismus erfasst. Will man das Pflanzenreich direkt physiozentrisch in einer Ethik erfassen, so muss man vom Pathozentrismus zum Biozentrismus übergehen, der alles Lebendige als moralisch relevant erachtet. Aber der Biozentrismus erfasst keine Pflanzen oder Tier*arten*. Wenn der Schutz von Ökosystemen ein ethisches Problem darstellt, dann sind biologische Arten als Arten, d.h. unabhängig von Individuen, die zu ihnen gehören, moralisch relevant. Es kann sein, dass man, um eine Art zu retten (beispielsweise Ameisen), eine andere dezimieren bzw. ausrotten muss (beispielsweise weil Ameisenbären in ein Ökosystem eingeschleppt werden, in dem sie sich rasant vermehren, oder in einem Ökosystem, in dem sie natürlich vorkommen, durch bestimmte Ereignisse überhand nehmen). Wenn bestimmte Maßnahmen des Schutzes von Ökosystemen moralisch geboten sind, dann muss man den Boden des moralischen Individualismus verlassen (vgl. die Diskussion unten). Denn Arten werden nicht vom Biozentrismus erfasst, weil sie nicht lebendig sind. Man müsste natürlich klären, in welchem Sinne Arten überhaupt existieren können. Probleme dieser Art werden aber nicht in der Angewandten Ethik diskutiert, sondern in der Ontologie bzw. der Metaphysik (vgl. [4]). Jedenfalls sind Landschaften, Ökosysteme, geologische Formationen und Steine ebenso wenig wie Tier und Pflanzenarten pathozentrisch oder biozentrisch in Ethiken integrierbar.

Fazit

Der Umgang des Menschen mit der Natur wird als moralisches Problem erlebt: Es scheint verwerflich, einfach und ohne Grund Tier und Pflanzenarten auszurotten. Auch Ökosysteme werden zumindest von manchen irgendwie als wertvoll erachtet. Und es scheint ebenfalls unangemessen, diesen Dingen nur insofern Wert zuzuschreiben, als sie für uns moralische, ästhetische oder instrumentelle Ressourcen darstellen. Gewiss sind sie *auch*, aber eben *nicht nur* nützlich und schön. Sie sind auch wertvoll. Aber je mehr man sich vom Humanismus zum Physiozentrismus vortasten möchte, desto schwieriger wird es anscheinend, die nötigen Konzepte in der Ethik bereitzustellen. Was soll es heißen, dass Pflanzen und biologische Arten wertvoll sind? Diese Schwierigkeit soll durch den Gegensatz zwischen anthropozentrischen und kosmozentrischen Naturethiken erfasst werden. Während der Gegensatz Humanismus-Physiozentrismus axiologischer Natur ist, insofern entweder der Mensch oder die Natur als direkt moralisch wertvoll betrachtet wird, ist der Gegensatz zwischen Anthropozentrismus und Kosmozentrismus ein anderer. Es gibt eine Reihe von Naturethiken (Pathozentrismus, Biozentrismus), die daran festhalten, dass das, was als moralisch relevant gelten mag, ein Individuum sein muss (sei dieses ein Mensch, ein Tier, eine Pflanze, ein Stein). Der systematische Gegensatz zwischen diesen Typen von physiozentrischen Ansätzen wird im folgenden Abschnitt anhand des Gegensatzes zwischen ethischem Individualismus und ethischem Holismus erläutert. Zunächst soll die in Abbildung 2 dargestellte Landkarte naturethischer Positionen weiter erläutert werden.

4.3 Anthropozentrischer Physiozentrismus

Physiozentrismus im engeren Sinne

Man muss eine physiozentrische Ethik im engeren Sinne als eine Position charakterisieren, die nicht nur gegenüber menschlichen Individuen *direkte* Pflichten anerkennt. Ein solcher Ansatz in der Naturethik ist beispielsweise der im vorangehenden Kapitel behandelte tierethische Pathozentrismus. Wenn man Umweltschutz als moralisches Problem ansieht, reicht er jedoch nicht weit genug: Im Bereich lebendiger Entitäten erfasst der Pathozentrismus weder niedere Tiere noch Pflanzen, noch Tier und Pflanzenarten – und darüber hinaus nicht Ökosysteme, Biotope, Landschaften usw. Über den Pathozentrismus hinaus reicht der Biozentrismus. Wenn man Umweltschutz als moralisches Problem erachtet und direkt physiozentrisch argumentieren möchte, dann stellt der Biozentrismus eine Option dar.

Biozentrismus

Der Biozentrismus bemisst ethische Relevanz nach dem Gegensatz zwischen lebendigen und nicht-lebendigen Dingen. Nun ist der Begriff des Lebens in der Biologie notorisch unklar. (Zum Folgenden vgl. [2], Kapitel 9, und insbesondere [156].) Es gibt aber einige Kriterien für Lebendigkeit, die jedem vertraut sind. Zunächst zählt Empfindungs- und Wahrnehmungsfähigkeit nicht zu den Kriterien für Lebendigkeit, obwohl alles was wahrnimmt und empfindet auch lebt (aber nicht alles, was lebt, ist empfindungsfähig). Auch zählt Unbelebtes nicht zum Bereich des Lebendigen, also tote Individuen einer Art, Steine, Tier- und Pflanzen*arten*. Die Grenze zwischen dem Bereich des Lebendigen und des Toten können fließend sein – man denke an Viren oder Prionen, aber auch an Ameisenvölker, die als solche einem lebenden Organismus recht nahe kommen. Lebewesen grenzen sich von ihrer Umwelt ab, indem sie sich als Organismus erhalten. Dies geschieht durch Selbstregulation und Selbstreproduktion (Ernährung, Verdauung, Selbstreparatur bei Beschädigungen von Innen und Außen usw.). Lebewesen pflanzen sich zudem fort, indem sie neue Individuen ihrer Art hervorbringen, und sie sterben. Der Bereich des Lebendigen ist vielfältig und die genannten Charakteristika *des* Lebens nehmen konkret viele verschiedene Formen der organischen Realisierung an. Für die Frage nach den Grundlagen einer biozentrischen Ethik sind viele Unklarheiten des Lebensbegriffes, die Vielfalt organischer Prozesse und selbst ein (möglicher) gradueller Übergang zwischen dem Bereich des Lebendigen und dem unbelebter Materie nicht wichtig. Man darf im Folgenden durchaus intuitiv den Unterschied zwischen dem Lebendigen und dem Nichtlebendigen benutzen, wobei man zumindest partiell die Unterscheidung durch biologische Konzepte untermauern kann. Ein Beispiel für einen egalitaristischen Ansatz, der biozentrisch ist, findet man bei Paul W. Taylor:

> „Aus der Perspektive einer biozentrischen Theorie haben wir Prima-facie-Pflichten, die wir wilden Pflanzen und Tieren selbst als Mitgliedern der Lebensgemeinschaft der Erde schulden. Wir sind moralisch verpflichtet – ceteris paribus –, ihr Wohl um *ihretwillen* zu schützen […] Das Wohlergehen lebender Dinge ist ebenso wie das menschliche Wohlergehen etwas, das als *Zweck an sich* verwirklicht werden soll. […] Wir können uns das Wohl eines individuellen nicht-menschlichen Organismus so vorstellen, dass es in der vollen Entwicklung seiner biologischen Kräfte besteht. Sein Wohl ist in dem Maße verwirklicht, in dem er stark und gesund ist […] Warum sollten moralische Akteure wild lebende Dinge in der natürlichen Welt als Träger inhärenten Wertes ansehen? Um diese Frage zu beantworten, müssen wir zunächst in Betracht ziehen, dass rationale, autonome Akteure, wenn sie den Prinzipien der moralischen Berücksichtigung und des intrinsischen Wertes zustimmen […] *eine bestimmte unbedingte moralische Haltung gegenüber der natürlichen Welt einnehmen.* Dies ist die Haltung, die ich ‚Achtung für die Natur nenne' nenne. Sie entspricht der Haltung der Achtung für Personen in der menschlichen Ethik" ([169], 79, 80, 85).

Lebendigkeit moralisch relevant?

Wenn man intuitiv einigermaßen klar zwischen Lebendigem und Nicht-Lebendigem unterscheiden kann, und wenn man intuitiv niedere Tiere und darüber hinaus Pflanzen (und womöglich auch Mikroorganismen) in einer direkt physiozentrischen Ethik erfassen möchte, dann muss man begründen, warum ‚Lebendigkeit' einen moralisch relevanten Faktor darstellt. Selbst wenn man davon ausgeht, dass man dem vertrauten Werterleben *prima facie* Beachtung schenken sollte, also beispielsweise den Intuitionen gegenüber Tieren und Pflanzen, muss man dennoch begründen, was das Werthafte an ihnen ist.

In deontologischen Varianten des Humanismus wird die Vernunftfähigkeit als moralisch relevanter Gesichtspunkt beispielsweise damit begründet, dass die Vernunft sich selbst Achtung *schuldig* ist. In konsequenzialistischen Varianten des Humanismus kann man den zu maximierenden Nutzen beispielsweise hedonistisch konzipieren, und Lust kann man als *evaluativ positive* Empfindung ansehen. Der Pathozentrismus greift mit dem Leiden ein anderes wertgebendes Prinzip auf, und zwar entweder insofern es mit Unlustempfindung verbunden ist oder insofern es eine subjektive Qualität darstellt. Inwiefern ist Lebendigkeit nun eine Kandidatin für den normativen Ansatzpunkt einer biozentrischen Ethik?

Man könnte sagen, dass Pflanzen in gewisser Weise Interessen an bestimmten Zuständen haben. Sie stellen komplexe organische Prozesse der Selbstorganisation, Selbstregulation und Selbstreproduktion dar, die von der Biologie beschrieben werden. In der Biologie kommt man in der Beschreibung dieser Fakten ohne Schwierigkeiten zu einer Redeweise, der gemäß diese Prozesse darauf beruhen, dass Pflanzen ein Interesse an ihrem Gedeihen haben. Jede organische Entität ist organisch und lebendig, gerade weil sie Mangel beispielsweise an Nährstoffen durch deren Aufnahme ausgleicht. Es liegt nahe zu sagen, dass ein Baum seine Wurzeln tief in die Erde hineinführt, um an Wasser und Nährstoffe zu gelangen. Darüber hinaus strebt er wachsend in die Höhe, um zum Licht zu gelangen. Lebensprozesse scheinen zielstrebig zu sein. Daher wird man bei ihrer Beschreibung schnell Worte benutzen wie ‚Der Baum will …' oder ‚Er reagiert auf seine Umwelt' usw. Man unterstellt ihm handlungsanaloge Aktivität.

Nun ist ein Baum wie jede andere Pflanze keine Entität, die Absichten hat oder verfolgt. Ein Baum hat kein Gehirn und kein Bewusstsein. Deshalb hat er auch nicht Interessen in einem subjektiven Sinne, also beispielsweise Absichten aus der Binnenperspektive. Man kann nun die Zuschreibung von Interessen entweder als bloß metaphorische Redeweise abtun oder einen objektiven Interessenbegriff in die Theorie einführen.

Tiefenökologie

In der Umweltbewegung und insbesondere in der sogenannten tiefenökologischen Bewegung (*deep ecology*) wird in starkem Sinne diese metaphorische Redeweise ernst genommen. Auch in der Ethik gibt es Ansätze, die in diese Richtung gehen. Gemeinsam ist ihnen mit der Tiefenökologie, dass sie ein verändertes Naturverständnis begründen wollen, damit der oberflächliche Umgang mit der Umwelt (*shallow ecology*), der zur Umweltkatastrophe geführt hat, revidiert werden kann. Die tiefenökologische Bewegung setzt sich dabei dem Vorwurf aus, dass sie einen magischen und mystifizierenden Naturbegriff rehabilitieren will (vgl. [167]f., [152]). Zwei gegensätzliche Stimmen seien hier angeführt:

Arne Naess:
„1. Das Wohlbefinden und Gedeihen menschlichen und nicht-menschlichen Lebens auf der Erde hat Wert in sich selbst (Synonyme: *intrinsischer Wert, inhärenter Wert*). Dieser Wert ist unabhängig von der Nützlichkeit der nicht-menschlichen Welt für menschliche Zwecke. 2. Reichtum und Vielfalt von Lebensformen tragen zur Realisierung dieses Wertes bei und stellen ebenfalls Werte in sich selbst dar. 3. Menschen haben kein Recht, diesen Reichtum und diese Vielfalt zu beeinträchtigen, außer um lebensnotwendige Bedürfnisse zu befriedigen" ([161], 188).

„Indem wir uns mit umfassenderen Einheiten identifizieren, haben wir teil an der Verwirklichung und der Erhaltung des Ganzen. Wir haben hierdurch Anteil an seiner Größe. Neue Dimensionen der Zufriedenheit erschließen sich uns" ([162], 173 f.).

Dieter Birnbacher:
„Können oder müssen wir aber auch dort von einer Verantwortung gegenüber der Natur in einem primären [...] Sinne sprechen, wo diese [...] mit keinerlei Form von Bewusstsein begabt ist, im materiellen, pflanzlichen und tierisch-vorbewussten Bereich? Können [...] wir der Natur eine ‚eigene Würde und [...] eigenen Wert' zugestehen, hat sie einen Anspruch darauf, dass wir ihr [...] mit einem ‚Gefühl der Solidarität, der Brüderlichkeit' begegnen? [...] Diese Frage kann erst dann sinnvoll gestellt werden, [...] wenn *vorausgesetzt* ist, dass die Entzauberung der Natur nicht rückgängig zu machen ist, dass ein Zurückfallen in magische oder mythische Naturbilder ausgeschlossen ist" ([149], 126 f., vgl. [169], 89).

Das Naturverständnis der Umweltethik, insofern sie einen direkten Physiozentrismus begründet, setzt aber voraus, dass man in der Natur Entitäten mit Eigenschaften findet, die nicht in bloß metaphorischem Sinne als Wertgesichtspunkte erachtet werden können. Das Leiden von höheren Tieren wird in einigen pathozentrischen Ethiken in diesem Sinne als inhärenter (Un-)Wert betrachtet. Dies erscheint noch plausibel, weil Tierethiken in der Regel sentientistisch oder hedonistisch sind. Bei niederen Tieren und auch bei Pflanzen versagt der Pathozentrismus, und mögliche Wertgesichtspunkte müssten nicht-psychologisch sein, weil es keine Binnenperspektive (Erleben oder Lust) gibt.

Objektive Interessen: Der Wert des Lebens

Leben als etwas, das es Entitäten ermöglicht zu gedeihen (sich positiv zu entwickeln) oder zu verkümmern (sich negativ zu entwickeln), kann einer Umweltethik als objektiver Wertgesichtspunkt dienen. Insofern es in der Biologie naturwissenschaftlich akzeptierte Konzepte für Gedeihen und Verkümmern gibt, ist eine biozentrische Umweltethik, die diese Konzepte aufgreift, nicht an magische und mystifizierende Vorstellungen gebunden (vgl. [156]). Die Biologie ist aber in der Regel auch nicht in dem Sinne reduktionistisch, dass sie ihre Methoden und Konzepte an der Physik bzw. an der Chemie orientiert. Die beiden letzteren Naturwissenschaften würden den

Begriff des Gedeihens reduktionistisch konzipieren. Wenn menschliches Handeln Pflanzen beeinträchtigt, gedeihen sie weniger oder verkümmern gar. Intuitiv vertraute Sichtweisen können also naturwissenschaftlich untermauert werden. Kann man jedoch sagen, dass Gedeihen und Verkümmern Wertgesichtspunkte darstellen, die naturwissenschaftlich rekonstruiert werden können? An dieser Stelle der Argumentation muss erneut betont werden: Aufrichtige Bewegtheit im Interesse der Umwelt ist ein starkes Motiv, aber kein Ersatz für eine Ethik, die moralische Forderungen an den Menschen im Umgang mit der Umwelt rechtfertigt.

Lebensprozesse teleologisch

Die wissenschaftstheoretischen Grundlagen der Biologie und die Konzeption der modernen Naturwissenschaften können an dieser Stelle nicht eingehend dargestellt werden. Es sei allerdings betont, dass Leben als Gedeihen oder Verkümmern *teleologisch* (zielgerichtet, von griechisch *telos* = Ziel) verfasst zu sein scheint. Pflanzen schützen sich bei Verletzungen, können sich notwendige Nährstoffe aus ihrer Umwelt gezielt zuführen, wachsen, orientieren sich am Licht und sterben irgendwann. Sie sind in einem charakteristischen Sinne aktiv, ohne Absichten zu haben. Man hat intuitiv eine einigermaßen klare Vorstellung davon, was es heißt, dass Pflanzen gedeihen, und diese Intuitionen können naturwissenschaftlich von der Biologie einigermaßen überzeugend rekonstruiert werden. Wenn Leben nun Gedeihen oder Verkümmern als Merkmale lebendiger Prozesse meint, dann kommt in der Tat ein Wertgesichtspunkt ins Spiel, der eine biozentrische Ethik begründen kann: Leben als gedeihendes ist eine selbstregulierende Aktivität einer Entität hin auf ein ihr *angemessenes* Ziel. Eine Entwicklung hin auf ein solches Ziel hat ein *inneres* Maß, so dass Mangel und Übermaß *unangemessen* sind. Diese Zustände (Ziel, Mangel, Übermaß) sind für die Existenz eines Lebewesens charakteristisch und *normativ.* Auch wenn eine verkümmernde Pflanze nichts spürt, kann man sagen, dass ihr Gedeihen bestimmte Dinge (vielleicht auch Handlungen wie Gießen) *erfordert.* Das Verfehlen des angemessenen Ziels führt zum Verkümmern der Entität und in letzter Konsequenz zu ihrem Tod. Insofern damit ein geordneter und sich selbst regulierender Prozess zugrunde geht, verschwindet eine ‚höhere' Form materieller Organisation und wird (wieder) zu einer ‚niederen', nicht-lebendigen. Diese vertrauten Redeweisen sind evaluativ und weder magisch noch mystisch, weil man viele Aspekte in Übereinstimmung mit den relevanten Naturwissenschaften (vielleicht aber nicht mit Physik und Chemie) verstehen kann.

Teleologie und objektiver Interessenbegriff

In einem objektiven Sinne kann man dann sagen, dass Pflanzen und niedere Tiere eine Art von Interesse an ihrem Gedeihen haben. Der Biozentrismus als direkt physiozentrischer Ansatz der Umweltethik kann aber nicht mehr – wie der Pathozentrismus – als *psychologischer Ansatz* konzipiert werden. Pflanzen haben keine Interessen aus der Binnenperspektive: *Für sie* ist nichts interessant, weil sie nicht empfindungsfähig sind. Nach antiker Vorstellung besitzen Pflanzen zwar eine vegetative Seele, aber schon Aristoteles machte einen Unterschied zwischen Pflanzen und Tieren. Die tierliche Seele unterscheidet sich von der pflanzlichen durch Wahrnehmung und Empfindungsfähigkeit. Selbst wenn man den Unterschied zwischen dem Lebendigen und Nicht-Lebendigen als ‚Beseelung' konzipieren möchte, ist man nicht darauf verpflichtet, niederen Tieren oder Pflanzen Interessen im eigentlichen Sinne zuzuschreiben (d.h. als psychische Entitäten). Der Biozentrismus muss also – anders als der Pathozentrismus – eine inhärente Werthaftigkeit begründen, die nicht an psychischen Qualitäten (Binnenperspektive oder Lust) orientiert ist. Eine Konzeption teleologischer Verfasstheit des Lebendigen erweitert den Physiozentrismus gegenüber dem pathozentrischen Physiozentrismus.

Die andere Seite des Pathozentrismus

Im vorangehenden Kapitel wurde gesagt, dass die besprochenen pathozentrischen Ansätze der Tierethik (Wolf, Singer, Regan) psychologische Varianten des Pathozentrismus sind. Eine nicht-psychologische Variante gehört in das vorliegende Kapitel. Der Biozentrismus konzipiert die Grenze zwischen dem Lebendigen und dem Nicht-Lebendigen so, dass diesseits von ihr moralische Relevanz verortet werden kann. Mit dem Leben liegt Existenz in besonderer Form vor, insofern Gedeihen ins Spiel kommt. Nun kann man innerhalb des Bereiches des Lebendigen erneut eine vergleichbare Grenze dort ansetzen, wo Wahrnehmungs-, Empfindungs- und Leidensfähigkeit beginnen. Beide Grenzen kann man so auffassen, dass sie objektiv besondere *Bereiche* des Seins voneinander abgrenzen oder aufeinander folgende *Stufen* des Seins (Unbelebtes, Belebtes, Empfindungsfähiges und moralische Wesen). Insofern diese Konzeptionen bei objektiven Grenzen ansetzen, sind sie nicht-psychologisch.

Umweltethik: Rehabilitation eines magischen Weltbildes?

Wenn Philosophen sich weigern, direkt physiozentrische Ansätze zu akzeptieren, dann müssen sie vornehmlich über zwei Dinge Rechenschaft ablegen: (1) Warum kann die Natur nur indirekt (also beispielsweise ästhetisch oder instrumentell) ein Wertgesichtspunkt sein? (2) Trifft es wirklich zu, dass ein erweiterter Naturbegriff naturalistisch fehlschlüssig ist?

(zu 1) Im Einklang mit den Naturwissenschaften lehnen viele Philosophen teleologische Erklärungen ab. Die Vorstellung des Wachsens und Gedeihens impliziert, dass sich etwas (eine Pflanze) auf ein Ziel hin bewegt oder verändert. Es wird gewissermaßen vom Ziel (*telos*) *angesogen*. Teleologische Erklärungen scheinen in Widerspruch zu stehen zu naturwissenschaftlich kausalen Erklärungen, die nicht vom Ziel her erklären, sondern von den vorhergehenden Bedingungen, also Ursachen, die Wirkungen vorausgehen.

Ein argumentativer Trick

An dieser Stelle sei ein argumentativer Trick erlaubt. Biologen haben bis heute als Naturwissenschaftler keine klare Definition des Unterschiedes zwischen lebendigen und nicht-lebendigen Entitäten vorzuweisen. Ihre naturwissenschaftliche Praxis, in der sie sich mit dem Leben beschäftigen, ist daher ganz wesentlich von ihren alltäglichen Intuitionen abhängig. Sie haben keine konzeptionell klare Vorstellung davon, was Leben ist, aber sie beschäftigen sich zielsicher nicht mit Unbelebtem wie beispielsweise Steinen. Intuitiv erscheint aber die teleologische Sicht plausibel, dass Gedeihen positiv und Verkümmern negativ ist. An dieser Stelle kann man also sagen, dass naturwissenschaftliche (d.h. kausale) und lebensweltliche (d.h. teleologische) Erklärungen sich durchaus konstruktiv ergänzen. Philosophische Teleologiekritik ist daher nur berechtigt, insofern sie sich gegen mystische, magische und religiöse Naturkonzepte richtet (vgl. [152]). Von derartigen Naturkonzepten kann aber im Bereich der Biologie ebenso wenig eine Rede sein wie davon, dass Naturwissenschaft generell – und nicht nur die Physik und die Chemie mit ihren ganz speziellen Gegenstandsbereichen – keine teleologischen Aspekte akzeptieren können.

(zu 2) Der Vorwurf des naturalistischen Fehlschlusses ist schnell bei der Hand. Er trifft aber in diesem Fall nur zu, wenn es der Biologie gelänge, ganz ohne funktionale, zweckbezogene oder teleologische Erklärungen auszukommen. Die *rein* naturwissenschaftliche Biologie müsste also die lebensweltlichen Intuitionen ganz und gar wegerklären können. Die alltäglichen Intuitionen setzen voraus, dass lebendige Entitäten im Gegensatz zu nicht-lebendigen *aktiv* sind und auf ihr Gedeihen *hinzielen*. Biologen müssten die Formulierung dieses Unterschiedes ganz auf einen rein kausalen Unterschied zurückführen. Bis ihnen das gelingt, kann man folgenden Kompromiss vorschlagen: Lebendige Entitäten, die in biozentrischen Ethiken als moralisch relevante Gesichtspunkte erfasst werden, sind (a) natürlich und (b) evaluativ. (zu a) Sie werden als gedeihende und verkümmernde Entitäten von den Naturwissenschaften beschrieben. (zu b) Ihr Gedeihen wird von Biologen und biologischen Laien als positive Entwicklung wahrgenommen und ihr Verkümmern als negative; dies ist nicht nur *für uns*, sondern auch *an sich* der Fall, denn Gedeihen ist ein inhärenter Wert. Konzepte des Gedeihens und Verderbens haben daher einen naturalistischen und evaluativen *Doppelcharakter*. Von philosophischer Seite besteht diesbezüglich kein Grund, naturwissenschaftlicher sein zu wollen als Naturwissenschaftler – wenigstens der Biologe und sein Gärtner.

Die Funktion des Tricks

Wenn man eine direkt physiozentrische Umweltethik wie den Biozentrismus als mögliche Option erachtet, dann muss man dem ‚argumentativen Trick' Sinn abgewinnen können. Damit die Darstellung den Weg zu kosmozentrischen Ansätzen im direkten Physiozentrismus weiterverfolgen kann, sei an dieser Stelle vorausgesetzt, dass die Argumentation überzeugend ist. Dies bedeutet aber, dass man philosophische Vorurteile begründungstheoretischer und epistemischer Art aufgeben muss (vgl. 4.4 und 4.5).

Der Biozentrismus ist eine Naturethik, die man axiologisch als physiozentrisch bezeichnen kann: Nicht nur Menschen sind moralisch relevante Wertaspekte in der Welt. Entitäten in der Natur sind Wertgesichtspunkte, denen gegenüber moralische Subjekte Pflichten haben. Der direkte Physiozentrismus setzt dabei voraus, dass diese Entitäten, die keine moralischen Subjekte darstellen, nicht nur ästhetisch, instrumentell oder moralisch-pädagogisch wertvoll sind. In begründungstheoretischer und epistemischer Hinsicht ist der Biozentrismus dennoch anthropozentrisch.

Biozentrismus: anthropozentrische Naturethik

Der Biozentrismus als Ansatz einer philosophischen Naturethik ist anthropozentrisch. Wenn man verstehen will, warum Lebendigkeit eine Wert verleihende Eigenschaft von Entitäten ist, dann muss man vom Begriff des Interesses ausgehen. Beim Menschen sind Interessen wichtig für seine Aktivitäten. Die Aktivitäten lebendiger Entitäten scheinen *daher* interessiert. Gedeihen und Verkümmern werden als objektive Vorgänge in ein subjektives Gewand gehüllt (Zuschreibung von Interessen). Da Interessen beim Menschen hier als epistemischer Ausgangspunkt der Ausweitungsstrategie fungieren, kann man den Biozentrismus als epistemisch anthropozentrisch bezeichnen. In epistemischer Hinsicht sind objektive Interessen nur deshalb ein Wertgesichtspunkt, weil Gedeihen und Verkümmern biologisch rekonstruierbare spontane Aktivitäten der Selbstregulation sind. Man versteht ihre axiologische Relevanz nur vor dem Hintergrund menschlicher Spontaneität.

Der begründungstheoretische Anthropozentrismus ergibt sich aus der Ein-Prinzip-Strategie (vgl. Abschnitt 3.2.1). Denn der Begriff des Lebens ersetzt in der Umweltethik die Begriffe der Vernunft und des Nutzen in deontologischen und konsequenzialistischen Ethiken. Die Ausweitungsstrategien des Patho- und Biozentrismus sind den fundamentistischen Grundsätzen moderner Ethiken verpflichtet. Dies sei kurz erläutert, indem drei Ausweitungsschritte skizziert werden:

(1) Rationalismus: Selbstachtung, zu der Vernunft sich in Konfrontation mit sich selbst genötigt sieht, ist das Wertprinzip klassischer deontologischer und konsequenzialistischer Ansätze.
(2) Pathozentrismus: Leiden, zu dem empathiefähige Wesen in einer evaluativen Beziehung stehen, ist der axiologische Ansatzpunkt des ersten Ausweitungsschrittes.
(3) Biozentrismus: Leben ist Aktivität, und Aktivität ist in einem biologisch rekonstruierbaren Sinn (Gedeihen, Verkümmern) objektiv an etwas (einem Ziel) interessiert. Dieses Interesse verleiht Lebendigem moralische Relevanz.

Biozentrische Ethiken halten in begründungstheoretischer Hinsicht an der Ein-Prinzip-Strategie fest. Sie sehen es nur als ihre Aufgabe an, ein umfassenderes Prinzip als Vernunft oder Leidensfähigkeit zu suchen, um ihren naturethischen Intuitionen gerecht zu werden. Die besprochenen Ausweitungsstrategien wenden Prinzipien der Ethikbegründung an, die im engen Sinne argumentativ nur im interpersonalen Bereich funktionieren. Dass man Interessen anderer Wesen in bestimmter Weise gerecht werden *soll*, kann man streng genommen nur in interpersonalen Ethiken plausibel begründen. Nur als Analogieschluss kann man diese Begründungsstrukturen auch auf nicht-rationale Wesen anwenden (vgl. [141], 123).

Das axiologisch relevante Prinzip wird universalistisch konzipiert, weil das Wesen des Moralischen als ‚Unparteilichkeit' bzw. als das Einnehmen einer unparteilichen Haltung angesehen wird. Bei Taylor führt dies – ähnlich wie beim Antispeziesismus in der Tierethik – zur Betonung des Egalitarismus im Biozentrismus. (Für eine nicht-egalitaristische Variante des Biozentrismus vgl. [159].) Diese Probleme werden im Pathozentrismus noch nicht offensichtlich, weil es möglich ist, dem Wert des Leidens absolut gerecht zu werden: Man kann vegetarisch oder gar veganisch leben. Aber es ist natürlich nicht möglich, in biozentrischem Respekt vor dem Leben zu *leben*. Der Biozentrismus bekommt also begründungstheoretische Probleme. Denn eine Ethik, die es dem Menschen im Sinne einer permanenten Notwehrsituation gestattete, vegetarisch zu leben, erschiene absurd (vgl. oben das Zitat von Arne Naess).

Fazit

Man kann den Biozentrismus ebenso wie den Pathozentrismus als direkt physiozentrischen Ansatz bezeichnen. Dies bedeutet, dass beide zwar den Humanismus axiologisch überwinden, letztlich aber anthropozentrisch bleiben. Der Grund hierfür ist ihre Orientierung an den begründungstheoretischen und epistemologischen Aspekten der anthropozentrischen Ethiken des Humanismus, von denen sie sich eigentlich abzugrenzen versuchen. Zudem greifen sowohl der Bio- als auch der Pathozentrismus zu kurz. Zumindest in den Augen mancher Menschen gibt es moralische Probleme, die sich auf nicht leidensfähige und nicht lebendige Entitäten beziehen: Das Aussterben von Tier und Pflanzenarten und die Zerstörung von regionalen und globalen Ökosystemen, Landschaften und geologischen Formationen usw.

4.4 Kosmozentrismus

Kritik der Kosmozentriker

Anthropozentrisch-physiozentrische Ethiken richten sich gegen Hauptströmungen der neuzeitlichen Ethik. Ihr Ansatzpunkt besteht darin, dass die Ethik nicht den alltäglichen Intuitionen bezüglich des moralisch Relevanten gerecht wird. Ihre Ausweitungsstrategien überzeugen die Kosmozentristen jedoch nicht, weil sie den Rahmen des *Anthropozentrismus* nicht überzeugend verlassen. Sie bleiben in drei Hinsichten auf den Menschen zentriert. Während der Humanismus ganz auf den Menschen als werthaftem Prinzip bezogen und somit nur indirekt naturzentriert ist, gibt es naturzentrierte Ansätze, die dennoch in axiologischer, epistemischer und begründungstheoretischer Hinsicht menschenzentriert bleiben.

Kosmozentrische Positionen im Bereich des direkten Physiozentrismus setzen hier an: Leidens- und Lebenszentrierte Ethiken unterliegen einer Selbsttäuschung, wenn sie der Auffassung sind, dass sie einen wirklich überzeugenden Schritt in Richtung auf Naturzentriertheit gegangen sind. Ihre Aussagen erscheinen daher oft als axiologische Postulate. Sie behaupten etwa eine evaluative Relevanz nicht nur des Menschen, zugleich sind ihre Ansätze aber den Prämissen traditioneller Ethik verpflichtet, die eigentlich *Eigenwert der Natur* (und sei es auch nur der tierlichen oder lebendigen) konzeptionell unmöglich machen. In der Tier und Umweltethik hat man es oft mit Ansätzen zu tun, in denen die traditionelle neuzeitliche Ethik kritisiert wird. Tier und Umweltethiken halten aber oft an eben den Prämissen der neuzeitlichen Ethik fest, die Ausweitungsstrategien erst nötig gemacht haben.

Voraussetzungen des Kosmozentrismus

In der pathozentrischen Tier und biozentrischen Umweltethik resultiert aus diesem bloß axiologischen Erfolg der Ausweitungsstrategie ein epistemisches und begründungstheoretisches Defizit. In diesen beiden Hinsichten muss eine kosmozentrische Umweltethik über ihre Kritik hinaus Konzepte bereitstellen. Konsequentere Umweltethiker beharren darauf, dass nicht nur der Bereich des Lebendigen moralisch relevant ist. Sie gehen das epistemische Defizit an: Intuitiv neigt man dazu, auch Unbelebtes als relevant anzusehen. Der Biozentrismus verlangt ebenso wie der Pathozentrismus eine Korrektur der Intuitionen. Konsequente Umweltethiker beharren darauf, dass *Existenz* moralische Relevanz begründet.

Verteidigung der kosmozentrischen Ethik

In der Landkarte der Naturethik werden verschiedene Optionen im Bereich der Ethik aufgeführt (vgl. oben Abbildung 2). Der Kosmozentrismus stellt einen Typ von Ansatz dar, der sich in zwei Richtungen verteidigen muss: zum einen gegen den Humanismus, zum anderen gegen den anthropozentrischen Physiozentrismus. Die erste Verteidigungslinie betrifft die Axiologie, die zweite die Epistemologie und die Begründungstheorie.

Die erste Verteidigungslinie

Als ein nicht-anthropozentrischer Physiozentrismus muss der Kosmozentrist seine Position konzeptionell präzisieren. Ein großes Hindernis für den

Kosmozentrismus ist die in der philosophischen Ethik verbreitete Skepsis gegenüber dem Werterealismus. Denn wenn Entitäten nicht als vernünftige, leidende oder lebende, sondern als existierende moralisch relevant sein sollen, dann muss man in irgendeiner Hinsicht Werthaftes als real konzipieren. Da Werte diejenigen, von denen sie erkannt werden, motivieren können, werden sie aber beispielsweise als ‚ontologisch sonderbar' erachtet (vgl. John Mackie, [22], 43–49). Denn die Welt, wie sie von den Naturwissenschaften beschrieben wird, sagt uns nicht, wie wir handeln und leben sollen. Ein Wertrealismus setzt aber in gewissem Sinne voraus, dass Dinge durch ihre Existenz uns sagen, wie wir uns ihnen gegenüber verhalten sollen. Ein religiöses Weltbild mag beispielsweise über den Begriff einer Schöpfung verfügen, in der alles nach dem Willen Gottes eingerichtet ist. Wenn man in der Schöpfung den Willen Gottes erkennt, dann weiß man, was man zu tun hat (vgl. [151], bes. 91–142). Die erste Verteidigungslinie zielt auf eine nicht-anthropozentrisch verengte Axiologie in der Ethik: Die philosophische Wertlehre muss mehr als den Bereich des Menschlichen als genuin wertvoll konzipieren können. Der Kosmozentrist erachtet *Existenz* als relevante Eigenschaft für die Begründung einer nicht-anthropozentrischen Umweltethik. Was kann es aber heißen, dass uns die Natur sagt, wie wir handeln sollen?

Die zweite Verteidigungslinie

Der Kosmozentrismus verfolgt die Ansätze des Pathozentrismus und des Biozentrismus konsequent weiter. Zum einen lehnt er die Strategie der bisher diskutierten physiozentrischen Ansätze ab, sich zunächst für die Abgrenzung gegen den Humanismus auf Intuitionen zu berufen, dann aber eben diesen prinzipiell zu misstrauen und sie durch begründungstheoretische und epistemologische Anleihen beim Humanismus zu korrigieren. Prinzipielle Gründe, die diese Ansätze in ihrer Vorgehensweise intern rechtfertigen, sind metaethische Prämissen und theorieimmanente Annahmen, die erst plausibel erscheinen, wenn man sich zu den Theorien bekennt. Dies ist insbesondere deshalb unplausibel, weil die allgemeine Praxis der Werterfahrung, die jedem persönlich vertraut ist, anders funktioniert. Sie erachtet manchmal Pflichten zu bestimmten Handlungen als ausschlaggebend, manchmal die Konsequenzen. Erst als Deontologe oder erst als Konsequenzialist verliert man die jeweils andere Seite aus den Augen. Der tierethische Egalitarismus setzt die Anerkennung der These voraus, dass eine moralische Haltung Unparteilichkeit voraussetzt. Dies ist der epistemologische Aspekt der zweiten Verteidigungslinie: Ein prinzipielles Misstrauen gegenüber der intuitiven Praxis der Werterfahrung ist unplausibel. Nun ist es die Aufgabe der Ethik, gegebenenfalls moralisch bedenkliche Sicht- und Handlungsweisen zu kritisieren und eine Veränderung zu bewirken. Wie soll sie diese Aufgabe erfüllen, wenn den Intuitionen nicht prinzipiell misstraut wird?

Zum anderen erscheint der Egalitarismus im Sinne beispielsweise eines ethisch begründeten Vegetarismusgebotes vielen als zu radikale Schlussfolgerung. Die geforderte Korrektur der Werterfahrung ist begründungstheoretisch vorwiegend durch Auffassungen über das Wesen der Ethik motiviert (Universalität, Überparteilichkeit, Egalitarismus), die in der Philosophie nicht alternativlos sind und über die in der Philosophie keine Einigkeit herrscht. Im vorangehenden Kapitel wurde am Beispiel des Familialismus diskutiert, wie man ethisch Parteilichkeit begründen kann. In der ethischen und moralischen Überlegung ist die Norm der Überparteilichkeit sicherlich zentral; verabsolutiert man sie aber, dann wird aus antispeziesistischen Argumenten, die berechtigt sind, Antifamilialismus. Eine anthropozentrisch begründete Korrektur der Werterfahrung führt nun dazu, dass in sich stimmige Argumentationen (wie der Antispeziesimus) als praktisch irrelevant erscheinen. Denn ansonsten könnte man vermutlich mehr Personen durch Philosophie zum Vegetarismus bewegen. Dies ist der begründungstheoretische Aspekt der zweiten Verteidigungslinie: Aufforderung zu Korrekturen der Werterfahrung sind unbegründet, wenn sie nur aus der Akzeptanz bestimmter theoretischer Optionen hergeleitet werden. Der Pathozentrismus und der Biozentrismus reichen aus der Sicht des Kosmozentrismus in diesem Sinne nicht weiter als der Humanismus. Leidensfähige Wesen oder Lebendiges ist relevant, aber anderes auch (Arten, Ökosysteme, geologische Formationen).

Ethischer Holismus vs. Individualismus

Eine wichtige Grundannahme des Humanismus und anthropozentrischer Ansätze des Physiozentrismus ist der ethische Individualismus. ‚Individualismus' findet man dabei sowohl (a) auf der Seite der Objekte moralischer Bewertung als auch (b) in der Konzeption moralischen Wertens selbst. Dem *Individualismus* in diesem zweifachen Sinne steht von Seiten des Kosmozentrismus die Annahme des *Holismus* entgegen.

(zu a) Sowohl der Pathozentrismus als auch der Biozentrismus sind durch ihr Relevanzkriterium (Leiden, Lebendigkeit) auf Individuen beschränkt: Biologische Arten leiden weder noch leben sie. Daher werden sie nicht direkt von pathozentrischen und biozentrischen Ansätzen erfasst. Es kann sein, dass man, um Tierarten (und erst als Folge davon Tierindividuen) zu erhalten, Tierindividuen töten oder Tierarten ausrotten muss. Tiere, die von Europäern in Australien eingeschleppt wurden, bedrohen dort einheimische Tierarten. Ein tierethischer Individualismus wie der Pathozentrismus wird bestimmten tierethischen Problemen nicht gerecht: Der europäische Hase bedroht den australischen Bilby, so dass es nötig ist, Hasen massenhaft zu töten und die Exemplare dieser Art in Australien auszurotten, damit der Bilby als Art erhalten bleibt. Für die Rechtfertigung der Jagd in Deutschland wird oft vorgebracht, dass Populationen nur erhalten werden können, indem man Einzeltiere tötet. Man kann auch der Auffassung sein, dass ein Pudel, den man daran gewöhnt, täglich zu duschen und sich regelmäßig beim Friseur frisieren zu lassen, nicht artgerecht gehalten wird. Der Hund mag dies äußerst angenehm finden, und weder töten ihn die Prozeduren noch mögen sie sein Leben verkürzen (vgl. [99], 32). Dennoch kann man der Auffassung sein, dass eine derartige Behandlung weder artgerecht ist noch Ausdruck eines angemessenen Umgangs der menschlichen Tierhalter mit dem Bereich nicht-menschlicher Tiere. Dies schließt aber beispielsweise nicht aus, dass Hirten mit ihrer Schafherde und den Hirtenhunden in einer Weise zusammenleben, bei der die Schafe als Woll- und Fleischlieferanten instrumentalisiert werden und der Hund als kultivierter Partner vom Menschen in diese Instrumentalisierung symbiotisch-arbeitsteilig verwickelt wird. Im Einzelfall ist es natürlich extrem schwierig zu bestimmen, wo die Grenze zwischen einem ‚depravierten Pudel' und einem ‚(symbiotisch) kultivierten Hirtenhund' liegt.

(zu b) Nicht nur auf der Seite der moralischen Objekte, also der relevanten Gegenstände moralischer Pflichten, herrscht in der Ethik Individualismus vor. Fundamentistische Ethikansätze neigen dazu, einzelne Handlungen oder Handlungstypen als Gegenstände moralischer Bewertung anzusehen. Darf man Tiere (individuelle Organismen) durch Jagd töten? Darf man empfindungsfähigen Tieren im Dienste der Medizin Leid zufügen? Kosmozentrische Ethiken erweitern das Verständnis moralischen Wertens holistisch: Sie betrachten einzelne Handlungen oder Handlungstypen vor einem *umfassenderen Hintergrund.* Man kann Jagd oder landwirtschaftliche Tierhaltungsformen vor dem Hintergrund kultureller und historischer Traditionen oder ökonomischer Interessen sehen. Man kann die Erhaltung von Tierarten als Beitrag zur Artenvielfalt im Ökosystem ansehen und somit vor den umfassenden Hintergrund der Umwelt moralisch betrachten. Durch diese wertende Betrachtungsweise verändern sich moralische Urteile. Durch die isolierte Betrachtung elementaren tierlichen Leides wird unter Ausblendung ebenfalls relevanter Hintergrundaspekte das moralische Urteil klarer und die Reaktion heftiger, zumal wenn die Ausblendung durch (und nur durch) eine Ethiktheorie als geboten erwiesen wird. Die Entschiedenheit des Vegetarismusgebotes einiger Tierethiken bleibt ohne ethische Konzepte, die begründen, warum das Leid von Tieren in normalen Situationen der einzig relevante moralische Gesichtspunkt ist, unverständlich.

Der Vorteil eines ethischen Holismus besteht darin, etwas in Beziehung zu anderem und vor einem umfassenderen Hintergrund zu betrachten. Durch eine solche Betrachtungsweise werden mehr moralisch relevante Gesichtspunkte ins Spiel gebracht, die man dann gegeneinander gewichten muss. Der Nachteil besteht darin, dass manches bedeutende moralische Problem hierdurch in den Hintergrund tritt. Pathozentriker werden gerade dafür argumentieren, dass die moralische Relevanz elementaren tierlichen Leids in der industriellen Tierhaltung angemessen und klar vor Augen tritt, wenn man den für das moralisch bedenkliche Leid verantwortlichen Hintergrund ausblendet (z. B. ökonomische Interessen von Landwirten). Der Kosmozentriker kann dem vermutlich in vielen Fällen zustimmen, ohne deshalb gleich zu akzeptieren, dass die Praxis moralischen Urteilens, also der Rekurs auf Intuitionen, prinzipiell korrigiert werden muss.

Zwei Varianten des Kosmozentrismus

Um die Diskussion der Landkarte naturethischer Optionen abzuschließen, kann man zwei Varianten des Kosmozentrismus voneinander differenzieren. Sie unterscheiden sich in ihrer Holismuskonzeption. Beide Positionen sollen anhand der oben skizzierten Verteidigungslinien voneinander abgegrenzt werden. Eine kosmozentrische Ethik erachtet Entitäten (Tiere, Pflanzen, Tierarten, Pflanzenarten, Landschaften, Ökosysteme, geologische Formationen usw.) als Träger von Eigenwert.

Schwacher Kosmozentrismus

In *axiologischer* Hinsicht kann diese Position schwach sein, wenn sie den Menschen als Teil der Natur ansieht und auch seine Fähigkeiten zur Kultivierung der Natur als Teil der Natur und als moralisch wertvoll erachtet. Kultivierung (und damit auch teilweise Naturzerstörung) ist somit integraler Bestandteil der Natur. Der schwache Kosmozentrismus ist weniger konservativ als der starke. Besonders in ontologischer Hinsicht neigt die schwache Variante des Kosmozentrismus zu eher vorsichtigen Annahmen über die ontologische Robustheit der Objekte moralischer Werterfahrung. Sie vermeidet beispielsweise Formulierungen wie ‚Die Natur hat es so und so eingerichtet' – also alle Äußerungen, die dem Naturganzen in einem starken Sinne Aktivität zuschreiben.

Je mehr man sich auf das Ganze der Natur bezieht, desto weniger neigt diese Position dazu, das Objekt des Wertens ontologisch robust zu konzipieren. Man kann dann immer noch sagen, dass die Werte real sind, obwohl man sie beispielsweise relational konzipiert (vgl. [5], Kap. 5f.). Relationale Werte sind solche, an denen Leistungen subjektiver Erfahrung konstitutiv beteiligt sind. So kann Liebe ein *realer* Wert in der Welt sein, obwohl sie nicht ohne das subjektive Erleben von Liebenden denkbar ist. Man muss nicht die Liebe als etwas von Liebenden Unabhängiges in die Theorie einführen. Respekt vor dem Naturganzen kann in diesem Sinne konstitutiv für einen realen Wert sein, der in bestimmten Hinsichten unabhängig vom Respekt ist (das Naturganze) und in anderen Hinsichten abhängig (als etwas Geschätztes). Dass die die Leistungen von Subjekten einschließende Seite dieser Relation den Realitätscharakter eines Wertes nicht reduzieren muss, erkennt man gerade daran, dass Kultivierung das Naturganze *verändert*.

In *epistemologischer* Hinsicht ist diese Position dadurch zu charakterisieren, dass sie im umfassenden Sinne die lebensweltliche Werterfahrung und die Praxis des Wertens akzeptiert und somit nicht zu einer prinzipiellen, d.h. bloß auf bestimmte Auffassungen über das Wesen ethischer Begründung gegründeten Diskreditierung der Intuitionen führt. Der kritischen Funktion der Ethik wird dieser Ansatz dadurch gerecht, dass sich evaluative Intuitionen, die die Natur zum Objekt haben, z.B. vor dem Hintergrund wissenschaftlicher Erkenntnisse (Natur, Sozial, Geschichts, Kulturwissenschaft, Philosophie) bewähren müssen.

In *begründungstheoretischer* Hinsicht macht der schwache Kosmozentrismus den Holismus stark. Begründung in der Ethik muss dem ganzen Objektbereich der Werterfahrung die jeweils angemessene Geltungskraft zukommen lassen. Die Konzeption der Geltung moralischer Normen kann somit nicht auf die Vernünftigkeit (z.B. im Sinne einer Haltung der Unparteilichkeit) oder den Nutzen von Handlungsfolgen begrenzt werden, aber auch nicht auf Leidensfähigkeit oder Lebendigkeit.

Der Wert der Existenz

Existenz wird als etwas Wertvolles, auf das Personen mit evaluativen Wahrnehmungen reagieren, nicht in vergleichbarer Weise die Ethik eingeführt wie die jeweils umfassenderen Prinzipien des Patho- und Biozentrismus. Es gibt viele Arten von wertvollen Entitäten: (1) strukturelle Eigenschaften von Ökosystemen (beispielsweise Artenvielfalt und höhere bzw. niedere Existenzformen); (2) nichtlebendige Gegenstände in ihren differenzierten Varianten; (3) gedeihende Entwicklung im Bereich des Lebendigen; (4) Gruppenstrukturen von beispielsweise Herden oder symbiotischen Lebensformen (insofern sie lebendige Individuen befördern); (5) psychische und körperliche Zustände von Menschen (Bildung, Tugend, Gesundheit); (6) Zustände von sozialen Strukturen (der Aufbau und die Zustände politischer, sozialer, ökonomischer und familiärer Gebilde); (7) Eigenschaften menschlicher Handlungen (Richtigkeit, Tugendhaftigkeit) (vgl. für diese nicht vollständige und veränderliche Liste [23], 137f.). Alles dies und vieles mehr wird positiv oder negativ bewertet. Teilweise sind Wertungen subjektiv, aber die Tatsache, dass Personen einen gedeihenden Baum im botanischen Garten als etwas Gutes in der Welt ansehen, verändert an der Existenz des Gedeihens nicht viel. Die Tatsache, dass Handlungen mitkonstitutiv für soziale Strukturen sind, macht diese nicht fiktiv (auch nicht, dass sie veränderlich sind). Für Wertvolles im Sinne von (1) bis (7) gibt es auch objektive Standards und Kriterien in den Natur-, Sozial- und Kulturwissenschaften. Existenz ist nicht einheitlich, sondern auf vielfältige Weise wertvoll, dabei aber vor allem kontingent, weshalb die Erweiterung des Geltungskonzeptes universalistisch konzipierte Normen ebenso ausschließt wie generelle Ablehnung der Realität der Werte. (Zum Wertrealismus vgl. [5], Kapitel 5f., [23], Kapitel 3, [181], [173] und die Beiträge in [176].)

Starker Kosmozentrismus

In *axiologischer* Hinsicht kann eine kosmozentrische Position stark sein, indem sie der Natur als etwas dem Menschen Gegenüberstehendes ein Übergewicht an moralischer Relevanz zugesteht. Eine solche Position ist eher konservativ gegenüber dem Naturganzen und fordert dazu auf, das Naturganze wie es ist zu respektieren und sich an ihm als einem Vorbild zu orientieren. Ihre Norm ist: *naturam sequi* (Folge der Natur!). Eine solche Position ist die Tiefenökologie, eine andere die der so genannten Gaia-Hypothese (von Griechisch *gaia* = die Erde oder *Gaia* = die Göttin Gaia, die mit der Erde identifiziert wurde). Letztere betrachtet die Biosphäre als lebenden Organismus, der sich durch Organisation interner Komplexität (beispielsweise Artenvielfalt) selbst erhält, theoretisch gesehen auch zugrunde gehen kann und vermutlich durch Anpassung überleben würde, wenn der Mensch durch eine Nuklear oder Umweltkatastrophe sich selbst aus Gaia verabschiedete.

In *epistemologischer* und *begründungstheoretischer* Hinsicht ist der starke Kosmozentrismus fast deckungsgleich mit dem schwachen. Er betont gegen andere Ansätze der Umweltethik, insbesondere gegen den Humanismus, aber auch gegen anthropozentrisch-physiozentrische Positionen, dass eine Ethik in Hinsicht auf die Werterfahrung in ihrer ganzen Reichhaltigkeit begründet sein sollte. Gegenüber dem schwachen Kosmozentrismus ergibt sich jedoch aus der starken Axiologie eine – *heute* für die meisten unakzeptable – *Erweiterung* der Werterfahrung. Denn sowohl das moralische Übergewicht der nicht-menschlichen Natur als auch der ontologisch robuste Charakter des Naturganzen erscheint als Rehabilitierung der vormodernen und religiös begründeten Kosmosvorstellung. Eine stark-kosmozentrische Umweltethik ist daher dem Verdacht der Mystifizierung und eines magischen Weltbildes ausgesetzt (vgl. [167]f.). Ihre Begründungsmodelle und Argumente erscheinen als *konfus*, weil sie bewusst und absichtlich Standards der wissenschaftlicher Objektivität erweitern: Was auch immer das Gesamtsystem der Erde genau ist, die These von Gaia als einem lebendigen Organismus kann kaum als wissenschaftlich fundiert gelten. Dies ist ein Beispiel für die in der Umweltethik häufig zu findende Ausweitung des Lebensbegriffes. Hier ergänzt ein religiös, philosophisch oder poetisch motivierter metaphorischer Gebrauch des Lebenskonzeptes das Kosmos-Konzept über ein wissenschaftlich akzeptables Maß hinaus. Auch die Vorstellungen des Menschen als Krone der Schöpfung oder als Feind der Natur, der sich am Besten selbst aus der Natur verabschiedete, sind stark kosmozentrisch. Denn diese Vorstellungen heben den Menschen aus der Natur positiv oder negativ heraus, obwohl er in ihr einfach nur eine biologische Art wie alle anderen ist. Der starke Kosmozentrismus beabsichtigt eine Wiederverzauberung der Welt.

Fazit Der Kosmozentrismus ist eine konsequente Anwendung der Ausweitungsstrategien der Ethik, die bereits in der Medizinethik beginnen, wenn Ethiken auf Problembereiche angewendet werden, für die sie *eigentlich* nicht konzipiert sind. Wenn sich also interpersonale Ethiken moralisch mit Komatösen und Dementen auseinandersetzen, erscheint eine Ausweitung der Ethik nötig. In der Tier und Umweltethik werden erste Ausweitungsschritte inkonsequent weiterverfolgt, indem jeweils Kriterien in der Ethik akzeptiert werden, die anthropozentrisch konzipiert sind (Leidensfähigkeit, Lebendigkeit). Sie bleiben inkonsequent, weil die Reichweite ihrer Prinzipien nicht ausreicht, um allen moralischen Problemen gerecht zu werden. Sind kosmozentrische Ethiken also konsequent in ihrer Ausweitungsstrategie?

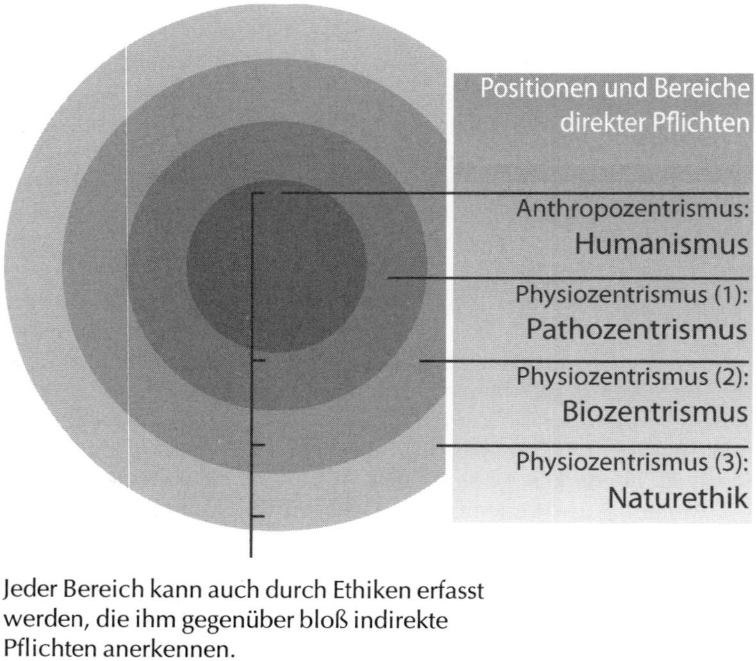

Abbildung 3: Systematik der Positionen der Angewandten Ethik

4.5 Ausweitungsstrategien

Vor dem Hintergrund der in diesem Kapitel erläuterten Landkarte naturethischer Positionen kann man die Darstellung in Abbildung 1 revidieren, indem man den Ausweitungsschritten die verschiedenen Positionen zuordnet (vgl. Abbildung 3). Dabei erweisen sich die Ausweitungsschritte insofern als überflüssig, als man jede Erweiterung des Bereiches moralisch relevanter

Entitäten auch indirekt reformulieren kann. Die jeweilige indirekte Position bedeutet eine Korrektur der Werterfahrung, weil man intuitiv alle Dinge *direkt* als wertvoll oder als Unwert beurteilt. Erst im jeweiligen Ausweitungsschritt werden diese Dinge wieder in die Ethik miteinbezogen, die man vorher – argumentativ wohlbegründet durch Ethik und Metaethik – ausgegrenzt hat.

Der Humanismus kann mit guten Gründen vertreten werden, aber Tier- und Umweltethiker motivieren die Ausweitung des Bereiches des ethisch Relevanten damit, dass sie einen indirekten Physiozentrismus für kontraintuitiv erachten. Aufforderungen zu Korrekturen folgen aus entsprechenden axiologischen, begründungstheoretischen und epistemologischen Auffassungen. Bei der Darstellung der Positionen wurden diese jeweils skizziert. Der erste Schritt der Ausweitungsstrategien ist axiologischer Natur und führt (in Abbildung 3) dazu, dass es überhaupt erst möglich wird, mehr als nur Entitäten, die zum innersten Kreis gehören, als ethisch relevant zu konzipieren. Die ersten beiden Varianten des Physiozentrismus – also der tierethische Pathozentrismus und der umweltethische Biozentrismus – bleiben aber gegenüber dem intuitiv plausiblen Rahmen moralisch relevanter Entitäten begrenzt. Eine umfassende Naturethik kritisiert dies.

Erst eine kosmozentrische Naturethik verlässt den Anthropozentrismus vollständig. Denn wenn prinzipiell alles *prima facie* moralisch wertvoll ist und damit ein möglicher direkter Gegenstand moralischer Betrachtungen werden kann, dann kann man in begründungstheoretischer und epistemologischer Hinsicht nicht mehr an anthropozentrischen Residuen in der Ethik festhalten, wie der Pathozentrismus und der Biozentrismus es tun. Eine kosmozentrische Naturethik ist dadurch gekennzeichnet, dass es eine prinzipiell offene Menge moralisch relevanter Entitäten gibt und nichts von vornherein aus ihr ausgeschlossen werden kann. Man kann hieran nun zwei Fragen knüpfen: (1) Welcher der in Kapitel 3 vorgestellten Ausweitungsstrategien folgt der Kosmozentrismus? (2) Kann es im Rahmen einer kosmozentrischen Naturethik so etwas wie einen axiologischen Anthropozentrismus geben?

Welche Ausweitungsstrategie?

(zu 1) Bei genauerer Betrachtung erweist sich Abbildung 1 (bzw. ihre Revision in Abbildung 3) als unangemessen, wenn man sie als konzentrische *Ausweitung* des Bereiches des moralisch Relevanten deutet. Ethiker, die es als nötig und möglich ansehen, über den Bereich der empfindungsfähigen Tiere hinaus direkte Pflichten für moralische Subjekte anzuerkennen, können nicht mehr auf der Basis eines einzigen universal geltenden Prinzips moralische Relevanz konzipieren. Es würde andernfalls etwas dem Vegetarismusgebot pathozentrischer Ansätze Analoges folgen: Respekt vor dem Leben würde Pflanzen als Nahrung ausschließen, Respekt vor der Existenz würde sogar den Verzehr von Mineraltabletten verbieten. Das wäre aber (zumindest bezogen auf den Menschen) gleichbedeutend mit dem Aussterben moralischer Subjekte. Würde man ein solches Aussterben verhindern wollen, so müsste man entweder eine permanente Notwehrsituation oder reguläre Ausnahmen ins Spiel bringen müssen. Die erste Option scheint nicht zum Konzept allgemeiner, universaler, genereller Normen zu passen; die zweite Option erscheint wenig sinnvoll: Warum eine universale Norm begründen, die von vornherein allgemeine und regelmäßige Ausnahmen nötig macht?

Biozentrische und kosmozentrische Ethiken scheinen also eine Mehrprinzipstrategie verfolgen zu müssen: Neben Vernünftigkeit, die moralische Subjektivität begründet, gibt es auch Leidensfähigkeit, Lebendigkeit und Existenz als relevanzbegründende Eigenschaften, und in jedem dieser Bereiche ist vieles auf vielfältige Weise wertvoll. Zudem wird man Prinzipien einführen müssen, um im Bereich des moralisch Relevanten, der ja potenziell alles umfasst, Gewichtungen vornehmen zu können. Eine solche Mehrprinzipienstrategie sollte aber nicht mehr als Ausweitungsstrategie bezeichnet werden. Denn sie knüpft direkt an die Werterfahrung an, die sicherlich viele Prinzipien als relevanzbegründend erachtet und ihnen zugleich unterschiedliches Gewicht beimisst, aber von vornherein *umfassend* ist. Die Notwendigkeit der Ausweitung ist begründungstheoretisch und epistemologisch ein Relikt des Anthropozentrismus. Kosmozentrische Ethiken verfolgen also im Grunde keine der beiden Ausweitungsstrategien.

Anthropozentrischer Kosmozentrismus?

(zu 2) Die zweite Frage erscheint zunächst sonderbar. Denn die vorliegende Einführung ist von ihrer Darstellung her so angeordnet, dass nicht nur die in diesem Kapitel vorgenommene Diskussion der Landkarte naturethischer Positionen, sondern auch die Reihenfolge der Kapitel 2 bis 4 auf eine Überwindung des Anthropozentrismus hinauszulaufen scheint. Bei genauerer Betrachtung ist gerade dies nicht das Ziel. Man kann z. B. eine kosmozentrische Ethik mit verschiedenen relevanzbegründenden Prinzipien und zusätzlichen Prinzipien der Gewichtung ihrer Relevanz vertreten. Ein axiologischer Anthropozentrismus würde dann behaupten, dass moralische Subjekte zumindest immer einen Faktor moralischer Überlegungen darstellen, der zwar neben anderen relevant, aber immer ausschlaggebend ist (zumindest von extremer Relevanz). Man kann diese Position graduell abschwächen, indem man sagt, dass menschliche Angelegenheiten in der Regel nicht nur relevant sind, sondern auch mehr Gewicht in die Waagschale bringen, auch wenn dieses Gewicht nicht immer ausschlaggebend ist. Jedoch wird es umso ausschlaggebender, je mehr der Kern der Existenz eines Menschen im Sinne eines vernünftigen, kultivierten und sozialen Lebewesens betroffen ist, was aber zum Rand hin abnimmt.

Scala naturae?

Man kann nun die konzentrischen Kreise in Abbildung 3 jeweils in dieser Weise x-zentrisch interpretieren (wobei x = Moralische Subjekte, Empfindungsfähiges, Lebewesen, Unbelebtes). Trotz der grundsätzlichen Voraussetzung der potenziellen moralischen Relevanz aller Entitäten könnte man Relevanzklassen unterscheiden und sie als starke axiologische Grenzen interpretieren. Man käme dann zu einer *scala naturae* (Stufenleiter der Natur), auf der die jeweils umfassendere Stufe beispielsweise eine notwendige Bedingung für die jeweils zentralere wäre. Diese Interpretation erinnert an die vormoderne Konzeption der *scala naturae*, die vornehmlich religiös begründet war: Gott hat alles in der Schöpfung auf den Menschen hin ausgerichtet und diesen so geschaffen, dass er sich auf Gott hin ausrichten kann. Wenn man das Verhältnis der Stufen zueinander aber schwächer konzipiert, so begibt man sich in die Niederungen der realpolitischer Auseinandersetzung und wissenschaftlicher Objektivitätskriterien für Werte und ihre Gewichtungen.

Wenn man beide Fragen in dieser Weise beantwortet, dann erscheinen stark kosmozentrische Ansätze in einem anderen Licht. Sie sind vielleicht auch konfus (vgl. [158], 364), vor allem aber stark physiozentrisch, indem sie die Gewichtungsregeln im Bereich des moralisch Relevanten umkehren. Wer sich stark kosmozentrisch an der natürlichen Umwelt als einem normativen Maßstab orientiert, plädiert auch dafür, dass in Abbildung 3 die Abstufung der Grauschattierungen in umgekehrter Richtung verlaufen müssten. Die Relevanz nimmt – starken Kosmozentristen zufolge – nach außen hin zu.

4.6 Ethiken als Bewegung

Keine Diskussion einer Anwendungsproblematik?

Gegenüber dem Kapitel *Medizinethik* nimmt bereits im Kapitel *Tierethik* die Erörterung von Anwendungsproblemen ab. Im Kapitel *Umweltethik* fällt sie scheinbar ganz fort. Aber zum einen ist der theoretische Gewinn der Diskussion über Umweltprobleme als Felder moralischer Abwägung geringer als in der Medizinethik, und zum anderen ist das eigentliche Thema der Tier und Umweltethik erklärtermaßen nicht das Tier oder die Umwelt, sondern der Mensch und seine Ethik. Sie richten sich in der Ethik gegen den Humanismus, insofern sie Ausweitungsstrategien verfolgen und mehr oder weniger erfolgreich für ein anderes Ethikverständnis plädieren. In der Tier- und Umweltethik ist der konzeptionelle Gewinn der Diskussion konkreter Probleme vor allem deshalb geringer, weil er im Bereich der Medizinethik größer ist. Denn in der Medizinethik ist der *individuelle* Gewinn an praktischer Orientierung größer.

Objektivität

Denn einerseits verlieren sich Diskussionen über den Umgang mit der materiellen, der belebten und der empfindenden Umwelt schnell in fachwissenschaftlichen Diskussionen, zu denen die philosophische Ethik wenig beizutragen hat. Fachwissenschaftliche Fragen sind: Es ist plausibel, dass Affen leiden, aber können Schnecken leiden? Leiden Pflanzen? Was heißt es, dass Pflanzen gedeihen? Welche Erhaltungsbedingungen hat ein bestimmtes Ökosystem, und welchen Beitrag leisten einzelne Elemente eines Ökosystems, auf die der Mensch Anspruch erhebt? Hier ist Beitrag der *philosophischen Ethik* darauf beschränkt, Konzepte anzubieten, nach denen man grundsätzlich die moralische Relevanz bestimmen kann, und der *der Philosophie* auf wissenschaftstheoretische Überlegungen. Denn auch wenn andere Wissenschaften als die Philosophie wesentliche Beiträge zur Objektivität von Werten leisten, wirken doch Philosophie und speziell Ethik bei der Definition und der Kritik von Objektivitätsstandards mit.

Humane Umweltethik

Zum anderen wurden bereits im Medizinethikkapitel tier- und umweltethische Probleme diskutiert. Die Frage, ob man in einer Ethik gegenüber Menschen, die als befruchtete Eizellen, Embryos, Kinder, Komatöse usw. existieren, direkte Pflichten formulieren kann, deckt im Grunde den Gegenstandsbereich pathozentrischer Tierethiken und biozentrischer Umweltethiken ab: nämlich den tierlichen oder pflanzlichen Lebens. Ein Indiz hierfür ist die Tatsache, dass man ein irreversibles Koma auch als *persistent vegetative state* bezeichnet und für Menschen in diesem Zustand immer wieder die Bezeichnung *human vegetable* findet. Es geht in der Medizinethik auch um menschlich-tierliches und menschlich-pflanzliches Leben.

Stufen der Natur

Dies kann man als Indiz dafür ansehen, dass der Mensch verschiedene Bereiche der in Abschnitt 4.5 formulierten *scala naturae* einer schwach kosmozentrischen Ethik umfasst und dass es unter bestimmten Bedindungen zu Situationen kommt, in denen er nur noch auf niederen Stufen steht. Manchmal ist auch ein aktuales Absinken auf eine niedere Stufe reversibel – in der Regel ist das bei der Narkose der Fall, oft auch, wenn Menschen ins Koma fallen. Aus dieser Darstellung folgt aber zunächst nicht viel. Medizin, Tier und Umweltethik machen, wenn man ihre Diskussionslinien zusammenfassend als ‚Angewandte Ethik' betrachtet, allerdings deutlich, dass man zwei Inkonsistenzen vermeiden muss.

Zwei Inkonsistenzen, die man vermeiden muss

Betrachtet man die theoretischen Diskussionen in der Medizin, Tier und Umweltethik insgesamt, so ergibt sich folgendes Fazit: Man muss als Vertreter der philosophischen Ethik vorsichtig sein, Entitäten bzw. Klassen von Entitäten in den Bereich des moralisch Relevanten einzubeziehen oder sie aus ihm auszugrenzen. Um den Preis der *theoretischen Inkonsistenz* wird in der Medizinethik dieser Bereich oft ausgedehnt. Denn es kommt immer wieder vor, dass man Entitäten menschlicher Natur im vollen Sinne moralischen Subjekten gleichstellt, auch wenn sie nicht in den Bereich der Entitäten hineingehören, die vom Patho- oder Biozentrismus diskutiert werden. (Man denke an Demenz, Komatöse, Hirntote usw.) Dann gibt es aber kaum vernünftige Gründe dafür, das Gleiche nicht auch im Bereich der Tiere oder der belebten Umwelt zu tun. Um den Preis der *moralischen Inkonsistenz* wird in der Medizinethik der Bereich des moralisch Relevanten auch eingeschränkt. Denn wenn nur Personen als moralische Subjekte relevant sind, dann werden viele Entitäten aus dem Bereich der moralischen Überlegungen ausgegrenzt, die man intuitiv als moralisch relevant erachtet: Menschliche Nicht-Personen gehören ebenso hierzu wie Tiere und Pflanzen, Tier- und Pflanzenarten, Ökosysteme, Landschaften und geologische Formationen.

Wie soll man auf die Gefahr der Inkonsistenzen reagieren?

Eine Einführung in eine Angewandte Ethik kann auf dieses Problem keine positiven Antworten liefern. Wohl aber negative: (1) In der philosophischen Ethik sind viele Ansätze aufgrund begründungstheoretischer und epistemologischer Prämissen nicht in der Lage, den moralischen Intuitionen derjenigen, die sich im Bereich der Medizin-, Tier- und Umweltethik mit schwerwiegenden moralischen Problemen konfrontiert sehen, ethische Konzepte zur Seite zu stellen. Dies kann man als ein Versagen der philosophischen Ethik bezeichnen. Insofern die philosophische Ethik diese Defizite (a) nur aufgrund philosophieinterner Überlegungen herbeiführt und (b) philosophieintern keine Einigkeit über die richtige Ethik erreicht hat, stellt es ein Problem dar, wenn Philosophen moralische Intuitionen prinzipiell korrigieren. Menschen, Tiere und die belebte und unbelebte Umwelt werden intuitiv als moralisch relevant erachtet. Wer mit zwar guten, intersubjektiv aber nicht gültigen Argumenten eine Korrektur dieser Intuitionen fordert, setzt sich dem Vorwurf der Ideologie aus.

(2) Nicht-Philosophen reagieren auf dieses Dilemma der philosophischen Ethik entweder mit dem Postulieren moralischer Positionen oder der Formulierung eigener Ansätze, die weder philosophischen Qualitätskriterien, noch dem Gebot der Friedlichkeit im zwischenmenschlichen Umgang, noch dem gebotenen Respekt gegenüber einer Pluralität von Wertesystemen genügen. Beide Gebote bedürfen keines besonderen ethischen Fundamentes. Sie stellen vielmehr ganz einfach Voraussetzungen zwischen-

menschlichen Miteinanders dar. Ihre Achtung ist gerade in Diskussionen über ethische und moralische Fragen bisweilen nicht zu finden.

Zwei Beispiele mögen als Beleg für diese unhaltbare Reaktion auf die Herausforderungen in der Angewandten Ethik dienen: (a) Der Philosoph Peter Singer war in Deutschland in den 1990ern diffamierenden Anschuldigungen und teilweise sogar gewalttätigen Anfeindungen ausgesetzt, weil viele weder mit seiner Ethik noch mit seinen provozierenden Argumenten übereinstimmten. Intern stimmige Argumente wurden unangemessen als moralische Forderungen und Positionen diffamiert und wissenschaftliche Diskussionen sabotiert. Die Ereignisse, an denen sich Philosophen wie Nichtphilosophen beteiligten, sind Kennzeichen unmoralischer Ideologisierung in den Debatten der Angewandten Ethik. (Vgl. das Kapitel *Wie man in Deutschland mundtot gemacht wird* in: [24], 425–451. Vgl. für einen deutschen Fall die FAZ vom 28. Januar 2000, Seite 46.) (b) Der im Frühjahr 2005 vehement diskutierte Fall der Wachkomapatientin Terri Schiavo, die – nach gerichtlich akzeptierter Entscheidung – für sich in einer Situation, in der sie sich seinerzeit befand, eine Beendigung aller medizinischen Maßnahmen wollte, stellt ein schlimmes Beispiel für die Diskussionen in der Angewandten Ethik dar. In einem beispiellosen juristischen Tauziehen wurde ein Familienkonflikt zum öffentlich diskutierten Fall. Massive Eingriffe der Politik machten den Familienkonflikt zum Gegenstand politischer Interessen. Religiöse Eiferer demonstrieren vor dem Hospiz, in dem die Patientin langsam starb. Solche Formen der Auseinandersetzung erscheinen weder als den Werten des Pluralismus in einer demokratischen Gesellschaft angemessen, noch scheinen sie irgendwelchen auch nur halbwegs nachvollziehbaren Rechtfertigungsanforderungen Genüge zu leisten. Denn auch aufrichtige moralische Bewegtheit reicht nicht aus, auch wenn sie religiöse oder auf andere Weise weltanschauliche Fundamente besitzt.

Wenn moralische Empörung sich irrational eine Bahn bricht und anderen Wertvorstellungen keine Toleranz entgegengebracht wird, ist dies genauso unakzeptabel wie Feindseligkeit unter dem akademischen Deckmantel. Am Ende der Einführung in die Angewandte Ethik sei daher auf die Einleitung verwiesen: Eine erfolgreiche Beratung in moralischen Fragen und eine gelungene Suche nach ethischer Begründung moralischer Positionen sollte in pluralistischen Gesellschaften nicht am Grade des erreichten Konsenses gemessen werden.

4.7 Zusammenfassung, Lektürehinweise, Übungen

Zusammenfassung

Gegenüber der Medizin- und der Tierethik stellt die Umweltethik einen weiteren Ausweitungsschritt dar. Die theoretischen Optionen können in Form einer Landkarte dargestellt werden. Die Optionen dieser Landkarte greifen jedoch sachlich auf die vorangehenden Kapitel zurück. Am Ende dieses Kapitels spielt die Konzeption der Stufenleiter der Natur (*scala naturae*) eine Rolle: Unbelebtes, Belebtes, Belebtes-Empfindendes, Belebtes-Empfindendes-Vernünftiges bilden eine hierarchische Aufeinanderfolge. Diese Stufenleiter stellt nicht nur eine wissenschaftlich objektivierbare Tatsache dar, sondern sie ist auch axiologisch bedeutsam, d. h. sie liefert Wertgesichtspunkte. In diesem Sinne kann man sagen, dass die Landkarte naturethischer Ansätze die vorangehenden Ausweitungsschritte mitumfasst: Der Mensch ist als Leichnam unbelebt und als Lebender ist er ebenso Pflanze wie Tier und Vernunftwesen. In der Medizinethik ist der Mensch auf den verschiedenen Stufen Thema moralischer Diskussionen. In der Tierethik sind Tiere Thema moralischer Diskussionen – zu ihnen gehört auch der Mensch. Das letzte Kapitel dieser Einführung diskutiert also die Ausweitung des Bereiches des moralisch Relevanten als solches.

Die Diskussion der Landkarte naturethischer Positionen dient also auch der Selbstvergewisserung des Menschen (1) über seinen eigenen Wert, (2) seine moralische Beziehung zu sich in allen seinen Lebensformen und *somit* (3) zur empfindenden, nurbelebten und zur unbelebten Natur und Umwelt. Die Landkarte naturethischer Positionen unterscheidet zunächst zwischen dem Humanismus und dem Physiozentrismus (4.2). Der Humanismus ist axiologisch, begründungstheoretisch und epistemologisch anthropozentrisch. Der Physiozentrismus ist mindestens axiologisch physiozentrisch. Die Frage ist also zunächst nur: Was ist ein moralischer Wertgesichtspunkt: der Mensch oder auch noch etwas anderes? Der Humanismus beantwortet diese Frage zugunsten des Menschen. Er kann aber durchaus einen indirekten Physiozentrismus konzipieren. Nicht-Menschliches kann indirekt als moralische, ästhetische oder instrumentelle Ressource moralisch relevant sein. Hieraus kann man für moralische Diskussionen die Schlussfolgerung ziehen, dass Ethikansätze, auch wenn man sie für intuitiv unplausibel hält, weil sie der moralischen Erfahrung widersprechen, gegenüber der moralischen Praxis neutral sein können. Diese Erkenntnis zeigt, dass weder Ethik noch Moral als (religiös, politisch oder sozial dogmatische) Bewegungen oder Ideologien missbraucht werden sollten (4.6).

Der Humanismus greift zu kurz. Im Prinzip ist dies schon in der Diskussion der Medizinethik erkannt worden. Ethiken, die den Menschen nicht auch als tierliche, pflanzliche und materielle Existenz erfassen, verfehlen ihn. In der Medizin und der Tierethik zeigen sich zudem die problematischen Folgen unzureichender Ausweitungen des Bereiches des moralisch Relevanten im Physiozentrismus. Der direkte Physiozentrismus erweitert den Bereich des moralisch Relevanten axiologisch. Man kann innerhalb dieser Familie von Ansätzen anthropozentrische und kosmozentrische Naturethiken unterscheiden (4.3, 4.4). Anthropozentrische Ethiken mögen axiologisch physiozentrisch sein. Interne Probleme ergeben sich aber dadurch, dass sie begründungstheoretisch und epistemologisch anthropozentrisch bleiben. Denn sie werden einerseits als pathozentrischer Tier- oder als biozentrischer Lebensegalitarismus aus begründungstheoretischen Gründen dem Menschen moralisch nicht gerecht, anderseits umfassen sie nicht genug. Es ist ein moralisches Problem, dass sie bei der nicht empfindenden (‚pathischen') und der nicht lebendigen (‚biotischen') Natur auf Strategien des indirekten Physiozentrismus zurückgreifen müssen (4.3).

Eine nicht-anthropozentrische und konsequent physiozentrische Ethik muss sowohl begründungstheoretisch als auch epistemologisch andere Wege als die am Humanismus orientierten anthropozentrisch physiozentrischen Ethiken beschreiten. In epistemologischer Hinsicht nimmt der Kosmozentrismus die Gesamtheit der Werterfahrung ernst. In begründungstheoretischer Hinsicht muss er das Konzept universalistischer Geltung aufgeben: Seine epistemologische ‚Basis' (also die Werterfahrung) ist in sich strukturiert und kennt kein durch universale Prinzipien (Vernunft, Leiden, Leben) isolierbares Fundament (4.4).

Die moralische Werterfahrung erachtet prinzipiell alles als moralisch relevant, kennt Gewichtungsregeln für die Bestimmung des jeweils situativ Ausschlaggebenden und ist veränderlich. Sie ist als Erfahrung subjektiv, insofern sie ein Erlebnis moralischer Subjekte darstellt. Sie ist aber objektiv bzw. als faktische Empfänglichkeit von Personen für Situationen durch hinzukommende wissenschaftliche Konzepte objektivierbar. Eine philosophische Ethik, die der moralischen Erfahrung gerecht werden möchte, muss also einerseits Konzepte ethischer Begründung bereit stellen, andererseits akzeptieren, dass bei der objektivierenden Rekonstruktion von Werten aus der Werterfahrung andere Wissenschaften (Natur, Sozial, Kultur usw. Wissenschaften) eine wichtige Rolle spielen. Dies ist ein Grund dafür, dass der axiologische Anthropozentrismus des Humanismus ebenso wie der begründungstheoretische und der epistemologische Anthropozentrismus der gängigen physiozentrischen Ansätze unzureichend ist. Kosmozentrische Ethiken vermeiden diese Probleme. Eine kosmozentrische Ethik kann nicht fundamentistisch sein (vgl. Kapitel 1). Sie kann aber als stark kosmozentrischer Ansatz *fundamentalistisch* sein. Auch eine stark kosmozentrische Ethik misstraut der Werterfahrung, insofern sie den Menschen entweder als kultivierende Determinante überbetont oder zu einer evaluativen Dominanz der nichtmenschlichen Natur führt (vgl. 4.5 und 4.6).

Zumindest dann, wenn man eine kosmozentrische Ethik vertritt, erweisen sich die Ausweitungsschritte, die sich aus der Kapitelfolge dieser Einführung ergeben, als unnötig. Die einzelnen Ausweitungsschritte in der Medizinethik und der Tierethik werden theoretisch jeweils durch die Intuitionen gegenüber dem erweiterten Bereich von Entitäten motiviert. Die daraus entstehenden Ethiken korrigieren die Intuitionen allerdings jeweils wieder am Ende des Bereiches, der durch den erfolgreichen Ausweitungsschritt moralisch erschlossen wird: Tierethik greift außerhalb des Bereiches empfindungsfähiger Entitäten zurück auf das Konzept instrumenteller moralischer Relevanz. Erst die Umweltethik wirft die Frage auf, ob Ausweitungsstrategien überhaupt philosophisch sinnvoll sind (4.5). Der Kosmozentrismus stimmt der Ausweitung in moralischer Hinsicht konsequent zu, setzt aber voraus, das sie kein moralisches Gebot, sondern Ausdruck unzureichender (weil begründungs- und epistemologisch anthropozentrischer) Ansätze der Ethik ist. Die Therapie muss also nicht bei den Intuitionen bzw. der Werterfahrung von Personen ansetzen, sondern bei der philosophischen Ethik. Der Kosmozentrismus stellt daher eigentlich gegenüber der Medizin und Tierethik keinen Ausweitungsschritt dar, weil er von vornherein die Werterfahrung von Personen ernst nimmt.

Lektürehinweise

- Es gibt drei wichtige Textsammlungen, die schnell einen umfassenden Einstieg in die verschiedenen Positionen der Umweltethik ermöglichen (Patho, Bio und Kosmozentrismus): [157], [144] und [145].
- Darüber hinaus findet man in [158] eine anders aufgebaute Landkarte naturethischer Ansätze, die Positionen *namentlich* zuordnet und somit das Diskussionsfeld schnell und zuverlässig erschließt.
- Für eine biozentrische Pflanzenethik, die biologische Prinzipien des Gedeihens spezifiziert vgl. [156].
- Weitere für die Umweltethik wichtige Diskussionsfelder werden in [143] erschlossen (Evolution und Ethik, Naturalistische Ethik, Biologische Arten).
- Für einen schwach kosmozentrischen naturethischen Ansatz vgl. [23].
- Für eine historische und systematische Einführung in das ‚Naturverständnis' vgl. [154] und [164].

Fragen und Übungen

- Worin unterscheiden sich Humanismus und Physiozentrismus in der Naturethik?
- Erläutern Sie den Gegensatz zwischen indirektem und direktem Physiozentrismus.
- Es wurden drei Typen von Naturethiken unterschieden, die den Wert der Natur im Sinne einer Ressource konzipieren. Welche sind es? Erläutern Sie kurz ihre Grundannahmen.
- Wodurch ist der Gegensatz zwischen einer anthropozentrischen und einer kosmozentrischen Naturethik gegeben? Charakterisieren sie ihn.
- Worin unterscheiden sich der starke und der schwache Kosmozentrismus?

- Begründen Sie, warum eine Naturethik als Ressourcenethik problematisch ist.
- Begründen Sie, warum anthropozentrische Naturethiken problematisch sind.
- Eine Naturethik stellt gegenüber einer auf den Menschen konzentrierten und gegenüber der Tierethik eine Ausweitung dar. Was heißt das?
- Unter einer kosmozentrischen Ethik wird eine Position verstanden, gemäß der die Natur in weitestem Sinne moralisch relevant ist. Natur im weitesten Sinne sind auch Ökosysteme (beispielsweise der vom Menschen kultivierte Naturraum der Alpen). Argumentieren Sie pro und contra den moralischen Wert eines solchen Ökosystems.
- Eine Naturethik im Sinne des Kosmozentrismus beruht nicht auf einem Ausweitungsschritt bezüglich des moralisch Relevanten. Warum ist das so?
- Ziehen Sie nach der Lektüre dieses Kapitels wieder Ihre nach dem Lesen der Einleitung formulierten Erwartungen heran und formulieren Sie Erkenntnisfortschritte, die Sie gemacht haben. Worin sind Ihre Erwartungshaltungen zum Thema ‚Umweltethik' enttäuscht worden?

5 Literatur

Einleitung

Einführungen (WBG)

[1] Thies, Christian: Einführung in die philosophische Anthropologie, Darmstadt: Wissenschaftliche Buchgesellschaft, 2004.
[2] Esfeld, Michael: Einführung in die Naturphilosophie, Darmstadt: Wissenschaftliche Buchgesellschaft, 2002.
[3] Horn, Christoph: Einführung in die Politische Philosophie, Darmstadt: Wissenschaftliche Buchgesellschaft, 2003.
[4] Meixner, Uwe: Einführung in die Ontologie, Darmstadt: Wissenschaftliche Buchgesellschaft, 2004.
[5] Quante, Michael: Einführung in die Allgemeine Ethik, Darmstadt: Wissenschaftliche Buchgesellschaft, 2003.
[6] Reicher, Maria E.: Einführung in die philosophische Ästhetik, Darmstadt: Wissenschaftliche Buchgesellschaft, 2005.

Einführungen und Überblickswerke zur Angewandten Ethik

[7] Düwell, Marcus, und Klaus Steigleder: Bioethik, Eine Einführung, Frankfurt a. M.: Suhrkamp, 2003.
[8] Gesang, Bernward: Biomedizinische Ethik, Aufgaben, Methoden, Selbstverständnis, Paderborn: mentis, 2002.
[9] Kampits, Peter, und Anja Weinberg: Angewandte Ethik, Applied Ethics, Wien: öbv und hpt, 1999.
[10] Kettner, Matthias: Angewandte Ethik als Politikum, Frankfurt a. M.: Suhrkamp, 2000.
[11] Krebs, Angelika: Ökologische Ethik I, Grundlagen und Grundbegriffe, in: [13], S. 347–385.
[12] Mathwig, Frank: Technikethik, Ethiktechnik, Was leistet Angewandte Ethik?, Stuttgart: Kohlhammer, 2000.
[13] Nida-Rümelin, Julian (Hrsg.): Angewandte Ethik, Die Bereichsethiken und ihre theoretische Fundierung, Stuttgart: Kröner, 1996.
[14] Nida-Rümelin, Julian: Theoretische und angewandte Ethik, Paradigmen, Begründungen, Bereiche, in: [13], S. 2–85.
[15] Pieper, Annemarie, und Urs Turnherr (Hrsg.): Angewandte Ethik, Eine Einführung, München: Beck, 1988.

Allgemeine Ethiken

[16] Ricken, Friedo: Allgemeine Ethik, 4. Aufl., Stuttgart u. a.: Kohlhammer, 2003.
[17] Aristoteles: Nikomachische Ethik, übers. von Olof Gigon, München: dtv, 1991.
[18] Hare, Richard Mervyn: Moralisches Denken, Seine Ebenen, Seine Methoden, Sein Witz, Frankfurt a. M.: Suhrkamp,1992.
[19] Höffe, Ottfried: Einführung in die utilitaristische Ethik, München: Beck, 1975.
[20] Kant, Immanuel: Grundlegung zur Metaphysik der Sitten, Riga: Hartknoch, 1786, Nachdruck in: Kants Werke, Akademie Textausgabe, Berlin: De Gruyter, 1968, Bd. 4, S. 385–463.
[21] Kant, Immanuel: Metaphysik der Sitten, Königsberg: Nicolovius, 1797, Nachdruck in: Kants Werke, Akademie Textausgabe, Berlin: De Gruyter, 1968, Bd. 6, S. 203–493.
[22] Mackie, John: Ethik, Die Erfindung des moralisch Richtigen und Falschen, Stuttgart: Reclam, 1983.
[23] Siep, Ludwig: Konkrete Ethik, Grundlagen der Natur- und Kulturethik, Frankfurt a. M.: Suhrkamp, 2004.
[24] Singer, Peter: Praktische Ethik, 2. Aufl., Stuttgart: Reclam, 1994.

1 Angewandte Ethik als Disziplin und Konzept

[25] Bayertz, Kurt: Moral als Konstruktion. Zur Selbstaufklärung der angewandten Ethik, in: [9], S. 73–89.
[26] Beauchamp, Tom L., und James F. Childress: Principles of Biomedical Ethics, 5. Auflage, Oxford, New York: Oxford Univ. Pr., 2001.
[27] Crigger, Bette-Jane: Cases in Bioethics, Selections from the Hastings Center Report, New York: St. Martin's Pr., 1998.
[28] Birnbacher, Dieter: Wofür ist der „Ethik-Experte" Experte?, in: [8], S. 97–114.
[29] Callahan, Daniel: Bioethics as a Discipline, in: Biomedical Ethics and the Law, hrsg. v. James

M. Humber und Robert F. Almeder, NewYork, London: Plenum Pr., 1976, S. 1–11.
[30] Crosthwaite, Jan: Moral Expertise. A Problem in the Professional Ethics of Professional Ethics, in: Bioethics 9 (5), 1995, S. 361–379.
[31] Daniels, Norman: Justice and Justification, Reflective Equilibrium in Theory and Practice, Cambridge: Cambridge Univ. Pr., 1996.
[32] Gert, Bernard, Charles M. Culver und K. Danner Clouser: Bioethics, A Return to Fundamentals, New York, Oxford: Oxford Univ. Pr., 1997.
[33] Habermas, Jürgen: Die Herausforderung der ökologischen Ethik für eine anthropozentrisch ansetzende Konzeption, in: [157], S. 92–99.
[34] Hahn, Susanne: Überlegungsgleichgewicht(e), Prüfung einer Rechtfertigungsmetapher, Freiburg, München: Alber, 2000.
[35] Harsanyi, John C.: Morality and the Theory of Rational Behaviour, in: Utilitarianism and Beyond, hrsg. v. Amartya Sen und Bernard Williams, Cambridge, New York: Cambridge Univ. Pr., 1982, S. 39–62.
[36] Jonsen, Albert R. und Stephen Toulmin: The Abuse of Casuistry, Berkeley u. a.: Univ. of California Pr., 1988.
[37] Kettner, Matthias, und Arnd T. May: Klinische Ethik-Komitees. Ihre Organisationsformen und ihr moralischer Anspruch in Theorie und Praxis (www.ethikkomitees.de).
[38] Kettner, Matthias: Welchen normativen Rahmen braucht die angewandte Ethik?, in: [10], S. 388–407.
[39] Koch, Lene, und Henrik Zahle: Ethik für das Volk. Dänemarks Ethischer Rat und sein Ort in der Bürgergesellschaft, in: [10], S. 117–139.
[40] Luckner, Andreas: Klugheitsethik, in: [190], S. 206–217.
[41] Megone, Christopher: Demokratie, Liberalismus, Kommunitarismus, Bezüge zu lokalen forschungsethischen Komitees, in: [10], S. 165–192.
[42] Quante, Michael, und Andreas Vieth: Konkrete Ethik, in: [8], S. 63–85.
[43] Rippe, Klaus-Peter: Ethikkommissionen in der deliberativen Demokratie, in: [10], S. 140–164.
[44] Siep, Ludwig, und Johann Stefan Ach: Biomedizinische Forschung und ihre Kontrolle durch Ethik-Kommissionen, in: Grenzen des Lebens, Grenzen der Medizin, hrsg. von Johann Stefan Ach, Mechthild Bedenbecker-Busch und Matthias Kayß, Münster: agenda, 1997, S. 153–161.
[45] Siep, Ludwig: Ethik in Anwendung, Der Philosoph in Ethik-Kommissionen, in: [8], S. 86–96.
[46] Steinkamp, Norbert, und Bert Gordijn: Ethik in der Klinik, Ein Arbeitsbuch, Neuwied u. a.: Luchterhand, 2003.
[47] Timmons, Mark: Foundationalism and the Structure of Ethical Justification, in: Ethics 97, 1987, S. 595–609.
[48] Veatch, Robert M.: Case Studies in Medical Ethics, Cambridge, London: Harvard Univ. Pr., 1978.
[49] Vieth, Andreas, und Michael Quante: Wahrnehmung und Rechtfertigung, Zum Verhältnis von inferenzieller und nicht-inferenzieller Erkenntnis in der partikularistischen Ethik, in: Jahrbuch für Wissenschaft und Ethik 6, 2001, S. 203–234.
[50] Wilkening, Almut: Zur aktuellen Praxis der Ethik-Kommissionen, Verbreitung, Besetzung und Beratungsinhalte, in: Medizinrecht 19(6), S. 301–305.

2 Medizinethik

2.1 Ethik in der Medizin

[51] Anschütz, Felix: Ärztliches Handeln. Grundlagen, Möglichkeiten, Grenzen, Widersprüche, Darmstadt: Wiss. Buchgesellschaft, 1988.
[52] Caplan, Arthur L.: Health, Disease, and Illness. Concepts in Medicine, Washington: Georgetown Univ. Pr., 2004.
[53] Cutter, Mary Ann G.: Reframing Disease Contextually, Dordrecht: Kluwer, 2003.
[54] Dürholtz, Dirk: Zur Kommunikation zwischen Arzt und Patient. Unterschiede in Klassifikation und Kognition von Krankheitsbegriffen als Ursache von Verständigungsschwierigkeiten zwischen Arzt und Laien, Frankfurt a. M.: Lang, 1993.
[55] Eser, Albin, und Hans G. Koch (Hrsg.): Perspektiven des Medizinrechts, Baden-Baden: Nomos, 2004.
[56] Faden, Ruth R., und Tom L. Beauchamp: A History and Theory of Informed Consent, New York: Oxford Univ. Pr., 1986.
[57] Giese, Constanze: Die Patientenautonomie zwischen Paternalismus und Wirtschaftlichkeit. Das Modell des „Informed Consent" in der Diskussion, Münster: Lit, 2002.
[58] Labisch, Alfons: Homo hygienicus. Gesundheit und Medizin in der Neuzeit, Frankfurt a. M.: Campus, 1992.
[59] Lanzerath, Dirk: Krankheit und ärztliches Handeln. Zur Funktion des Krankheitsbegriffs in der medizinischen Ethik, Freiburg, München: Alber, 2000.

[60] Leven, Karl-Heinz, und Cay-Rüdiger Prüll: Selbstbilder des Arztes im 20. Jahrhundert. Medizinhistorische und medizinethische Aspekte, Freiburg: Schulz, 1994.

[61] Maio, Giovanni: Ethik der Forschung am Menschen, Stuttgart-Bad Cannstatt: Frommann, 2002.

[62] Mitscherlich, Alexander: Der Kranke in der modernen Gesellschaft, Köln: Kiepenheuer & Witsch, 1967.

[63] Payer, Lynn: Andere Länder, andere Leiden. Ärzte und Patienten in England, Frankreich, den USA und hierzulande, Frankfurt a. M.: Campus, 1993.

[64] Sass, Hans-Martin: Informierte Zustimmung als Vorstufe zur Autonomie des Patienten, Bochum: Zentrum für Medizinische Ethik, 1992.

[65] Schipperges, Heinrich: Krankheit und Kranksein im Spiegel der Geschichte, Berlin: Springer, 1999.

[66] Uexküll, Thure v., und Wolfgang Wesiak: Theorie der Humanmedizin. Grundlagen ärztlichen Denkens und Handelns, 3. Aufl. München: Urban und Schwarzenberg, 1998.

[67] Wieland, Wolfgang: Diagnose. Überlegungen zur Medizintheorie, Berlin: de Gruyter, 1975.

[68] Wieland, Wolfgang: Strukturwandel der Medizin und ärztliche Ethik. Philosophische Überlegungen zu Grundfragen einer praktischen Wissenschaft, Heidelberg: Winter, 1986.

[69] Wiesing, Urban: Wer heilt hat Recht? Über Pragmatik und Pluralität in der Medizin, Stuttgart: Schattauer, 2004.

[70] Wiesing, Urban: Zur Verantwortung des Arztes, Stuttgart-Bad Cannstatt: Frommann-Holzboog, 1995.

2.2 Medizinethik: Themen

2.2.1 Therapeutisches Klonen und Embryonale Stammzellen

[71] Bayertz, Kurt (Hrsg.): Sanctity of Life and Human Dignity, Dordrecht: Kluwer, 1996.

[72] Bayertz, Kurt: Die Idee der Menschenwürde. Probleme und Paradoxien, in: Archiv für Rechts- und Sozialphilosophie 81, 1995, S. 465–481.

[73] Bayertz, Kurt: Die Wahrheit über den moralischen Status menschlicher Embryonen, in: [78], S. 178–195.

[74] Birnbacher, Dieter: Prinzip der „Pietät", Begründung der (begrenzten) Schutzwürdigkeit früher Embryonen, in: Ethik in der Medizin 16, S. 155–159.

[75] Damschen, Gregor, und Dieter Schönecker (Hrsg.): Der moralische Status menschlicher Embryonen, Berlin: de Gruyter, 2003.

[76] Deutscher Bundestag (Hrsg.): Enquete-Kommission Recht und Ethik der modernen Medizin, Stammzellforschung und die Debatte des Deutschen Bundestages zum Import von menschlichen embryonalen Stammzellen (Zur Sache 1/2002), Berlin, 2002.

[77] Deutscher Bundestag (Hrsg.): Enquete-Kommission Recht und Ethik der modernen Medizin. Schlussbericht (Zur Sache 2/2002), Berlin, 2002.

[78] Maio, Giovanni, und Hanjörg Just (Hrsg.): Die Forschung an embryonalen Stammzellen in ethischer und rechtlicher Perspektive, Baden-Baden: Nomos, 2003.

[79] Mieth, Dietmar: „Konvergenzargumentation", Bastion gegen das Forschungsklonen, in: Ethik in der Medizin 16, S. 160–164.

[80] Nationaler Ethikrat: Klonen zu Fortpflanzungszwecken und Klonen zu biomedizinischen Forschungszwecken, Berlin, 13. Sept. 2004, www.nationalerethikrat.de.

[81] Oduncu, Fuat S., Ulrich Schroth und Wilhelm Vossenkuhl (Hrsg.): Stammzellenforschung und therapeutisches Klonen, Göttingen: Vandenhoeck und Ruprecht, 2002.

[82] Rager, Günther (Hrsg.): Beginn, Personalität und Würde des Menschen, Freiburg, München: Alber-Verlag, 1997.

[83] Ricken, Friedo: Ist die Person oder der Mensch Zweck an sich selbst?, in: Natur und Person im ethischen Disput, hrsg. v. Mechthild Dreyer und Kurt Fleischhauer, Freiburg, München: Alber-Verlag, 1999, S. 147–168.

2.2.2 Organtransplantation

2.2.2.1 Allogene Organtransplantation

[84] Ach, Johann Stefan, und Michael Quante: Hirntod und Organverpflanzung. Ethische, medizinische, psychologische und rechtliche Aspekte der Transplantationsmedizin, Suttgart-Bad Cannstatt: Frommann, 1997.

[85] Ach, Johann Stefan, Michael Quante und Michael Anderheiden: Ethik der Organtransplantation, Erlangen: Harald Fischer, 2000.

[86] Bayertz, Kurt (Hrsg.): Solidarität. Begriff und Problem, Frankfurt a. M.: Suhrkamp, 1998.

[87] Brudermüller, Gerd und Kurt Seelmann (Hrsg.): Organtransplantation, Würzburg: Königshausen und Neumann, 2000.

[88] Engels, Eve-Marie, Gisela Badura-Lotter und Silke Schicktanz (Hrsg.): Neue Perspektiven der Transplantationsmedizin im interdisziplinären Dialog, Baden-Baden: Nomos, 2000.

[89] Gutmann, Thomas: Grundlagen einer gerechten Organverteilung. Medizin, Psychologie, Recht, Ethik, Soziologie, Berlin: Springer, 2003.

[90] Hoff, Johannes, und Jürgen in der Schmitten (Hrsg.): Wann ist der Mensch tot? Organverpflanzung und „Hirntod"-Kriterium, Reinbek: Rowohlt, 1995.

[91] Lübbe, Weyma (Hrsg.): Tödliche Entscheidung. Allokation von Leben und Tod in Zwangslagen, Paderborn: mentis, 2004.

[92] Quante, Michael, und Andreas Vieth: Von der Gewissheit des Todes. Bemerkungen zum Streit um das Hirntodkriterium, in: Die Psychotherapeutin 13, 2000, S. 109–124.

[93] Quante, Michael: Personales Leben und menschlicher Tod. Personale Identität als Prinzip der biomedizinischen Ethik, Frankfurt a. M.: Suhrkamp, 2002.

[94] Stoecker, Ralf: Der Hirntod. Ein medizinethisches Problem und seine moralphilosophische Transformation, Freiburg, München: Alber, 1999.

[95] Wiesing, Urban: Werden Spenderorgane nach medizinischen oder ethischen Kriterien verteilt?, in: [85], S. 227–245.

2.2.2.2 Xenogene Organtransplantation

[96] Ach, Johann Stefan u. a.: Hello Dolly? Über das Klonen, Frankfurt a. M.: Suhrkamp, 1998.

[97] Beckmann, Jan P. u. a.: Xenotransplantation von Zellen, Geweben oder Organen, Wissenschaftliche Entwicklungen und ethisch-rechtliche Implikationen, Berlin: Springer, 2000.

[98] Quante, Michael, und Andreas Vieth (Hrsg.): Xenotransplantation, Ethische und rechtliche Probleme, Paderborn: mentis, 2001.

[99] Quante, Michael: Ethische Aspekte der Xenotransplantation, in: [98], S. 15–66.

[100] Schicktanz, Silke: Organlieferant Tier? Medizin- und tierethische Probleme der Xenotransplantation, Frankfurt a. M., New York: Campus, 2002.

[101] Vieth, Andreas, und Michael Quante: Chimäre Mensch? Die Bedeutung der menschlichen *Natur* in Zeiten der Xenotransplantation, in: Die menschliche Natur, Welchen und wie viel Wert hat sie?, hrsg. v. Kurt Bayertz, Paderborn: mentis, 2004, S. 192–218.

2.2.3 Aktive Sterbehilfe: Euthanasie

[102] Arbeitsgruppe „Patientenautonomie am Lebensende" beim Bundesministerium der Justiz: Patientenautonomie am Lebensende. Ethische, rechtliche und medizinische Aspekte zur Bewertung von Patientenverfügungen (10. Juni 2004, www.bmj.de).

[103] Benzenhöfer, Udo: Der gute Tod? Euthanasie und Sterbehilfe in der Geschichte und Gegenwart, München: Beck, 1999.

[104] Bioethik-Kommission Rheinland Pfalz: Sterbehilfe und Sterbebegleitung. Ethische, rechtliche und medizinische Bewertung des Spannungsverhältnisses zwischen ärztlicher Lebenserhaltungspflicht und Selbstbestimmung des Patienten (23. April 2004, www.justiz.rlp.de).

[105] Birnbacher, Dieter: Tun und Unterlassen, Stuttgart: Reclam, 1995.

[106] Chin, Arthur E., Katarina Hedberg u. a.: Legalized physician-assisted suicide in Oregon. The first year's experience, in: The New England Journal of Medicine 340, S. 577–583.

[107] Hartog, Jennifer, und Gerhard Wolff: Das genetische Beratungsgespräch, in: Perspektiven der Humangenetik, hrsg. v. Franz Petermann, Silvia Wiedebusch und Michael Quante, Paderborn: Schöningh, 1997, S. 153–174.

[108] Jansen-van der Weide, Marijke Catharina, Bregje Dorien Onwuteaka-Philipsen und Gerrit van der Wal: Implementation of the Project „Support and Consultation on Euthanasia in The Netherlands" (SCEN), in: Health Policy 69, 2004, S. 365–373.

[109] Keown, John (Hrsg.): Euthanasia Examined. Ethical, Clinical, and Legal Perspectives, Cambridge: Cambridge Univ. Pr., 1995.

[110] Kirchenamt der Evangelischen Kirche Deutschland, Sekretariat der Deutschen Bischofskonferenz (Hrsg.): Im Sterben. Umfangen vom Leben (= Gemeinsame Texte, 6), Bonn, 1996.

[111] May, Arndt T., Sylke E. Geißendörfer u. a. (Hrsg.): Passive Sterbehilfe. Besteht gesetzlicher Regelungsbedarf?, Münster: Lit, 2002.

[112] Niederlande: Gesetz über die Kontrolle der Lebensbeendigung auf Verlangen und der Hilfe bei der Selbsttötung, in: Jahrbuch für Wissenschaft und Ethik 6, 2001, S. 469–477 (eine Version des Textes ist auch zugänglich über www.drze.de/themen/blickpunkt/sterbehilfe).

[113] Onwuteaka-Philipsen, Bregie Dorien, Agnes van der Heide u. a.: Euthanasia and other end-

of-life decicions in the Netherlands in 1990, 1995, and 2001, in: The Lancet 362, S. 395–399 (image.thelancet.com/extras/03art3297 web.pdf).
[114] Quante, Michael: Passive, indirekt und direkt aktive Sterbehilfe. Deskriptiv und ethisch tragfähige Unterscheidungen?, in: Ethik in der Medizin 10, 1998, S. 206–226.
[115] Siep, Ludwig und Michael Quante: Ist die aktive Herbeiführung des Todes im Bereich des medizinischen Handelns philosophisch zu rechtfertigen?, in: Das medizinisch assistierte Sterben. Zur Sterbehilfe aus medizinischer, ethischer, juristischer und theologischer Sicht, hrsg. v. Adrian Holderegger, Freiburg (Schweiz): Universitätsverlag, 1999, S. 37–55.
[116] Uniacke, Suzanne: In Defense of „Permissible Killing“: A Response to Two Critics, in: Law and Philosophy 19, 2000, S. 627–633.
[117] Uniacke, Suzanne: The Doctrine of Double Effect, in: Thomist 48, 1984, S. 188–218.
[118] Uniacke, Suzanne: Permissible Killing, The Self-Defence Justification of Homicide, New York: Cambridge-Univ-Pr, 1994.
[119] Wolfslast, Gabriele, und Christoph Conrads (Hrsg.): Textsammlung Sterbehilfe, Berlin: Springer, 2001.

3 Tierethik

[120] Ach, Johann Stefan: Warum man Lassie nicht Quälen darf, Erlangen: Fischer, 1999.
[121] Arluke, Arnold (1992): Trapped In a Guilt Cage, in: The New Scientist 134 (1815), S. 33–35.
[122] Arluke, Arnold: The Use of Dogs in Medical and Veterinary Training: Understanding and Approaching Student Uneasiness, in: Journal of Applied Animal Welfare Science 7(3), 2004, S. 197–204.
[123] Arzt, Volker und Immanuel Birmelin: Haben Tiere ein Bewusstsein?, München: Goldmann, 1995.
[124] Gehrke, Werner und Rainer Wiezorrek: Aspekte der Mensch-Tier-Beziehungen im Bereich wissenschaftlicher Tierexperimente, Hannover: Dissertation, 1982.
[125] Hoerster, Norbert: Haben Tiere eine Würde?, Grundfragen der Tierethik, München: Beck, 2004.
[126] Hursthouse, Rosalind: Ethics, Humans, and Other Animals, An Introduction With Readings, London, New York: Routledge, 2000.
[127] Leahy, Michael P. T.: Against Liberation, Putting Animals in Perspective, London, New York: Routledge, 1991.
[128] Mayr, Petra: Das pathozenrische Argument als Grundlage einer Tierethik, Münster: Monsenstein und Vannerdat, 2003.
[129] Midgley, Mary: Animals and Why They Matter, Athens: Univ. of Georgia Pr., 1984.
[130] Regan, Tom: The Case for Animal Rights, Berkeley, Los Angeles: Univ. of California Pr., 1985.
[131] Regan, Tom: Wie man Rechte für Tiere begründet, in: [157], S. 33–46.
[132] Regan, Tom: In Sachen Rechte der Tiere, in: [135], S. 28–47.
[133] Röcklinsberg, Helena: Zur Theorie und Praxis in deutschen Modellen zur Tierethik, Erlangen: Harald Fischer, 2001.
[134] Ryder, Richard D.: Speziezismus in Laboratorien?, in: [135], S. 116–134.
[135] Singer, Peter (Hrsg.): Verteidigt die Tiere, Überlegungen für eine neue Menschlichkeit, Frankfurt a. M., Berlin: Ullstein, 1986.
[136] Singer, Peter: Animal Liberation. Die Befreiung der Tiere, Reinbek b. H.: Rowohlt, 1996.
[137] Teutsch, Gotthard M.: Tierversuche und Tierschutz, München: Beck, 1983.
[138] Wolf, Jean-Claude: Tierethik, Neue Perspektiven für Menschen und Tiere, Freiburg, Schweiz: Paulusverlag, 1992.
[139] Wolf, Ursula: Haben wir moralische Verpflichtungen gegen Tiere?, in: [157], S. 47–75.
[140] Wolf, Ursula: Das Tier in der Moral, Frankfurt a. M.: Klostermann, 1990, 2. Aufl. 2004.

4 Umweltethik

[141] Attfield, Robin: Biozentrismus, moralischer Status und moralische Signifikanz, in: [146], S. 117–133.
[142] Bayertz, Kurt: Verantwortung, Prinzip oder Problem?, Darmstadt: WBG, 1995.
[143] Birnbacher, Dieter (Hrsg.): Evolution und Ethik, Stuttgart: Reclam, 1993.
[144] Birnbacher, Dieter (Hrsg.): Ökologie und Ethik, Stuttgart: Reclam, 2001.
[145] Birnbacher, Dieter (Hrsg.): Ökophilosophie, Stuttgart: Reclam, 1997.
[146] Birnbacher, Dieter: Ökophilosophie, Stuttgart: Reclam, 1997.
[147] Brenner, Andreas: Ökologie-Ethik, in: [15], S. 37–55.
[148] Brenner, Andreas: Ökologie-Ethik, Leipzig: Reclam, 1996, München: Beck, 1998.
[149] Dieter Birnbacher: Sind wir für die Natur verantwortlich?, in: [150], S. 103–139.

[150] Dieter Birnbacher: Verantwortung für zukünftige Generationen, Stuttgart: Reclam, 1988.
[151] Ehlers, Eckart und Carl Friedrich Gethmann: Environment Across Cultures, Berlin: Springer, 2003.
[152] Gottlieb, Roger S.: The Transcendence of Justice and the Justice of Transcendence, Mysticism, Deep Ecology, and Political Life, in: Journal of the American Academy of Religion 67, 1999, S. 149–166.
[153] Hastedt, Heiner: Aufklärung und Technik, Grundprobleme einer Ethik der Technik, Frankfurt a. M.: Suhrkamp, 1991.
[154] Heiland, Stefan: Naturverständnis, Dimensionen des menschlichen Naturbezugs, Darmstadt: Wissenschaftliche Buchgesellschaft, 1992.
[155] Jonas, Hans: Das Prinzip Verantwortung, Versuch einer Ethik für die technologische Zivilisation, Frankfurt a. M.: Suhrkamp, 1979.
[156] Kallhoff, Angela: Prinzipien der Pflanzenethik, Die Bewertung pflanzlichen Lebens in Biologie und Philosophie, Frankfurt a. M.: Campus, 2002.
[157] Krebs, Angelika (Hrsg.): Naturethik, Grundtexte der gegenwärtigen tier- und ökoethischen Diskussion, Frankfurt: Suhrkamp, 1997.
[158] Krebs, Angelika: Naturethik im Überblick, in: [157], S. 337–379.
[159] Lombardi, Louis G.: Inherent Worth, Respect and Rights, in: Environmental Ethics 5, 1983, S. 257–270.
[160] Meyer-Abich, Klaus-Michael: Praktische Naturphilosophie, Erinnerung an einen vergessenen Traum, München: Beck, 1997.
[161] Naess, Arne: Die tiefenökologische Bewegung, Einige philosophische Aspekte, in: [157], S. 182–210.
[162] Naess, Arne: Ecology, Community and Lifestyle, Outline of an Ecosophy, Cambridge, 1989.
[163] Nida-Rümelin, Julian (Hrsg.): Ökologische Ethik und Rechtstheorie, Baden-Baden: Nomos-Verlagsgesellschaft, 2002.
[164] Schiemann, Gregor: Was ist Natur? Klassische Texte zur Naturphilosophie, München: dtv, 1996.
[165] Seel, Martin: Ästhetische und moralische Anerkennung der Natur, in: [157], S. 307–330.
[166] Seel, Martin: Eine Ästhetik der Natur, Frankfurt a. M.: Suhrkamp, 1991, 2001.
[167] Taylor, Bron: Earth and Nature-Based Spirituality (Part 2): From Earth First! And Bioregionalism to Scientific Paganism and the New Age, in: Religion 31, 2001, S. 225–247.
[168] Taylor, Bron: Earth and Nature-Based Spirituality (Part1): From Deep Ecology to Radical Environmentalism, in: Religion 31, 2001, S. 175–193.
[169] Taylor, Paul Warren: Die Ethik der Achtung für die Natur, in: [146], S. 77–116 (in anderer Übersetzung auch in [157], S. 111–143).

5 Sonstige zitierte Literatur

[170] Beck, Ulrich: Die Ethik wird zur Fahrradbremse am Interkontinental-Flugzeug, Legitimationskrise durch Demokratisierung beenden, in: Das Parlament 49, Heft 23, 1999.
[171] Beck, Ulrich: Gegengifte, Die organisierte Unverantwortlichkeit, Frankfurt a. M.: Suhrkamp, 1988.
[172] Descartes, René: Discours de la Méthode, Von der Methode, übers. und hrsg. v. Lüder Gäbe, Hamburg: Meiner, 1997.
[173] Halbig, Christoph, und Christian Suhm (Hrsg.): Was ist Wirklich? Neuere Beiträge zu Realismusdebatten in der Philosophie, Heusenstamm: Ontos, 2004.
[174] Hobbes, Thomas: Vom Menschen, Vom Bürger, Elemente der Philosophie II/III, hrsg. und eingel. von Günter Gawlick, Hamburg: Meiner, 1994.
[175] Kant, Immanuel: Über ein vermeintes Recht aus Menschenliebe zu lügen, in: *Berlinische Blätter* 1, hrsg. v. Johann Erich Biester, 1797, S. 301–314 (Nachdruck in: Kants Werke, Akademie Textausgabe, hrsg. v. der Königlich Preußischen Akademie der Wissenschaften, Bd. 8: Abhandlungen nach 1781, Berlin: Reimer, 1912, Berlin: De Gruyter, 1968, S. 423–430).
[176] Kotkavirta, Jussi, und Michael Quante (Hrsg.): Moral Realism (Acta Philosophica Fennica 76), Helsinki: Societas Philosophica Fennica, 2004.
[177] Lagerspetz, Eerik: Essentially Undemocratic Moral Knowledge? On Democracy and Moral Realism, in: [176], S. 43–71.
[178] Maunz, Theodor u. a. (Hrsg.): Grundgesetz. Kommentar, München: Beck (zentral ist der Kommentar zu Artikel 1 des Grundgesetzes; mit der 42. Lieferung hat Matthias Herdegen die frühere Kommentierung durch Günter Dürig revidiert).
[179] Nacimiento, Wilhelm: Das appallische Syndrom. Diagnose, Prognose und ethische Probleme, in: Deutsches Ärzteblatt 94(11), S. A-661–666.

[180] Quante, Michael: Ein stereoskopischer Blick? Lebenswissenschaften, Philosophie des Geistes und der Begriff der Natur, in: Philosophie und Neurowissenschaften – Ist das psychophysische Problem gelöst?, hrsg. v. Dieter Sturma, Frankfurt a. M.: Suhrkamp, 2006, S. 124–145.
[181] Schaber, Peter: Moralischer Realismus, Freiburg: Alber, 1997.
[182] Schönecker, Dieter, und Allen W. Wood: Kants Grundlegung zur Metaphysik der Sitten, Ein einführender Kommentar, Paderborn u. a.: Schöningh, 2002.
[183] Siep, Ludwig: Ethics and the Structure of Valuation, in: [176], S. 189–200.
[184] Suhm, Christian: Wissenschaftlicher Realismus, Eine Studie zur Realismus-Antirealismus-Debatte in der neueren Wissenschaftstheorie, Heusenstamm: Ontos, 2004.
[185] Supreme Court of New Jersey: In Matter of Karen Quinlan, an Alledged Incompetent (70 N.J. 10; 355 A.2d 647, web.lexis-nexis.com/universe, nach „70 N.J. 10" oder „355 A.2d 647" suchen).
[186] Thagard, Paul: Coherence in Thought and Action, Cambridge, London: MIT Press.
[187] Will, Frederick L.: Beyond Deduction, Ampliative Aspects of Philosophical Reflection, New York, London: Routledge, 1988.

6 Lexika, Kompendien, Enzyklopädien

[188] Companion to Bioethics, hrsg. v. Helga Kuhse und Peter Singer, Oxford: Blackwell, 2004.
[189] Encyclopedia of Applied Ethics, hrsg. v. Ruth Chadwick, San Diego: Academic Pr., 1998.
[190] Handbuch Ethik, hrsg. v. Marcus Düwell, Christoph Hübenthal und Micha H. Werner, Stuttgart, Weimar: Metzler, 2002.
[191] Lexikon der Bioethik, hrsg. v. Wilhelm Korff, Gütersloh: Gütersloher Verlagshaus, 1998.

A Informationsquellen im Internet

[Die angegebenen Internetverknüpfungen wurden im Februar 2006 überprüft.]

A.1 Medizinethik

[192] Deutsches Referenzzentrum für Ethik in den Biowissenschaften, Bonn (DRZE, www.drze.de, hierbei handelt es sich um ein umfangreiches, gut strukturiertes und ständig erweitertes bzw. aktualisiertes Portal zu allen Fragen der Bio- und Forschungsethik; Literaturrecherche, Linksammlungen, Dossiers, thematische Kurzeinführungen).
[193] Nationaler Ethikrat (Deutschland, www.nationalerethikrat.de).
[194] Bundesärztekammer (Deutschland, www.bundesaerztekammer.de).
[195] Zentrale Ethikkommission zur Wahrung ethischer Grundsätze in der Medizin und ihren Grenzgebieten bei der Bundesärztekammer (Deutschland, www.zentrale-ethikkommission.de).
[196] Det Etiske Råd (Dänemark, www.etiskraad.dk).
[197] Nuffield Council (Großbritannien, www.nuffieldbioethics.org).

A.2 Tierethik

[198] Bund gegen Missbrauch der Tiere e. V. (www.bmt-tierschutz.de).
[199] Deutscher Tierschutzbund e. V. (www.tierschutzbund.de).
[200] Institut für Tierhaltung und Tierschutz der Universität Wien (www.vu-wien.ac.at/i106/, mit umfangreicher Link-Sammlung zum Tierschutz und zur Tierhaltung).
[201] Royal Society for Preventing Cruelties to Animals, Großbritannien (www.rspca.org.uk).
[202] World Animal Net, umfassender Einstieg in den Tierschutz bzw. die Tierethikressourcen im Internet (www.worldanimal.net).
[203] Umfangreiche Informationen zu Tierschutz- und Tierethikfragen: www.animal-info.net.
[204] World Society for the Protection of Animals (www.wspa.org.uk).

A.3 Umwelt

[205] Bund für Umwelt- und Naturschutz (BUND, www.bund.net)
[206] Bundesamt für Naturschutz (BFN, www.bfn.de).
[207] Deutscher Naturschutzring (www.dnr.de).
[208] Environment News Service (www.ens-newswire.com).
[209] Greenpeace (www.greenpeace.de).
[210] Naturschutzbund (NABU, www.nabu.de, mit umfangreicher Link-Sammlung insbesondere zu regionalen Naturschutzressourcen).
[211] Ökolandbau.de, Das Informationsportal (www.oekolandbau.de).
[212] Word Wild Life Fund (WWF, www.wwf.de).
[213] Archiv für Ethik im Tier-, Natur- und Umweltschutz (www.blb-karlsruhe.de).
[214] Öko-Institut e. V., Freiburg (www.oeko.de).

[215] Wuppertal Institut für Klima, Umwelt, Energie (www.wupperinst.org, mit umfangreicher Link-Sammlung).
[216] Zentrum für Interdisziplinäre Technikforschung (ZIT, www.zit.tu-darmstadt.de).
[217] Zentrum für Umweltforschung (Münster, www.uni-muenster.de/Umweltforschung).
[218] Zoologische Gesellschaft Frankfurt (www.zgf.de).

B Zeitschriften

B.1 Medizinethik

[219] Bioethics, Oxford: Blackwell.
[220] Ethik in der Medizin, Organ der Akademie für Ethik in der Medizin, Berlin, Heidelberg: Springer (aktuelle Debatten, Fallbeispiele).
[221] Hastings Center Report, Hastings: Hastings Center (aktuelle Debatten, Fallbeispiele).
[222] Jahrbuch für Wissenschaft und Ethik, Berlin: de Gruyter (Dokumentationsteil mit nationalen und internationalen Berichten, Gesetzen usw.).
[223] Journal of Medical Ethics, Oxford: BMJ Publishing Group.
[224] Journal of Medicine and Philosophy: Taylor and Francis.
[225] Journal of Medicine Medicine, Health Care and Philosophy, Kluwer: Dordrecht.
[226] Man and medicine, The Journal of Values and Ethics in Health Care, New York: Columbia University College of Physicians and Surgeons.
[227] Zeitschrift für medizinische Ethik, Ostfildern: Schwabenverlag (Fallberichte und Kommentare, Abhandlungen).

B.2 Tierethik

[228] Du und das Tier: Archiv für Tierschutz, hrsg. vom Deutschen Tierschutzbund, Ismaning: Gong-Verlag.
[229] Forschung ohne Tierversuche, Wien: Springer.
[230] Institute for Laboratory Animal Research Journal (ILAR), Washington: National Academy of Sciences Press.
[231] Journal of Applied Animal Welfare Science, Mahwah, NJ: Lawrence Erlbaum Associates.
[232] Science, Medicine, and Animals: A Circle of Discovery, Washington: National Academy of Sciences Press.
[233] Tierschutz: Das Mitgliedermagazin des Vereins Bürger gegen Tierversuche e.V.: München, Beck-Verlag.

B.3 Umweltethik

[234] Environmental Values, Isle of Harris: The White Horse Press.
[235] Ethics and the Environment, Bloomington: Indiana Univ. Pr.
[236] Ethics in Science and Environmental Politics, Oldendorf: Inter-Research.
[237] GAIA, Ökologische Perspektiven für Wissenschaft und Gesellschaft, München: oekom Verlag.
[238] Greenpeace Magazin, Hamburg: Greenpeace-Umweltschutzverlag.
[239] Naturschutz Heute, Magazin des Naturschutzbundes (NABU), www.naturschutz-heute.de.
[240] Politische Ökologie, München: Ökom, Gesellschaft für Ökologische Kommunikation.
[241] Zeitschrift für angewandte Umweltforschung, Berlin: Analytica Verlagsgesellschaft.
[242] Zeitschrift für Ökologie und Naturschutz/Journal for nature conservation, Jena: Elsevier.
[243] Zeitschrift für Umweltpolitik und Umweltrecht, Frankfurt a. M.: Dt. Fachverlag.

Danksagung

Dank gebührt vor allen den ersten Lesern, Michael Quante und Dieter Schönecker. Beide haben in jeder Phase der Entstehung dieses Buches durch intensive Diskussion und viele nützliche konzeptionelle und darstellungstechnische Hinweise mitgewirkt. Ferner schulde ich Eva Wersebeckmann, Susanne Brauer, Simon Derpmann und Niko Strobach Dank für gründliche Korrekturen und viele nützliche Hinweise.

Es soll an dieser Stelle noch betont werden, dass aus Gründen der Lesbarkeit geschlechtsspezifische Personenbezeichnungen immer auch Personen des jeweils anderen Geschlechts umfassen.

Münster, im Juni 2005 Andreas Vieth

Namensregister

Sachregister

In der Reihe EINFÜHRUNG PHILOSOPHIE
(herausgegeben von Dieter Schönecker und Niko Strobach)

sind bisher erschienen:

Esfeld, Michael
Einführung in die Naturphilosophie
2002. 159 Seiten, 2 s/w Abb.
ISBN 3-534-15461-4

Horn, Christoph
Einführung in die Politische Philosophie
2003. 176 Seiten
ISBN 3-534-15466-5

Meixner, Uwe
Einführung in die Ontologie
2004. 219 Seiten
ISBN 3-534-15458-4

Quante, Michael
Einführung in die Allgemeine Ethik
2003. 192 Seiten
ISBN 3-534-15464-9

Reicher, Maria E.
Einführung in die philosophische Ästhetik
2005. 182 Seiten
ISBN 3-534-15469-X

Strobach, Niko
Einführung in die Logik
2005. 160 Seiten
ISBN 3-534-15460-6

Thies, Christian
Einführung in die philosophische Anthropologie
2004. 192 Seiten
ISBN 3-534-15470-3

werden noch erscheinen:

B 15473-8 Ernst, Gerhard
Einführung in die Erkenntnistheorie

B 15471-1 Löffler, Winfried
Einführung in die Religionsphilosophie

B 15459-2 Newen Albert/Schrenk, Markus
Einführung in die Sprachphilosophie

B 15457-6 Runtenberg, Christina
Einführung in die Didaktik der Philosophie

B 15463-0 Teichert, Dieter
Einführung in die Philosophie des Geistes

B 15468-1 Vigo, Alejandro G.
Einführung in die Philosophische Hermeneutik

Andere WBG-Einführungen in die Philosophie

sind bisher schienen:

Grassi, Ernesto
Einführung in die humanistische Philosophie
2. Auflage 1991. (II) VIII, 171 Seiten
ISBN 3-534-08770-4

Grondin, Jean
Einführung in die philosophische Hermeneutik
2., überarb. Auflage 2001. 204 Seiten
ISBN 3-534-15076-7

Hofmann, Hasso
Einführung in die Rechts- und Staatsphilosophie
3. durchgesehene und korrigierte Auflage 2006. IX, 228 Seiten
ISBN 3-534-19610-4

Schurz, Gerhard
Einführung in die Wissenschaftstheorie
2006. 264 Seiten
ISBN 3-534-15462-2

Zwenger, Thomas
Geschichtsphilosophie. Eine Einführung
2006. 208 Seiten
ISBN 3-534-15472-X

wird noch erscheinen:

Gregor, Paul
Einführung in die interkulturelle Philosophie
2007. 144 Seiten
ISBN 3-534-19690-2